Wolfgang Thüne
Der Treibhaus-Schwindel

Wolfgang Thüne

Der Treibhaus-Schwindel

IMPRESSUM:

Wolfgang Thüne, Der Treibhaus-Schwindel

Erstauflage 1998 Wirtschaftsverlag Discovery Press
Überarbeitete Neuauflage 2024 im Lindenbaum Verlag
Titelseitengestaltung: Hanno Borchert, Hamburg
Internetadresse: www.lindenbaum-verlag.de
E-Mail-Adresse: lindenbaum-verlag@web.de
Druck: Eigendruck
Printed in Germany
ISBN: 978-3-949780-15-8

Inhaltsverzeichnis

„Gegen die Faulheit des kritiklosen Fürwahr-Haltens
schützt nur der beste Satz der Aufklärung,
der Diderots letzter gewesen sein soll:
Der erste Schritt zur Wahrheit ist der Zweifel."
Ludwig Marcuse (1894-1971)

Gewidmet meiner Frau Marie-Luise
sowie meinen Kindern
Sophie Charlotte
Ansgar, Tassilo

I. Einleitung – Vom Treibhaus ins Zuchthaus

Die Beschlüsse der UN-Klimakonferenzen in Kioto (1997), Berlin (1995) und Rio de Janairo (1992) lassen keine andere Interpretation zu. Die überwiegende Mehrheit der Staaten ist der festen Ansicht, die Erde sei ein „Treibhaus", das von den reichen Industrienationen „aufgeheizt" werde. Nur eine sofortige und drastische Reduzierung der „Treibhausgasemissionen" könne die drohende globale „Klimakatastrophe" noch verhindern.

Kaum ein „informierter" Mensch sieht sich ernsthaft herausgefordert, an dem gängigen bildhaften Klischee von der Erde als „Treibhaus" zu zweifeln. Das Klima in diesem Treibhaus drohe nach Meinung von „Experten" aus einem „Gleichgewichtszustand" auszubrechen. Hauptschuld daran habe das Kohlendioxid, ein Gas, das bei allen Verbrennungsprozessen entsteht und die unangenehme Eigenschaft habe, die Wärmestrahlung der Erde wie an einer „Glasscheibe" wieder zur Erde zurückzustrahlen. Durch diesen Wärmestau werde eine Erderwärmung verursacht und eine globale Klimakatastrophe heraufbeschworen. Die Kohlendioxidemissionen müßten daher schleunigst und drastisch reduziert werden und zwar von den Verursachern, den reichen Industrienationen, wenn man die Gefahr noch abwenden wolle. Radikale „Umweltschützer" gehen sogar soweit, um des „Klimaschutzes" willen zu fordern, die Atmosphäre gänzlich von dem „klimakillenden" Kohlendioxid zu befreien.

Diese Hypothese setzt voraus, daß die gesamte von der Erde per elektromagnetische Wellen emittierte Wärmestrahlung von den atmosphärischen „Treibhausgasen" zu 100 Prozent absorbiert und dann wieder zu 100 Prozent zur Erde reemittiert würde. Damit würde jedoch nur das auf die Erde entstandene Wärmedefizit ausgeglichen, aber noch keine Erwärmung hervorgerufen. Dazu müßte jedes „Treibhausmolekül" noch mit einem eigenen „Kernreaktor" ausgerüstet sein, der soviel Photonen zur Erde schießt, damit diese aus eiseskalten Höhen erwärmt werden kann. Nach Einschätzung der früheren Umweltministerin (1994-1998) und Physikerin Angela Merkel ist der „Treibhauseffekt" ein globales Problem und daher der Klimaschutz „eine der größten umweltpolitischen Herausforderungen heute und in Zukunft".

Ganz speziell dieser Herausforderung will sich mein Buch widmen. Es ist geschrieben aus der ganz großen Sorge heraus, daß sich aufgrund eines „Expertenschwindels" die Politik ein Ziel vorgegeben hat, das sich menschlicher Machbarkeitsillusion völlig entzieht. Ungeachtet aller Scheinbeweise ist festzustellen, daß es weder das „Klima" noch den „Treibhauseffekt" als physikalische Prozesse gibt. Die Menschheit läuft Gefahr, ihr kostbarstes Gut, die Energie, in ein Phantomvorhaben zu verschleudern, das schon vom Gedankenansatz her utopisch ist. Das Buch huldigt weder dem Bedürfnis nach Ökopessimismus noch nach Ökooptimismus, es ist ein Appell an den kritischen Rationalismus. Dieser gebietet kategorisch, auch das knappe Gut an geistigen Energien konkret auf die Lösung der Umweltprobleme zu lenken, die wirklich real existent und nicht nur virtuell eingebildet sind.

Wenn der „Treibhauseffekt" global wirksam wäre, dürfte es nach dem physikalischen Prinzip „actio = reactio" nicht die Diversität an extrem unterschiedlichen „Klimaten" auf der Erde geben. Diese Vielfalt unterschiedlicher „Durchschnittswerte" ist eine Folge der verschiedenen Wetterregime und nicht umgekehrt. Einer statistisch ermittelten Klimaveränderung gehen also immer Wetterveränderungen voraus. „Klimaschutz" würde also die Fähigkeit des gezielten vorherigen Wetterschutzes voraussetzen. Doch gerade diese Fähigkeit, lenkend in die allgemeine Zirkulation einzugreifen, hat der Mensch nicht! Er spielt nicht mit dem Wetter, nein, das Wetter spielt mit ihm. Das Wetter energetisch beeinflussen zu wollen, dazu fehlt dem Homo sapiens nicht nur die geistige, sondern auch die materielle Energie. Hierzu ein Beispiel: Man schätzt, daß auf dem Erdenrund täglich 45 000 Gewitter niedergehen, von denen jedes eine Zerstörungskraft von etwa 20 Hiroshima-Bomben hat. 900 000 Atombomben an einem Tag würden die Menschheit in Agonie versetzen, für das Wetter sind solche Energiemengen „peanuts".

Warum sich das Klima permanent verändert, darüber gibt es viele Mutmaßungen, doch wirklich erklären kann der Mensch diese Vorgänge nicht. Jedenfalls ist die Entdeckung der „Klimaveränderlichkeit" keine wissenschaftliche Erkenntnis der modernen „Klimaforscher", sondern geht auf das Jahr 1686 und den englischen Physiker Robert Hooke zurück. Auch in den letzten 50 Jahren hat sich das Wetter nirgends auf der

Welt anders verhalten als vor hunderten oder tausenden von Jahren. Verdichtet haben sich einzig und allein die aktuellen Informationen über das globale Wettergeschehen. Zwei brillante Naturforscher wie Alexander von Humboldt (1769-1859) oder Johann Wolfgang von Goethe (1749-1832) lebten in einer Zeit, in der keineswegs weniger „Wetterkatastrophen“ passierten als heute. Nur gab es damals noch keine omnipräsenten Massenmedien, die tagein tagaus die Menschheit mit Wettersensationsmeldungen überfluteten.

Am Beginn des Informationszeitalters stehen die Erfindung des Telegraphen durch Karl Friedrich Gauß und Wilhelm Weber im Jahre 1833 und des Schreibtelegraphen 1837 durch Samuel Morse, bevor am 31. August 1848 in der englischen Zeitung „Daily News“ der erste Zeitungs-Wetterbericht erscheinen konnte. Die moderne audio-visuelle Medienwelt überflutet uns heute allabendlich über die Fernsehkanäle elektromagnetisch mit einer Bilderfülle von „Wetterkatastrophen aus aller Welt“, die katastrophale Auswirkungen auf unsere psychische wie reale Bewußtseinsebene haben. Das breite Medienpublikum ist nicht mehr in der Lage zu unterscheiden, ob sich die Ereignisse als solche verhäufigt haben oder ob sich einfach nur die Berichterstattung verdichtet hat. Durch geschicktes verbales wie visuelles „Chaos“ gelang es zudem, die Meinung zu fördern, daß trotz der Unterschiedlichkeit von Wetter und Klima beide Begriffe praktisch beliebig austauschbar seien. Jede reale Wetterkatastrophe konnte somit beliebig als Indiz einer fiktiven Klimakatastrophe verwandt werden. Da das Wetter ohnehin häufigstes Gesprächsthema ist, war der Spekulation um das Klima „Tür und Tor“ geöffnet. Jeder Medien-Experte konnte nun sein vorhandenes „Klimawissen“ fortan in die Diskussion einspielen.

Der eigentliche „wissenschaftliche“ Funke, der die öffentliche Kettenreaktion der Angst vor der „Klimakatastrophe“ auslöste, wurde am 22. Januar 1986 entzündet. Ein achtzehnköpfiges Expertengremium, der Arbeitskreis „Energie“ der Deutschen Physikalischen Gesellschaft e. V. (DPG), unter Leitung der Professoren Dr. K. Heinloth und Dr. J. Fricke von den Physikalischen Instituten der Universitäten Bonn und Würzburg, lud an diesem Tag zu einer Pressekonferenz nach Bonn ins „Hotel Am Tulpenfeld“ ein. Den ahnungslosen Journalisten wurde ein Memorandum präsentiert mit dem sensationsheischenden Titel „Warnung vor der drohenden Klimakatastrophe". Als Ziel wurde angekündigt, den aktuellen Stand der „Klimaforschung" zu erläutern. Die Medienvertreter wurden im Klartext mit folgenden „Tatbeständen" konfrontiert:

- Der Kohlendioxidgehalt der Luft auf dem Vulkan Mauna Loa in Hawaii steige seit 1958 kontinuierlich an, und zwar um jetzt schon besorgniserregende 1,6 ppm jährlich;
- Die „Globaltemperatur" der Erde sei ebenfalls gestiegen, und zwar um insgesamt etwa 0,7 Grad Celsius in den letzten 100 Jahren.

Diese beiden Befunde wurden einfach ohne Begründung „kausal" verknüpft und daraus der Schluß gezogen, daß damit das Kohlendioxid ganz eindeutig als „Treibhausgas" identifiziert sei. Diese Tatsache sei Anlaß zu der dringlichen Warnung, daß bei weiterem ungebremsten Anstieg des atmosphärischen Kohlendioxidgehaltes eine globale „Klimakatastrophe" ungeahnten Ausmaßes und mit schlimmsten Folgen für die gesamte Menschheit ausgelöst werden könnte. Der Temperaturanstieg werde in den polaren Breiten besonders dramatisch sein. Der errechnete globale Temperaturanstieg von sechs bis neun Grad Celsius, der im Winter an den Polen gar das zwei- bis dreifache betragen könne, führe zwangsläufig zu einem Abschmelzen der polaren Eiskappen sowie der Inlandgletscher und werde den Meeresspiegel gefährlich ansteigen lassen.

Die „Klimaexperten" erzählten den Medienvertretern, daß in vorindustriellen Zeiten nicht nur ein ideal eingespieltes „Wetter- und Klimagleichgewicht" geherrscht habe, sondern sich auch der „Kohlenstoffkreislauf" in einem harmonischen „Gleichgewicht" befunden habe. Seit Beginn der Industrialisierung im 19. Jahrhundert verbrenne der Mensch in zunehmendem Maße Kohle, Erdöl und Erdgas als „fossile Energieträger" und reichere damit die Atmosphäre mit Kohlendioxid an. Da seit etwa 1860 der CO_2-Gehalt „nachweislich" zunehme und es seither auch wärmer geworden ist, sei es doch ganz offensichtlich, daß ein steuernder „Kausalzusammenhang" zwischen beiden Größen bestehen muß.

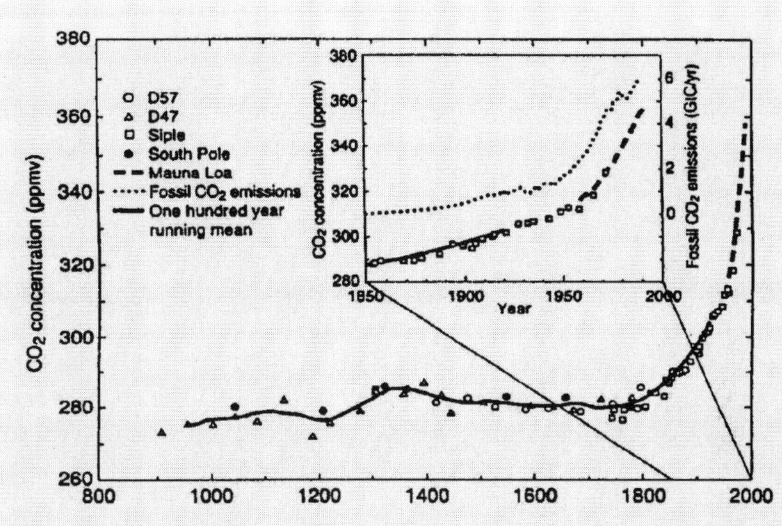

Abb. 1: Verlauf der atmosphärischen CO_2-Konzentration (in ppmv = Anzahl der CO_2 Teilchen pro Million Luftteilchen) während der letzten 1000 Jahre [Schimmel et al., 1995]. Der Verlauf vor 1959 ist rekonstruiert aus Analysen von Luftbläschen in polaren Eiskernen; nach 1959 direkte Messungen. Im Einschub ist der Zeitraum 1850 – 2000 genauer dargestellt. Die gepunktete Linie bezeichnet den Verlauf der fossilen CO_2-Emissionen [Heimann, 1997].

Gleichzeitig erklärte die Physikergruppe in der Denkschrift mit dem Brustton selbstsicherer Überzeugung: „Weiter wissen wir, daß der Kohlendioxidgehalt in den tausend Jahren von circa 900 bis 1860 konstant geblieben ist bei etwa 270 ppm." Doch leider hatten die Journalisten in diesem Moment nicht das spontan erlösende „Heureka-Erlebnis". Kein befreiender Jubelschrei brach ob dieses offensichtlichen Eigentors aus, denn kaum hatten die Physiker mühsam ihre Ursache-Wirkungs-Beziehung zwischen Kohlendioxid und „Globaltemperatur" hergestellt, so widerlegten sie selbst diese gleich wieder. Doch leider war den Journalisten die jüngste im Geographieunterricht sicher besprochene Klimavergangenheit nicht gegenwärtig. Sie hätten die „Physikprofessoren" auf die allseits bekannte und dokumentarisch bestens belegte „Klimageschichte" der letzten 1000 Jahre zu verweisen brauchen.

Nach dem „Klimaoptimum" zur Römerzeit folgte bekanntlich das „Klimapessimum" zur Völkerwanderungszeit, dem im 9. Jahrhundert wieder eine Erwärmung folgte, hin zum „Klimaoptimum" des Hochmittelalters. Dieses begann und endete ohne anthropogenen Grund im 13. Jahrhundert und es folgte das, was wir „Kleine Eiszeit" nennen. Sie endete bekanntlich um 1850. Man hätte nur hierauf hinzuweisen und zu fragen brauchen, was oder wer diese Klimaschwankungen oder -veränderungen verursacht habe, denn die „Industriegesellschaften" schieden als Verursacher nachweislich aus. Sie gab es nicht! Ob dieser baren Unkenntnis des realen Klimageschehens wäre mit Sicherheit bei den Physikern Verlegenheit aufgekommen. Alle diese historisch belegten Klimafluktuationen fanden nach ihrer eigenen Erkenntnis bei nachgewiesenermaßen konstantem atmosphärischen CO_2-Gehalt statt. Einen besseren handgreiflichen Beweis für das wetterabhängige „Eigenleben" des „Klimas" gibt es nicht. Wenn die vorangegangenen Erwärmungsphasen, die zu den Klimaoptima zur Römerzeit, wie zum Hochmittelalter führten, ohne industriellen Einfluß stattgefunden haben, warum sei ausgerechnet die Wiedererwärmung nach der etwa 1850 endenden „Kleinen Eiszeit" rein und ausschließlich anthropogenen Ursprungs und den zum „Himmel stinkenden Industriegesellschaften" anzulasten?

Ohne Hinweis auf diesen logischen Widerspruch im Fundament des „Treibhausgebäudes" konnten die Physiker praktisch kritikfrei die apodiktische Forderung erheben, den globalen Temperaturanstieg durch eine sofortige Verminderung der Kohlendioxidemissionsraten um circa 2 Prozent pro Jahr weltweit zu bremsen. Die Deutsche Meteorologische Gesellschaft e.V. schwieg, vielleicht aus Respekt vor der exakten Physik als „Königin der Wissenschaften". Selbst die betroffenen CO_2-sensitiven Industriezweige registrierten diese Widersprüchlichkeit nicht, vielleicht auch deswegen, weil sie den gesellschaftspolitischen Sprengsatz nicht erkannten, der sich hinter der Kulisse „Treibhaus" verbarg. Die Warnung vor der drohenden Klimakatastrophe als globalem „Klima-GAU" (Größter Anzunehmender Unfall) wäre als Lobbyistengeschrei von Kernkraftbefürwortern schnell abgetan und „ad acta" gelegt worden. Im Gegenteil die „grün-alternative" Bewegung bediente sich der Argumentation aus strategischen Gründen, zumal sie wußte, daß ihr Widerstand gegen den Bau von „Atomkraftwerken" nicht zu überwin-

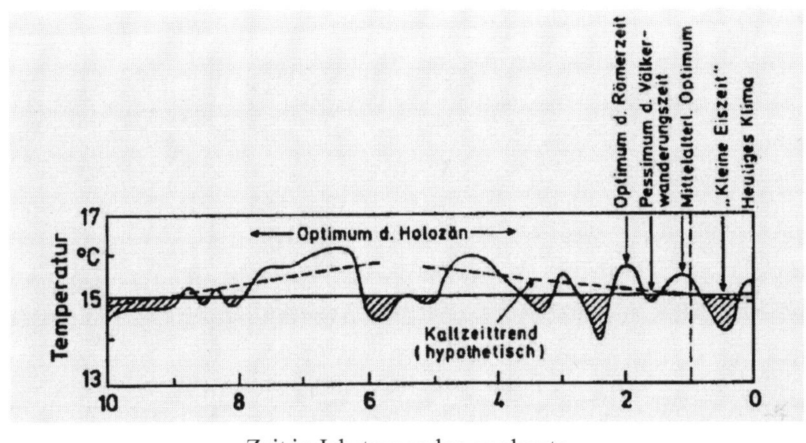

Zeit in Jahrtausenden vor heute

Abb. 2: Rekonstruktionen des mittleren Temperaturverlaufs der Nordhalbkugel der Erde, bodennahe Lufttemperatur, während der letzten 10 000 Jahre mit Angabe einiger relativ warmer beziehungsweise kalter Klimaepochen. Gestrichelt ist der in dieser zeitlichen Größenordnung schon fast nicht mehr erkennbare Trend eingezeichnet, der uns in die kommende Kaltzeit führt, Quelle: C.-D. Schönwiese und C.-D. Schönwiese und B. Diekmannn, nach verschiedenen Primärquellen, ergänzt.

den sein würde. Ihr außerparlamentarischer Druck war politisch so erfolgreich, daß auch die Sozialdemokratische Partei Deutschlands (SPD) sich veranlaßt sah, den Ausstieg aus der Kernenergie zu beschließen.

Nachdem eine parteipolitisch unüberwindliche Hürde gegen den weiteren Bau von Kernkraftwerken errichtet war, ließ man der „Warnung vor der drohenden „Klimakatastrophe“ freien Lauf. Hieran waren neben den Wissenschaftlern insbesondere die zahlreichen Umweltlobbyisten als Trittbrettfahrer der „Klimakatastrophe“ nachhaltig interessiert. Sie schwiegen wissentlich zu dem physikalischen „Scheinproblem“, denn sie benötigten dringend den „Treibhauseffekt“ wie die allgemeine „Klimaverunsicherung“, um ein quasirevolutionäres und chaotisches „Klima“ zu erzeugen, eine Situation der wirtschaftlichen „Uneinigkeit und Zwietracht“, um in einer derart gesellschaftspolitisch brisanten Situation des Kampfes aller gegen alle die eigenen vernetzten

Machtstrukturen auszubauen und zu festigen. – Erstens für die Beteiligung an der Macht und zweitens für die Übernahme der Macht.

Doch wenden wir wieder den Blick weg von der politischen Szenerie und betrachten die „wissenschaftlichen“ Seiten der Klima-Medaille. Das moderne Fundament für die Konstruktion der „Treibhaushypothese“ wurde im Internationalen Geophysikalischen Jahr 1957-1958 gelegt. Damals wurden dem Chemiker Charles D. Keeling die Finanzmittel für die Errichtung einer Kohlendioxid-Meßstation auf dem Vulkankegel Mauna Loa auf Hawaii bewilligt. Die „Beweisführung“ war im Jahre 1956 den geldgebenden Institutionen gegenüber genau so bestechend einfach wie 1986 bei der DPG und befriedigt auch heute noch das allgemein, nicht allzu hohe logische Ansprüche stellende, menschliche Kausalbedürfnis. Dieses beschränkt sich bei der Suche nach Ursache und Wirkung im Alltag auf die simple Frage „warum?“ Genügt die Antwort den Kriterien schnell und plausibel, dann hat sie schon gewonnen. Wer argumentiert, daß man bei der Suche nach Abhängigkeiten komplexer Systeme von wiederum komplexen Systemen mit zahlreichen variablen Einflußgrößen nicht willkürlich je einen Faktor herausgreifen und einen Scheinzusammenhang behaupten darf, der hat im öffentlichen Meinungskampf schon verloren. Der seriöse Wissenschaftler hat auf dem Schlachtfeld der schnellebigen, veröffentlichten Meinung nicht die geringste Chance gegen eine agitatorisch geschulte und ideologisch fixierte Gruppe von Geld, Macht und politischen Einfluß anstrebenden Wissenschaftlern, die erfolgreich den beschwerlichen Marsch durch die Institutionen bewältigt haben.

Dem Internationalen Geophysikalischen Jahr 1957 folgte auf Betreiben der Weltorganisation für Meteorologie (WMO) 1968 das internationale Global Atmospheric Research Program (GARP). Sein Ziel war die bessere Erforschung der Wetterzusammenhänge, um exaktere, wie längerfristige Wettervorhersagen erstellen zu können, und wieder wurde viel Geld ausgeschüttet. Da kam einer 15köpfigen Gruppe von „Umweltforschern“ in den Vereinigten Staaten, sie nannte sich „Panel on Climatic Variation“, die brillante Idee, sich aufgrund der unerwarteten Mißernte des Jahres 1972 in den USA und Canada aktiv in deren Ursachenforschung einzuschalten und hierfür rein spekulativ mögliche anthropogene „Klimaveränderungen“ verantwortlich zu machen. Diese müßten natürlich zuallererst intensiv erforscht werden. Auch sei der Verdacht nicht auszuschließen, daß in der UdSSR bereits in Verbindung mit dem Dawydow-Plan zur Bewässerung von 60 Millionen Hektar Land zwischen Aralsee und Kaspischem Meer an der „Klimaschraube" gedreht werde und womöglich hier die Ursache für die mißratene Getreideernte zu suchen sei. Aufgrund des nachwirkenden „Sputnik-Schocks" vom 4. Oktober 1957 wurde der Central Intelligence Service (CIA) mit geheimdienstlichen Ermittlungen beauftragt. Mit geschickter Dramaturgie wurde so die „Klimaforschung" in den Stand einer unverzichtbaren Daseins- und Zukunftsforschung erhoben.

Die Wissenschaftlergruppe präsentierte im Jahre 1974 der US-Regierung ein dem gewaltigen Problem angemessenes, langfristig konzipiertes „Klimaforschungsprogramm" mit dem Titel „Understanding Climatic Change – A Program for Action". Man gab zu erkennen, genug Kenntnisse über das „Wetter" zu haben, die vergangenen Klimate hinreichend erforscht zu haben und insbesondere eine „new generation" von Atmosphärenwissenschaftlern zu haben, die bestens mit dem unabdingbaren Handwerkszeug – „Computer, numerische Modelle und Satelliten" – umzugehen wüßten, um das große zukunftsträchtige und überlebensnotwendige Gebiet der „Klimaforschung" anzugehen. Dieses Vorhaben publizistisch flankierend schrieb Stephen H. Schneider vom National Center for Atmospheric Research in Boulder, Colorado 1975 ein Buch mit dem Titel „The Genesis Strategy – Climate and Gobal Survival". So wurde in den USA ein teures Forschungsförderungskarussel in Rotation versetzt; es fand deutscherseits schnell Nachahmer.

Parallel hierzu wurde auf Betreiben von Professor Dr. Hinzpeter von der Universität Mainz in Hamburg das Max-Planck-Institut für Meteorologie gegründet, um sich speziell der numerischen „Klimaforschung" zu widmen. Als Leiter dieser neuen Institution wurde der Physiker Professor Dr. Klaus Hasselmann aus den USA zurückgeholt. Doch bevor die „Klimaforschung" überhaupt richtig in Gang kommen konnte, stand das Ergebnis schon fest und war die Schuldigsprechung schon vollzogen. Es war der schwedische Klimatologe Professor Dr. Bert Bolin, der dem „Club of Rome" den entscheidenden Hinweis gab. Jeder erinnert sich des Schocks, insbesondere des Ölschocks mit dem autofreien Sonntag, den das Buch „Die Grenzen des Wachstums" 1972 auslöste. Exponentielles Wachstum hieß das Losungswort, mit dem das „Rohstoff-Ende“ herbeigerechnet wurde. Der Autor der Studie, Dennis Meadows, vertraute dem SPIEGEL am 17. Juli 1989 an:

„Ich habe mich lange genug als globaler Evangelist versucht und dabei gelernt, daß ich die Welt nicht verändern kann. Außerdem verhält sich die Menschheit wie ein Selbstmörder, und es hat keinen Sinn mehr, mit einem Selbstmörder zu argumentieren, wenn er bereits aus dem Fenster gesprungen ist.“

Diese ebenso rechthaberischen wie besessenen Evangelisten des Weltuntergangs scheinen nicht verstehen zu wollen, daß simple Modelle nie und nimmer die komplexe Wirklichkeit widerspiegeln können. Unterwirft man sein „Weltmodell“ dem Gesetz des exponentiellen Wachstums und erhebt dieses zum ideologischen Credo, dann errechnet der Computer je nach Vorgabe das „Ende“ – unerbittlich, gefühllos und gnadenlos! Treu den Befehlen des Zaubermeisters Meadows gehorchend, rechnete der Zauberlehrling „Weltmodell“ die Rohstoffvorräte der Erde runter und den CO_2-Gehalt der Luft auf dem Mauna Loa rauf. Doch die Wirklichkeit wußte von diesen weltfremden exponentiellen Vorgaben nichts und durchbrach alle zeitlich vorhergesagten „Grenzen“; keine der „Prognosen“ trat ein. Es gibt immer noch gigantische Ressourcen an Erdöl, Gold, Kupfer, Silber, Zinn usw. und sogar mehr, als im Jahre 1972 überhaupt bekannt waren. Nirgendwo ist ein Knappheitssyndrom zu registrieren. Die Erde ist so klein nicht, wie es uns das Bild von dem „Raumschiff“ suggeriert.

Das Computerspiel „Weltmodell“ wurde übertragen auf die „Klimazukunft“, das numerische Jonglieren mit den diversen CO_2-Anstiegs- und Reduktionsszenarien konnte beginnen. Im Computer hatte der Mensch nicht nur das „Klima“ als statistischen Mittelwert im Griff, er war jetzt auch numerisch Schalter und Walter über die Klimazukunft, sozusagen ein Klimagott. Das Klima gehorchte seinen Programmierbefehlen! Fortan drehte sich alles nur noch um den objektiven Beweis des vorprogrammierten subjektiven Befundes, daß der Kohlendioxidgehalt der Luft das „Globalklima“ zu steuern und nach Drehbuch in die „Klimakatastrophe“ zu führen habe. Da an der Zunahme des CO_2-Gehaltes nachweislich die Industrienationen „schuld“ seien, seien diese nachweislich und ursächlich für die „Erwärmung des Klimas" verantwortlich. Damit sei auch eindeutig erwiesen, daß der energiehungrige und verschwendungssüchtige Wohlstandsbürger an der „Klimaschraube" drehe und den globalen „Klima-GAU" provoziere. Wolle er der selbstgebastelten „Hitzefalle" entgehen, so müsse er radikal die CO_2-Emissionen reduzieren, am „besten" gleich um 100 Prozent.

Mit welch besessener Akribie, nachhaltiger Energie, kluger Rafinesse und ideologischem Weltverbesserungseifer die „Klimawissenschaftler" vorgingen, welche politischen Bündnisse sie eingingen, um beim geldgebenden Staat die Notwendigkeit einer wetterunabhängigen und damit substanzlosen „Klimaforschung" zu begründen, wie geschickt sie für die massenhafte Verbreitung ihrer Katastrophenszenarios die Massenmedien einspannten und die sich über solche Sensationsnachrichten freuenden Journalisten zu „nützlichen Idioten" degradierten, wie sich weltweit die aus der Studentenbewegung der sechziger Jahre entspringende Kulturrevolution über die Außerparlamentarische Oppsosition, die Bürgerinitiativ- und Umweltbewegung infiltrativ der „Klimakatastrophe" bemächtigte, um auf grün-alternativem Wege die Industriegesellschaften umzugestalten und in die selbstgenügsame „Suffizienzrevolution" zu führen, das ist ein extrem spannendes Kapitel der Zeitgeschichte. Anders als das „sozialistische Paradies" verheißt das „grüne Öko-Paradies" kein Leben, wo jeder nach seinen Bedürfnissen leben kann. Es verheißt ein ausreichend funktionierendes oder kurz „suffizientes" Leben, ein Leben der Askese, der Bescheidenheit, der Genügsamkeit, der Langsamkeit. Das „grüne Paradies" bedarf der vorherigen „Suffizienzrevolution"!

Gleichzeitig wird mit der „Klimaforschung" auch ein extrem spannendes Kapitel modernen Wissenschaftsverständnisses aufgeschlagen. Der hypertrophe Ehrgeiz, ein menschliches Konstrukt wie das Klima numerisch mit völlig untauglichen mathematischen Hilfsmitteln berechnen zu wollen, hat zu einer Naturferne und Modellhörigkeit geführt und ein berechtigtes Mißtrauen gegen die käuflichen „Experten" provoziert, das den naiven Restglauben an die Ehrlichkeit, Objektivität und Seriosität der „Naturwissenschaften" nachhaltigst zu unterminieren droht. Da wird die Erde zu einer Scheibe reduziert, als winziger schwarzer Körper in einen schwarzen geschlossenen Hohlraum verfrachtet, um auf primitivste Art und Weise eine „Effektivtemperatur" des

Hohlraumkörpers Erde von -18 °C zu berechnen und als deren „Strahlungsgleichgewichtstemperatur" vorzugeben. Da wird völlig naturwidrig rein arithmetisch schnell eine „Globaltemperatur" von +15 °C zusammengeschustert, um aus der Differenz zweier völlig verschiedener und damit nicht vergleichbarer Größen wie Äpfel und Birnen sozusagen eine „Naturkonstante", den „natürlichen Treibhauseffekt" von +33 Grad Celsius, herzuleiten, und und und...

Da wird schließlich die ganze Physik, angefangen von Josef Fraunhofer über Gustav Robert Kirchhoff und Robert Wilhelm Bunsen geradezu auf den Kopf gestellt, um dem Kohlendioxid als Molekül wundersame Absorptionseigenschaften anzudichten, die es von Natur aus nicht hat. Wäre das infrarote Strahlungsfenster der Erde zum Weltraum nicht stets sperrangelweit geöffnet, der „Hitzekollaps" hätte ein Leben auf der Erde erst gar nicht ermöglicht. Steckte das Ökosystem Erde tasächlich in dem abgeschlossenen schwarzen „Modell-Hohlraum" und wäre es nicht im Gegenteil „offen" zum lebensnotwendigen Energiespender Sonne und zur Abwärmesenke Weltraum, auch dann wäre Leben unmöglich. Hätte die Erde keine Atmosphäre, dann ginge es uns wie einem virtuellen Mann auf dem Mond, es gäbe uns nicht! Es ist allemal spannend, sich mit dem rauhen Wettergesellen und dem zahmen Klima zu beschäftigen, damit nicht unser freiheitliches Gemeinwesen ein politisches „Treibhaus" wird, dessen Klima die Mehrheit nicht gewollt hat, dem sie aber auch nicht den dringend erforderlichen geistigen Widerstand entgegengestellt hat.

Haben Sie, verehrter Leser, sich schon einmal überlegt, daß bei dem politischen Sendungsbewußtsein der grünen Öko-Bewegung im gesellschaftspolitischen Alltag einmal aus dem Treibhaus in Analogie zu dem rein gärtnerischen Gewächshaus leicht ein Zuchthaus werden könnte, in dem selbsternannte, begnadete und weitsichtige grüne Gärtner und vom Bürger nie bestellte Ökopolizisten das politische wie soziale Klima so regeln, daß vor lauter verordneter Genügsamkeit und Langsamkeit die „Freiheiten" langsam ersticken könnten? Möchten Sie per klimatischer Fremdbestimmung zu Ihrem „Glück" so gezwungen werden, bis von der hehren Selbstbestimmung nur noch eine leere Worthülse übrig bleibt? Das grüne „Gehäuse der Hörigkeit" hat das Planungsstadium bereits überschritten. Das gesellschaftspolitische Klima hat mit dem wetterabhängigen Klima nichts mehr zu tun. Es ist weitaus spannender und umfassender, als es vordergründig den Anschein hat. Also lesen Sie bitte weiter, bleiben Sie dran. Lassen Sie sich den Einblick in das wissenschaftliche Lügengebäude namens „Treibhaus“ nicht entgehen.

A. Der Mensch auf der ständigen Flucht vor dem Wetter

Vor etwa 300 Jahren gelang es menschlichem Erfindergeist, den stets quirligen und unberechenbaren Genossen Wetter meßtechnisch zu erfassen, über seine „Elemente“ wie Luftdruck, Temperatur, Feuchtigkeit, Wind. Der Mensch begann zu messen, die Reihen wurden immer länger. Das Wetter zeigte eine unbändige Ruhe in seiner schier chaotischen Veränderlichkeit. Doch diese Ruhe fehlte dem kurzlebigen Menschen. Er wollte zu schnellen Erkenntnissen und Ergebnissen. Mit einem Trick „bemächtigte“ er sich der Dynamik des Wetters, doch ohne ihr dadurch entkommen zu können. Er griff zur Statistik und mittelte, um Ruhe und Sicherheit in das Chaos der Zahlenwerte zu bringen. Seine eigenproduzierten Mittelwerte deklarierte er zu „Normalwerten“, die natürliche „Gleichgewichtszustände“ darstellen sollten. Der Homo sapiens stellte die Natur auf den Kopf! Das Normale wurde nun zur Abweichung von einem statistisch abgeleiteten Mittelwert. Die statistische Feldverteilung des Luftdruckes über dem Atlantik mit dem Islandtief im Winter wie dem Azorenhoch im Sommer wurde zum klimatischen „Idealzustand“ erhoben. Nun konnte man sommers wie winters lamentieren und darüber grübeln, warum das ungehorsame Wetter wieder einmal nicht dem „Idealzustand“ gehorcht.

Dieses widernatürliche und im Grunde die Naturforschung konterkarierende menschliche Denken scheint ein „Kainsmal“ unserer naturgegebenen Unzulänglichkeit zu sein. Schon der Aufklärungs-Philosoph Immanuel Kant mahnte, damit aufzuhören, der Natur unsere eigene Sprache aufzuzwingen und stattdessen wieder zu einem Dialog mit der Natur zurückzukehren. Mit der Entfernung vom Höhepunkt der Aufklärung, erinnert sei auch an Kants 1795 erschienene Schrift „Zum ewigen

Abb. 3: Mittlere Luftdruckverteilung Für Januar (oben) und Juli (unten), reduziert auf Meeresniveau in Hektopascal [Trewartha, 1954].

Frieden", scheinen wir uns beschleunigt, sozusagen exponentiell, von diesem erkenntnistheoretischen Ratschlag zu entfernen. So haben wir es uns angewöhnt, den normalsten aller Wettervorgänge überhaupt, das Entstehen und Vergehen von Kälte wie Wärme transportierenden und vermischenden Tiefdruckgebieten als „Störung" eines idealisierten „Grundzustandes", einer wirbelfreien Westwindströmung zu bezeichnen. Dabei ist die angebliche „Störung" der natürliche Normalzustand! In solchen idealisierenden Modell-Annahmen hat der esoterisch-anthropozentrische Glaube an das ewige vorindustrielle „Wetter- und Klimagleichgewicht", das nun von den „zum Himmel stinkenden Industrienationen" gestört werde, seine tieferen Wurzeln. Doch mochte auch der Mensch sich statistisch zum „Herrn" über die Zahlen aufschwingen und in das Zahlenchaos Ordnung als „statische Ruhe“ bringen, so wurde er damit längst nicht Herr über „Petrus“, den Wettergott.

B. Strahlung, Strahlung, Strahlung

Alle Medien wirken auf uns über eine geheimnisvolle Energie, die elektromagnetische Strahlung. Wir Menschen strahlen sie aus und empfangen sie unaufhörlich. Wir sind ihr schicksalshaft ausgesetzt. Mit ihrer Hilfe lesen wir Zeitungen, hören wir Radio, sehen wir fern, surfen durch das Internet, dirigieren Raketen durch den Weltraum und heizen unsere Wohnungen. Mit jeder elektromagnetischen Welle wird auch Information übertragen und uns Menschen als Rezeptoren automatisch übermittelt, ja aufgezwungen!

Gemäß der Devise von Francis Bacon „Wissen ist Macht“ drängt heute jeder, der Macht ausüben will, an die Quelle des Wissens, die Information. Heute gilt nicht mehr nur Wissen ist Macht, sondern Information ist Macht über das Wissen! Wer das Informationsmonopol besitzt, hat also automatisch auch das Machtmonopol. Über die Informationskanäle beeinflußt er die Wahrnehmung, das Denken, Fühlen und Handeln der meisten Menschen und damit nicht nur ihr Bewußtsein, sondern auch das Unterbewußtsein. Und jeder weiß um die unheimliche Macht des Unterbewußtseins!

Machen wir in freier Entscheidung einen Spaziergang durch den bunten Herbstwald oder eine verschneite Winterlandschaft, so ist dies ausschließlich unsere eigene und freie Entscheidung. Wir genießen die farbenprächtigen elektromagnetischen Wellen oder Photonen, empfangen sie als optische Impressionen und lassen sie entspannend auf Gemüt und Stimmung einwirken. Anders ist es mit den Medieninformationen. Sie werden uns zum Konsum angeboten, uns vorverarbeitet und audiovisuell geschickt aufbereitet, „fertig“ präsentiert. Wir empfangen kaum mehr Rohinformationen, die wir selbst verarbeiten müßten. Nein, wir empfangen ein Mixtum von Fakten, Kommentaren und Meinungen, das wir kaum entwirren können. Objektive Nachrichten sind also automatisch mit subjektiven Anschauungen und Interpretationen überlagert, sie sind mit weltanschaulichen Informationen versehen, gegen die wir uns praktisch nicht zur Wehr setzen können.

Der wirklich autonome, freie und selbstbestimmte Bürger ist eine aussterbende Spezies. Er hat kaum eine Chance, die Überfülle an Informationen kontrollierend abzuwehren, zu bewältigen und zu bewerten, zumal von ihm permanent Informiertsein verlangt wird. Auch wird unsere selbstbestimmende Kritikfähigkeit als individueller Schutzmechanismus gegenüber fremdbestimmten Informationen immer geringer. Der Zwang zu immer profunderem Spezialwissen degeneriert viele von uns zu lenkbaren, manipulationsanfälligen und damit willfährigen Informations-Konsumenten. Wer die Selbstbestimmung für ein hohes Gut hält, muß bedacht sein, daß die Abwehrmechanismen gegen Fremdbestimmung intakt bleiben. Wer sich seine geistige Autonomie bewahren will, muß also sehr sorgfältig auf ihn einströmende Informationsfülle kontrollieren, regeln und steuern. Er kann zwar präventiv ihm genehme Informationsorgane auswählen, doch auch das schließt nicht aus, daß er dennoch täglich mit einem Potpourri von Fremdmeinungen konfrontiert wird. Wer, so hat sich jeder von uns sicherlich schon häufiger gefragt, sammelt nicht nur die Informationen, sondern wer sortiert, konzentriert und selektiert die Informationen, wer verdichtet sie zu Nachrichten, die dann gleichzeitig und mit Lichtgeschwindigkeit weltweit über die verschiedensten Medienkanäle gesendet und als vorgefertigtes Wissen, das wir nur noch zu konsumieren und zu „glauben“ brauchen, präsentiert wird?

Diese Frage ist vielfach gestellt, doch nie beantwortet worden. Sie ist auch nicht zentraler Gegenstand der weiteren Überlegungen. Jeder von uns weiß, daß die Ausbreitung aller elektromagnetischen Strahlung wellenförmig erfolgt. Wellenförmigen Charakter mit Informationsbergen und Informationstälern haben aber auch die Meinungsströme, die auf uns gerichtet sind. Informationskonstanz würde rasch Langeweile erzeugen und wäre für den Informationsproduzenten „finanziell tödlich“. Der Nachrichtenkonsument muß unter Spannung gehalten werden, die Informationen müssen also so geschickt dosiert werden, daß man Interesse hochzoomen, wieder abflauen lassen und zu gegebener Zeit erneut kaufanreizend entfachen kann. Unmerklich und unwillkürlich werden wir zu „Paparazzi“ des Zeitgeistes!

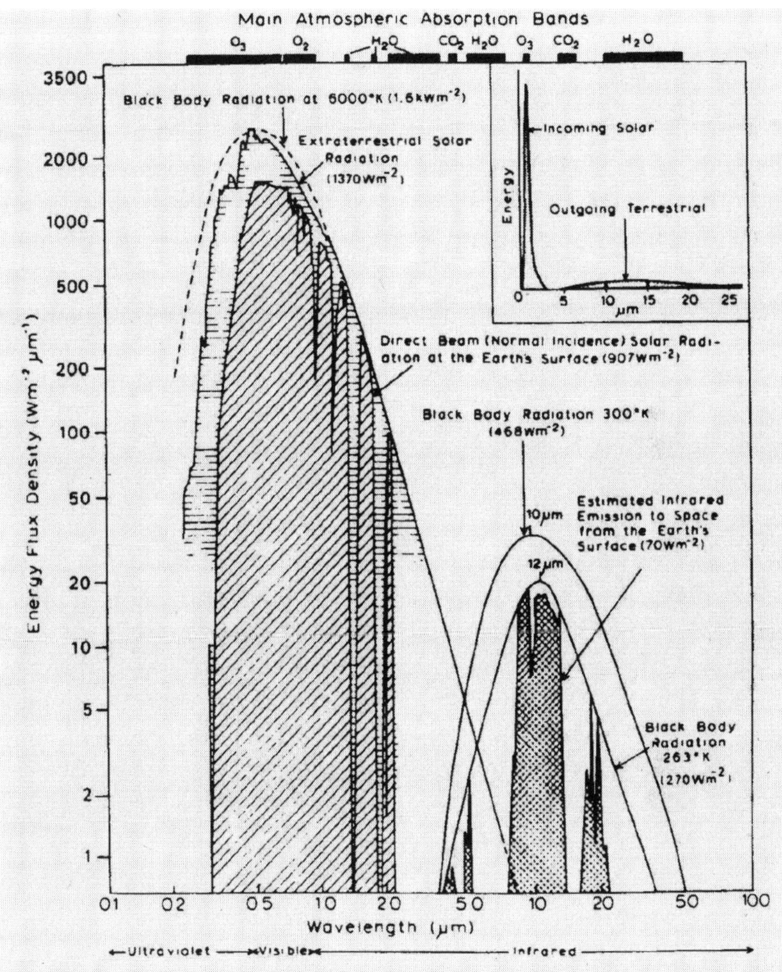

Abb. 4: Spektrale Verteilung der Sonnen- und Erdstrahlung, logarithmisch dargestellt, mit den hauptsächlichen atmosphärischen Absorptionsbanden. Das kariert gezeichnete Gebiet (7 – 14 gm) im Infrarotspektrum zeigt das atmosphärische Strahlungsfenster, durch das die Wärmestrahlung der Erde in den Weltraum entweicht [Barry, R. und Chorley, R. 1995]

Es ist also in einer modernen audiovisuellen Medienwelt kein Kunststück, reine Wettermeldungen mit bestimmten Klimameinungen so geschickt „kausal“ zu verknüpfen, daß kein normaler Bürger dieses

Meinungsknäuel mehr entwirren kann. Das völlig undurchschaubare Wetterchaos auf der Welt ist geradezu prädestiniert dazu, um die tollsten und abenteuerlichsten Überlegungen über die „Ursachen" seiner Veränderlichkeit anzustellen. Das Wetterchaos erlaubt der menschlichen Phantasie aber auch, die wildesten Spekulationen über mögliche „Ursache-Wirkungs-Zusammenhänge" anzustellen. Auf die „richtige Fährte" gesetzt, hindert nichts einen Journalisten daran, alle Wetterkapriolen dieser Welt – von Alaska bis Australien, von Feuerland bis Finnland, von Amazonien bis Indonesien – auf eine einzige „Ursache", das „El Nino-Phänomen" oder das „pazifische Christkind", dieses wiederum ursächlich auf den „Treibhauseffekt" und diesen selbstverständlich auf die „Industrienationen", zurückzuführen. Der Schein der Logik ist gewahrt, unser nicht sehr anspruchsvolles und selektives Kausalitätsbedürfnis befriedigt, so daß die Hypothese als „richtig und wahr" anerkannt und als unumstößliche Theorie im Gedächtnis abgespeichert wird.

Hat sich dieses Meinungsbild durch ständige Wiederholung und stets neue Sensationen einmal tief im bildhaften Unterbewußtsein des Bürgers als Informationskonsumenten festgesetzt, so ist es aus dieser Verankerung praktisch nicht mehr zu lösen, selbst nicht durch objektive Richtigstellung, wie der unerschütterliche Glaube an den „Hundertjährigen Kalender" zeigt. Ein Meinungsstrom kann erfolgreich nur durch einen mindestens ebenso mächtigen gestoppt, überlagert, neutralisiert und verdrängt werden. „Bewegungen" jedweder Couleur können wirkungsvoll nur durch „Gegenbewegungen" gebremst werden. Ein Einzelner ist völlig machtlos, eine Massenbewegung zu stoppen oder von einer Irrmeinung abzubringen. Ein Einzelner kann aber den geistigen Initialfunken liefern, der eine entsprechende Kettenreaktion für eine immer mächtiger werdende Gegenbewegung auslöst. Milliarden Tropfen füllen ein Gefäß, doch am Ende genügt ein einziger Tropfen, um das Faß zum Überlaufen zu bringen.

Die Situation scheint nicht ganz so hoffnungslos zu sein, wie sie noch Max Planck im Jahre 1935 als bemerkenswerte Tatsache wiedergab:

„Eine neue wissenschaftliche Wahrheit pflegt sich nicht in der Weise durchzusetzen, daß ihre Gegner überzeugt werden und sich als belehrt erklären, sondern vielmehr dadurch, daß die Gegner all-

mählich aussterben und daß die heranwachsende Generation von vornherein mit der Wahrheit vertraut gemacht wird.“

Vorsorglich, exakt zu diesem Zweck, ist dieses Buch geschrieben worden.

C. Das Treibhaus – ein verkaufsträchtiger Medienschlager

Wer auf demokratischem Wege Macht anstrebt, kann dies, da er zwangsläufig auf Mehrheiten angewiesen ist, nur mit Aussicht auf Erfolg tun, wenn er erfolgreich seine Ideen als Informationen in die Informationssammelstellen und Meinungsproduktionsstätten einspeisen kann. Der einfachste, eleganteste, erfolgversprechendste und gleichzeitig unauffälligste Weg ist derjenige über die intuitive Gehirnhälfte. Jeder parteipolitischen Umorientierung geht daher sozusagen ein Informationsaustausch, eine Art farbliche Gehirnwäsche voraus.

Hat jemand von uns ein konkretes Vorhaben und gelingt es ihm, hiervon einige Journalisten zu überzeugen und als Meinungsmultiplikateure für seine Idee zu gewinnen, dann ist der erste und wichtigste Schritt getan. Seine Idee ist zur öffentlich verfügbaren Information geworden und kann nun Wirkmächtigkeit entfalten. Der „Rest“ ist dann kein qualitatives Problem mehr, sondern ein rein quantitatives.

Fließt erst einmal ein gewisser Meinungsstrom und erweist er sich als attraktiv, sprich verkaufsmächtig, dann zieht er wie ein Magnet Nachahmer an, weckt Begierde nach finanzieller Teilhabe und verstärkt sich, praktisch automatisch, wie ein losgetretenes Schneebrett zu einer Lawine. Es entsteht sozusagen ein sich selbst verstärkender Rückkopplungsprozeß. Kann man eine Nachricht oder Botschaft an einen sich selbst verstärkenden Informationsstrom koppeln, der nie versiegt, dann erhöht sich die Erfolgsaussicht gewaltig, und man kann zum Meinungsführer aufsteigen...

Wem es gelingt, seine „Botschaft“ an solch einen unaufhörlichen, nie versiegenden und stets ebenso abwechslungsreichen wie interessanten Informationsstrom wie das Wetter zu koppeln, der hat gewonnen. Das Wetter ist ein irreversibler Naturvorgang, dem der Mensch seit

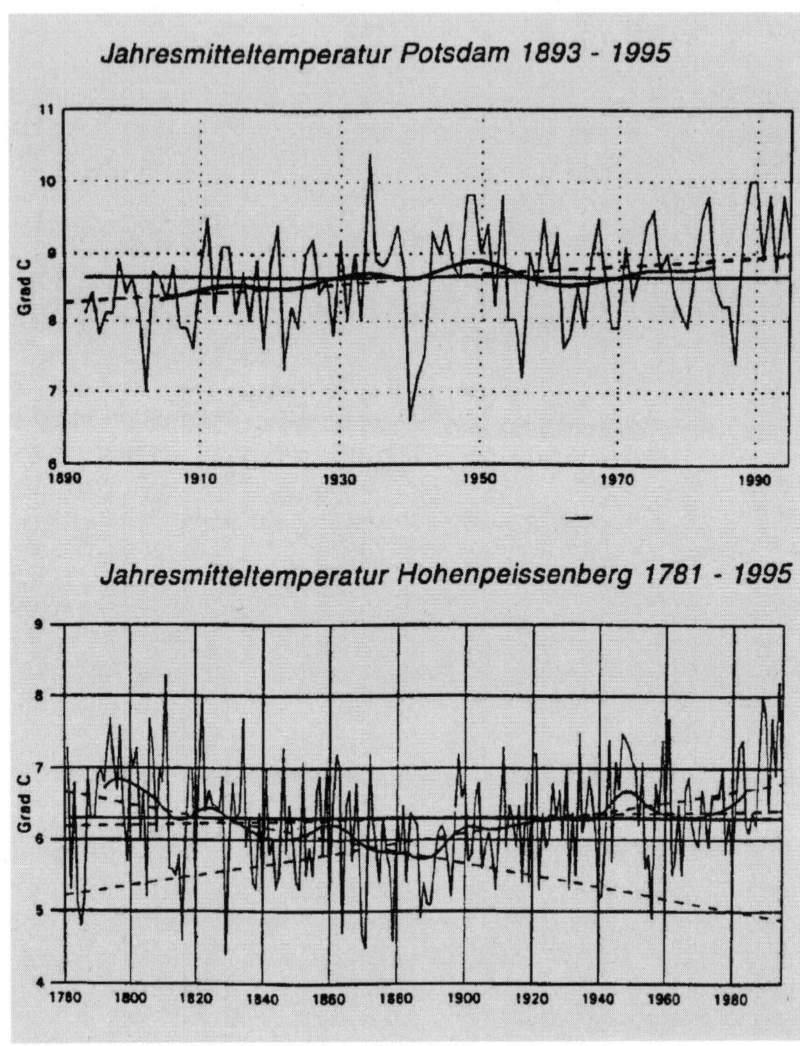

Abb. 5: Jahresmitteltemperaturen von Potsdam bei Berlin und dem etwa 1000 Meter hohen Hohenpeissenberg bei München [Quelle: Deutscher Wetterdienst, aus: Daten zur Umwelt, Umweltbundesamt 1997].

Urzeiten ausgeliefert war und heute mehr denn je ist, zumal die Populationsdichte den Menschen in Naturräumen siedeln läßt, die er früher klugerweise, ob der unberechenbaren Urgewalt Wetter vorsorgend, gemieden hat. Kurz, das Wetter gehört seit Urzeiten zum häufigsten Gesprächsstoff im Alltag, Es ist als solcher jederzeit verfügbar, ob seiner sprichwörtlichen Veränderlichkeit stets interessant und, was ganz wichtig ist, politisch neutral. Das Wetter ist als „Blitzableiter" oder „Prügelknabe" für jedwede Aggression jederzeit verfügbar, kurz, das Wettern über das Wetter hat auch etwas Verbindendes. Es bewirkt so etwas wie eine Kumpanei der Ohnmächtigen und dem Wettergott hilflos Ausgelieferten. Wetternachrichten sind gute Nachrichten, besonders, wenn sie von der Norm abweichen und damit etwas Außergewöhnliches oder Katastrophales zu bieten haben.

Gelingt es also, eine Information an das Wetter zu koppeln, so sind ihr automatisch immerwährende Aufmerksamkeit und hohe Einschaltquoten sicher. Dieser raffinierte Trick war die eigentliche Glanzleistung der 15-köpfigen Gruppe amerikanischer Umweltwissenschaftler, welche eine völlig neue Wissenschaft, dic wetterunabhängige Klimaforschung, aus dem Computer zauberten. Ihre Idee war ebenso genial wie revolutionär. Sie erklärten das Klima, das ja nichts anderes als ein statistisch toter Zahlenwert ist, der das langjährige Mittel eines Wetterelementes an einem bestimmten Ort angibt, für einen physikalisch eigenständig agierenden Naturvorgang. Dieser laufe sozusagen vor unseren Augen ab, er sei beobachtbar, meßbar und folglich auch berechenbar. Das Klima sei, wie das Wetter, natürlich ein extrem komplexes Geschehen, seine Berechnung sei überaus schwierig und berge eine große Menge an Unsicherheiten, doch mit den leistungsstärksten Computern könne man das gigantische Vorhaben „Klimaforschung, Klimaprognose, Klimasteuerung" erfolgreich angehen. Der Homo sapiens habe mit seinem schier unerschöpflichen geistigem Potential den Mond erobert und seiner Genialität würde es gelingen, auch die Geheimnisse des Klimas zu entschlüsseln, um es dem Menschen gefügig und untertan zu machen. Er würde es berechenbar und dann wie ein Raumschiff steuerbar machen. Man befolge sozusagen die biblische Anweisung: „Macht Euch die Erde untertan"!

Diesem ebenso innovativen wie hypertrophen Ansinnen konnte die amerikanische Regierung nicht widerstehen, zumal der „Sputnik-Schock“ vom 4. Oktober 1957 noch keineswegs vergessen war und geschickt das Gerücht gestreut und der Argwohn geschürt wurde, daß die Sowjetunion ohnehin schon an der „Klimaschraube“ drehe. Kurz, die „Klimaforschung“ wurde zu einem „Politikum“ und erhielt das notwendige Startkapital. Sie entwickelte sich zu einem politischen Lieblingskind, das gehätschelt und getätschelt wurde. Diese extreme Affinität der „Klimaforschung“ zur Politik und zu dem in den USA ausgeprägten Gespür für Geopolitik führten dazu, daß die Politik das Klima auch als umweltpolitische Allzweckwaffe entdeckte. Die Waffe wäre zudem jederzeit einsetzbar, wenn es gelänge, über die veröffentliche Meinung die Überzeugung zu etablieren, die Begriffe Wetter und Klima seien synonym und praktisch austauschbar.

Auch dies gelang vorzüglich, wie die meisten von uns sich ehrlicherweise eingestehen müssen. Erstaunlicherweise ist dies praktisch völlig unabhängig von Ausbildungsgrad und gesellschaftlicher Stellung. Im Gegenteil, die geschürte Klimaangst nimmt durchaus mit dem intellektuellen Bildungsgrad zu, zumal mit ihm auch das Gefühl für Verantwortlichkeit und damit auch für Schuld ausgeprägter und damit leichter aktivierbar ist. Das Klima wurde in dem Moment zum nicht mehr gesellschaftlich ignorierbaren Politikum, als es am 11. August 1986 der DPG gelang, ein intellektuelles Meinungsbildungsmedium wie den SPIEGEL für die „Warnung vor der drohenden Klimakatastrophe“ zu gewinnen. Die Informationsschlacht der „Klimaweisen“ war gewonnen, der politische Kampf um die Macht konnte beginnen. Etappensiege waren internationale Konferenzen wie Toronto 1988, Rio de Janeiro 1992 und Berlin 1995. Kioto im Dezember 1997 sollte den „Endsieg“ bringen. Ziel war die völkerrechtlich verbindliche Festschreibung von CO_2-Reduktionsnormen für die Industrienationen. Das eigentliche Ziel der global vernetzten NGO’s oder Nichtregierungsorganisationen bestand darin, einen einklagbaren Rechtstitel in die Hand zu bekommen, um die Industrienationen bei Nichterfüllung ihrer ökologischen „Fünfjahrespläne“ auf die Umweltanklagebank zitieren zu können. Warum? Um endlich dem „greenhouse“ Erde den ersehnten „greenpeace“ bescheren zu können!

Mit der Globalisierung der Klima-Lüge wie der zunehmenden Etablierung des Glaubens an die „Klimakatastrophe" wächst automatisch die Macht der Umweltorganisationen. Sie sind zwar nicht demokratisch legitimiert, reklamieren dafür aber umso vehementer für sich den ethisch-moralischen Anspruch, das einzig wahre ökologische Weltgewissen zu repräsentieren. Sie nehmen sich daher das Recht, das Recht zu brechen, wann immer sie meinen, eine drohende Umweltgefahr abwenden zu müssen. Kaum mehr ist bewußt, daß dereinst in den sechziger Jahren die progressive neomarxistische Studentenbewegung sowie konservierende klassisch-romantische Naturschutzbewegung völlig getrennt maschierten, bevor durch unterwandernde Verschmelzung eine buntalternative Umweltschutzbewegung und daraus die „grüne Bewegung" wurde, die sich schließlich parlamentarisch als Partei „DIE GRÜNEN" etablieren konnte. Dies erklärt das ebenso ideologisch geschulte wie machtpolitisch orientierte Auftreten der „Umweltakteure" sowie den nachhaltigen Beifall wie die intellektuelle Unterstützung derjenigen, die gemäß der „68er Kulturrevolution" den Marsch durch die Institutionen erfolgreich absolviert haben, um diesen die nötigen finanziellen Betriebsmittel über bestens honorierte Gutachten, Informationskampagnen, Kurse, Werkwochen, Studien, Forschungsaufträge zukommen zu lassen. Die Kulturrevolution hat ein völlig anderes Outfit erhalten, die Gesellschaftsveränderung durch „Suffizienzrevolution" ist eine Allparteienaufgabe geworden. Der Begriff wurde geprägt vom „Global Change Beirat" der Bundesregierung, dessen Geschäftsstelle beim Alfred-Wegener-Institut in Bremerhaven angesiedelt ist. Gezielte Unheilprophetie hat heute Hochkonjunktur, düsterster Pessimismus ist angesagt, der „Zeitgeist" will die „Suffizienzrevolution", will radikale Rückschritte, notfalls per Blockade, und keine nachhaltig tragfähigen und vernünftigen Zukunftslösungen. Progressiver, revolutionärer Aktionismus ist angesagt, um jeden Preis!

Zurück zur „Klimakatastrophe": Bei derart alarmierenden, apokalyptischen und sensationellen „wissenschaftlichen Befunden" kann kein Journalist ruhig bleiben oder schweigend zur Tagesordnung übergehen, allein schon aus Geschäftsinteresse, dem Geschäft mit der Information. Der „Treibhauseffekt" ist ursächlich nicht der „Laune der Medien", wie Professor Dr. Klaus Hasselmann ablenkend behauptet, entsprungen.

Dreimal nein! Die Klimakatastrophe ist eine Erfindung von Wissenschaftlern, die die Unwissenheit der Journalisten schamlos ausnutzten, um diese für ihre diversen wohlkaschierten Ziele und Zwecke sozusagen als „nützliche Idioten" einzusetzen. In den Vereinigten Staaten ging es anfangs wohl primär darum, durch geschicktes „Impfen" die dollarträchtigen politischen Kumuluswolken zum „Ausregnen" des notwendigen staatlichen Geldsegens zu animieren. In Deutschland ging es um mehr als nur „money"!

Kein Journalist hat bisher angesichts der populären Veranschaulichung des „Treibhauseffektes" mit einem in der Sonne geparkten Auto die Gegenfrage zu stellen gewagt, warum bei Sonnenuntergang das Auto rasch abkühlt und auf welchem geheimnisvollen Wege die Wärme entfleucht, ja das Auto sogar nachts so weit unterkühlen kann, daß sich frühmorgens auf Glasscheiben und Blechhaut „Tau" bilden kann. Kein Journalist traut sich, unbefangen zu fragen, wo jeweils nach heiteren Tagen die tagsüber eingestrahlte Sonnenenergie nachts bleibt und wohin die vom Boden abgestrahlte Wärmeenergie denn entschwindet. Wo ist die Wärme geblieben, und warum macht sich die behauptete „Gegenstrahlung" an der fiktiven „Glasscheibe" so überhaupt nicht bemerkbar, obgleich sie doch immerhin 70 Prozent der eingestrahlten Sonnenenergie ausmachen soll? Was hat es mit der geheimnisvollen Kraft der Kohlendioxidmoleküle auf sich, die angeblich die Wärmestrahlung der Erde motiviert, nach nur 0,00002 Sekunden nicht weiter mit Lichtgeschwindigkeit geradewegs ins Weltall zu verschwinden, sondern sich plötzlich in 6 Kilometern Höhe von -18 °C kalten Kohlendioxidmolekülen einfangen zu lassen, um von diesen „re-emittiert" mit gleicher Geschwindigkeit und noch mehr Energie zur Erde zurückzukehren, um die bodennahen Luftschichten zu erwärmen?

Zur Abwendung der „Erderwärmung", die, so wird gepredigt, einzig auf die zunehmende Verbrennung fossiler Energieträger wie Kohle, Erdöl und Erdgas zurückzuführen ist, gebe es, auch dies wird ununterbrochen missionarisch verkündet, als therapeutische Maßnahme nur eine einzige „wissenschaftlich" seriöse Empfehlung, die drastische Reduktion der Kohlendioxid-Emissionen wie die stärkere, ja ausschließliche Nutzung CO_2-freier alternativer Energieträger, und hierzu zählen natürlich als ressourcenschonende Energieträger und CO_2-freie Stromerzeuger die Kernkraftwerke. Die Politik könne aus „Klimaschutzgründen" diese Offerte nicht negieren, der Staat müsse sofort handeln und entsprechend ordnend-regulativ eingreifen, wenn er seine Reduktionsversprechungen wirklich einhalten will. Diese Forderung wurde sozusagen in den Rang eines „kategorischen Imperativs" erhoben und wird über aufwendige Großanzeigen über die Medien multipliziert und in die Politik eingebracht. Es ist ein Zeichen gesellschaftspolitischer Naivität seitens des Arbeitskreises „Energie" der DPG zu glauben, die Akzeptanz der Klima-Lüge im Jahre 1986, die der „grünen Bewegung" Auftrieb bis in den Bundestag verschaffte, würde mit der Aufgabe des Widerstandes gegen die friedliche Nutzung der Kernenergie honoriert. Nein, dies anzunehmen ist absolut illusionär. Im Gegenteil, solange der Arbeitskreis „Energie" der Deutschen Physikalischen Gesellschaft wissentlich seine Klima-Lüge aufrechterhält, so lange dreht sich das „Klimaforschungs- und Klimafolgenforschungskarussel" und fließen die Forschungsmilliarden zugunsten der grün-alternativen „Suffizienzrevolution".

D. Atomkraft! – Befürworter, Gegner und das „Klima"

Der kernphysikalische Sprengsatz „Warnung vor der drohenden Klimakatastrophe" vom 22. Januar 1986 zündete nicht sofort. Der publizistische Flächenbrand setzte erst mit gut halbjähriger Verzögerung ein, und zwar am 11. August 1986, nachdem der atomare GAU als „Größter Anzunehmender Unfall" durch die Reaktor-Katastrophe von Tschernobyl am 26. April 1986 publizistisch „verraucht" war. Am 11. August 1986 flatterte in hunderttausende bundesdeutsche Haushalte der meinungsbildenden und politisch relevanten Intelligentia die Nummer 33 des Magazins DER SPIEGEL mit dem Bild des von blauen Meeresfluten umspülten „Kölner Dom" auf der Titelseite. Die Schlagzeile dazu lautete ebenso apodiktisch wie ultimativ: Ozon-Loch, Pol-Schmelze, Treibhaus-Effekt: Forscher warnen: DIE KLIMA-KATASTROPHE!

Der SPIEGEL hatte in der „Klima-Szene" gut, sorgfältig aber einseitig recherchiert und aus den USA seriöse „Wissenschaftler" beigebracht, die die „Warnung" der Deutschen Physikalischen Gesellschaft unterstützten und erhärteten. Die SPIEGEL-Eigenleistung bestand darin, die „Prognosen" der Experten so raffiniert bildhaft umgesetzt und geschickt sprachlich verpackt zu haben, daß beim Leser die Überzeugung überkommen mußte, daß die „Warnung" durch und durch glaubwürdig sei, also ausschließlich ernsthafter Besorgnis um die gedeihliche Klima-Zukunft fern jeglichen Eigeninteresses entsprungen sei. Potentielle Kritiker an diesem Horrorszenario wurden vorsorglich geschickt in eine moralische Defensivposition gedrängt, um sie besser als Verharmloser und unverbesserliche Umweltfrevler brandmarken zu können. Wissenschaftliche Eigenkreativität entwickelte der SPIEGEL nicht. Im Gegenteil, er verstärkte nur die apokalyptisch-hellseherischen Visionen der „Klimaexperten". Er konkretisierte und vergegenständlichte in leicht eingängiger Bildersprache die prognostisch düsteren Mutmaßungen über die, einem Weltuntergang ähnelnde, Klimazukunft. Eingebaut wurden immer wieder Kurzzitate von Experten wie James E. Hansen vom Goddard Space Flight Center der US-Raumfahrtbehörde NASA mit Aussagen wie: „Im frühen 21. Jahrhundert wird die globale Temperatur höher liegen als irgendwann in den letzten 100 000 Jahren." Solche Worte verfehlten ihre Wirkung nicht. Sie mußten einfach Betroffenheit, ein schlechtes Wohlstandsgewissen auslösen. Kaum jemand der intellektuellen Bildungselite kramte in seinem Gedächtnis, schlug im Geographiebuch nach und fragte: Warum war es nach der letzten Eiszeit, im Holozän vor etwa 6000 Jahren, zumindest im atlantisch-europäischen Raum erheblich wärmer als heute? Selbst im Hochmittelalter zwischen dem 9. und 13. Jahrhundert, also vor 600 bis 900 Jahren lagen die Durchschnittstemperaturen auch schon höher als heute, ohne „treibhausfördernden" anthropogenen industriegesellschaftlichen Einfluß.

Unter externer „wissenschaftlicher" Anleitung und Vorgabe übersetzte der SPIEGEL die „physikalischen Ursachen" des schleichenden Klimawandels umgangssprachlich wie folgt:

„Der zarte Gasschleier, bestehend aus Kohlendioxid (CO_2), dazu aus kleineren Anteilen anderer Substanzen wie etwa Ozon, Methan und Stickstoffdioxid, wirkt auf zweifache Weise als Strahlenfilter: Er läßt von der Sonne kommende, kurzwellige Lichtstrahlen

passieren, hält aber die von der Erde reflektierten, langwelligen Wärmestrahlen zurück – es kommt, wie unter einem gläsernen Treibhausdach, in Erdnähe zu einem Wärmestau. Daß der im Grunde wohltätige Treibhauseffekt, der irdisches Leben überhaupt erst möglich macht, vielleicht schon bald zur Plage wird, ist der Tatkraft des Homo sapiens zuzuschreiben. Seit mehr als 150 Jahren stinken die Industriegesellschaften zum Himmel. Rund 180 Milliarden Tonnen CO_2 *wurden seit 1800 beim Verheizen fossiler Brennstoffe in die Luft gepustet; bis hinauf in die Stratosphäre herrscht inzwischen dicke Luft.*"

E. Kioto und das unbändige „pazifische" Christkind

Am 13. Oktober 1997 schossen getreu nach bewährter Regie die „Klimaphantasien" in der Medienwelt erneut in verbal bislang ungeahnte Höhen. Nach einer Ouvertüre des STERN-Magazins mit der eher harmlos und sachlich anmutenden Schlagzeile „Die Wetter-Wende" stritten sich die politischen Konkurrenten FOCUS und SPIEGEL um die publizistische „Meinungsklimaführerschaft". Überschrieb der SPIEGEL seine Story „Tumult in der Wetterküche" und meldete im Untertitel „El Nino, der mächtigste Klimaschreck des Planeten, ist zurück", so setzte FOCUS noch den „Punkt" drauf: „El Nino – Das teuflische Christkind". Der Leser erfuhr weiter: „Wenn der Pazifik fiebert – El Ninos Macht reicht um die ganze Welt".

Liegen auch die Ursachen der Wetterveränderlichkeit, die allen rekonstruierten erdgeschichtlichen Klimaveränderungen vorangehen, noch im Dunkeln, liegen auch weit mehr als 50 wissenschaftliche Erklärungshypothesen im Widerstreit und Wettstreit zueinander, so ist dies für die Medien völlig belanglos und nebensächlich. Sie erhalten über die medialen Datenfernstraßen täglich eine Unmenge von Informationen, die sie gekonnt selektieren müssen, um daraus einen verkaufsträchtigen Cocktail zu mixen. Sie unterliegen dem ehernen Diktat, Nachrichten verkaufen und durch Neugier Nachfrage erwecken zu müssen. Der unerbittliche Kampf um Markt- und Meinungsmonopole ist ihr Geschäft. Nur bad news are good news! Aus diesem Grunde häufen sich – natürlich rein zufällig – die publizistischen Klima-Aktivitäten als Medienspektakel immer vor internationalen „Klimakonferenzen". Es ist der nimmermüde Versuch der „Klimarevolutionäre" erst mit Nachrichten eine individuelle Betroffenheit zu wecken, um über prickelnde Katastrophen-Spekulation eine kollektive Angst zu schüren, um somit gezielt entsprechenden Basisdruck auf die politisch Handelnden ausüben zu können. Immer vor solchen „Gipfelkonferenzen" wie im Dezember 1997 in Kioto/Japan, im März 1995 in Berlin/Deutschland oder im Juni 1992 in Rio de Janeiro/Brasilien demonstriert die 4. Gewalt im Staate, die Medienwelt, ihre wahre außerparlamentarische Macht. Über die veröffentlichte Meinung wird öffentliche Meinung gemacht, um ein Stimmungsklima zu erzeugen, das wiederum die Meinung der „Politik" präjudizieren und ihre Entscheidungen entsprechend lenken soll.

Doch Sie wissen bereits, wer die geistig-ideologische Produktionsstätte für die „Erstinformation" ist, die ja erst das Medien-Karussel und dann das Meinungsbildungsriesenrad in Gang setzen soll, um wiederum der Politik den „grünen Weg" zu weisen. Die Erstmeinung entspringt stets dem Sektor „Wissenschaft", einem spekulativen „Forscherhirn", das eine kleine Zahl von Jüngern" um sich schart, die dann als Gruppe eine neue „wissenschaftliche Theorie" propagiert, um diese unter geschicktem Einsatz der Medien möglichst breit zu streuen. Der Erfolg solch eines „wissenschaftlichen" Bravourstücks läßt sich rein materiell an der Höhe und Nachhaltigkeit der staatlichen Forschungsförderung ablesen. Unter diesem Aspekt ist die „Klimaforschung" weltweit „Spitze". Sie benötigt schließlich auch das teuerste und gehorsamste Equipment: Computer als „Superhirne"! Allein in der Anfangsphase vom 1. September 1984 bis zum 31. Dezember 1989 kassierte die kleine Gruppe „Globale Modelle und Klimadiagnostik" am Max-Planck-Institut für Meteorologie in Hamburg vom Wissenschaftsministerium allein – nur für Software-Arbeiten – Forschungsgelder in Höhe von fast 24 Millionen Mark. Bis zum „Klimagipfel" im März 1995 hatte sich dieser Betrag nach Angaben des Forschungsministeriums auf 520 Millionen erhöht bei inzwischen jährlichen Ausgaben von 100 Millionen DM.

Dabei gab es ehrlicherweise im Grunde gar nichts mehr zu erforschen: der Sachverhalt war „klar", die Vorwegverurteilung war ausgesprochen, das Experiment angeblich längst angestoßen. Aussicht auf Rettung besteht ohnehin nur, und das auch wegen der angeblichen Trägheit des Klimasystems nur vage, bei totaler Umstellung der Energiepolitik und sofortiger radikaler Reduktion der Kohlendioxidemissionen, am besten ganz auf Null. Die Berichte und Bilder hatten eine nicht mehr zu stoppende Eigendynamik entwickelt und unumstößliche Suggestionskraft entfaltet, so daß spontanes politisches Reagieren angesagt war. Wie zu erwarten reagierte die Politik hektisch-hitzig, anstatt kühlen Kopf zu bewahren und der altbewährten Maxime zu folgen, „audiatur et altera pars", das heißt, die andere Seite zu hören, alternative Meinungen ernsthaft zu befragen. Dies hätte in der Weise geschehen können, die der „Klimakatastrophe" zugrunde liegenden Modellannahmen von neutraler Seite kritisch überprüfen zu lassen. Das wäre der pragmatischere und weitaus billigere Weg gewesen, weil man so rechtzeitig die Unhaltbarkeit dieses ideologischen Gebäudes hätte erkennen können. Doch dieser Weg war, ob der gesellschaftspolitisch geschickt aufgeheizten und radikalisierten Stimmungslage sowie der parteipolitischen Konkurrenzsituation im Kampf um „grüne" Wählerstimmen, verbaut.

F. Rückblick in die kulturrevolutionären sechziger Jahre

Die „Warnung vor der drohenden Klimakatastrophe" durch die Deutsche Physikalische Gesellschaft e. V. war ein taktisches Meisterstück, das wie ein „Blitz aus heiterem Himmel" einschlug und einzig und allein darauf abzielte, die Kernenergie als CO_2-freie Energiequelle wieder akzeptanzfähig zu machen und den „rot-grünen" parteipolitischen Widerstand gegen den Bau von Kernkraftwerken zu brechen. Doch die Katastrophenwarnung entpuppte sich als ein unerwartetes, ideales Propagandageschenk für die parteienübergreifende Fraktion der „Umweltschützer", denn nun hatten sie endlich die ersehnte „wissenschaftliche" Bestätigung für ihren Kampf gegen die „klimakillende" Großindustrie, die Megaemittenten des gefürchteten „Klimakillers" Kohlendioxid, die Strom-, Mineralöl- und Automobilkonzerne. Der alte APO-Kampf gegen die Multis lebte wieder auf und richtete sich gezielt gegen die „Großindustrie“, ganz gemäß der kulturrevolutionären Devise „small is beauti-ful“. Die Vorstandsvorsitzenden der Rheinisch-Westfälischen Elektrizitätswerke (RWE) sowie des Volkswagenwerkes (VW) wurden in Großkampagnen öffentlich von GREENPEACE als „Klimakiller“ diffamiert. Den freien autonomen und automobilen Bürger konnte man auch gleich, zwar nicht als Klassenfeind, so doch als unverbesserlichen Klimafrevler abstempeln, seinen automobilen Bewegungsdrang als Umweltsünde deklarieren und als direktes und schmerzhaftes Bußgeld eine stete Erhöhung der Mineralölsteuer androhen und verhängen. „Klimaschutz“ hat seinen Preis!

Diesen Preis war aus welchen Gründen auch immer die „Industrie“ offensichtlich bereit zu zahlen, weil sie immer noch glaubte, den Preis entsprechend auf den „Endverbraucher“ abwälzen zu können. Dabei gab es auch warnende „Klimaforscher“ mit vorübergehend „schlechtem Gewissen“, die auch einmal ihr „Herz ausschütteten“. In einem Artikel „Genarrt vom Wettergott“ in DIE ZEIT vom 10. September 1993 beschrieben der Klimaforscher Hans von Storch vom Max-Planck-Institut für Meteorologie in Hamburg und der Soziologe Nico Stehr von der University of Alberta in Edmonton/Kanada, wie mit Unwettern seit je Politik gemacht wird und wie schon im Mittelalter der Erzbischof von Canterbury eine „erfolgreiche“ Klima-Politik betrieb.

Wie die Menschen auf „Anomalien“ reagieren, die sie als „böse“ Abweichungen von irgendwelchen gewünschten „Normalzuständen“ mißinterpretieren, soll ein Beispiel aus dem mittelalterlichen England deutlich machen:

„In den Jahren 1314 bis 1317 waren dort die Ernteerträge aufgrund andauernder Regenfälle so gering, daß knapp zehn Prozent der Gesamtbevölkerung verhungerten. Vertreter der Kirche, eine damals besonders einflußreiche Institution, hatten in den Jahren vor den Mißernten von der Kanzel immer wieder vor Gottes Zorn gewarnt und ein gottesfürchtiges Verhalten gefordert. Das schlechte Wetter wurde als Strafe Gottes aufgefaßt. Um diese abzuwenden oder zu mindern, betrieb die Kirche eine Art „Klimapolitik“. Der Erzbischof von Canterbury bestand darauf, daß im ganzen Land Abbittgottesdienste und Prozessionen abgehalten, Opfer gebracht, gespendet, gefastet und intensiv gebetet wurde. Das Resultat konnte als „Erfolg“ gebucht werden, denn weitere verregnete Sommer blieben aus, und die Ernten normalisierten sich wieder. Solche von Autoritäten monopolartig angebotenen Interpretationshilfen stellen einen wichtigen Faktor für die gesellschaftliche Reaktion auf eine echte oder scheinbare Klimaschwankung dar. Autoritäten können nicht nur religiöse Einrichtungen sein, sondern Wissenschaft oder Aberglaube oder Scharlatane." Soweit Hans von Storch und Nico Stehr.

Aus dem Munde eines „Insiders", eines Kenners der Hamburger „Klima-Szene", erfährt die Öffentlichkeit völlig unverblümt, was sich hinter den Kulissen hehrer „Wissenschaft" abspielt. Doch wie reagiert die Öffentlichkeit auf solche Wahrheiten? Wie geht sie mit dieser Nähkästchen-Information um? Die Null-Reaktion zeigt, daß das Klimaproblem für die überwiegende Mehrheit von Gesellschaft und Politik überhaupt nicht nachvollziehbar ist. Kann man noch deutlicher sein als Hans von Storch und Nico Stehr? Sie bekennen:

> *„Die gezielte Fehlinformation im Dienste einer vermeintlich guten Sache – Umwelt- und Klimaschutz – kommt durchaus vor und ist eine Möglichkeit, an die auch in naturwissenschaftlichen Kreisen gedacht wird. Es wäre nicht das erstemal, daß eine Monopolstellung mißbraucht wird."*

Und das Max-Planck-Institut in Hamburg hat solch eine absolute Monopolstellung in Sachen „Klima"! Der menschlichen Klima-Phantasie sind wahrlich keine Grenzen gesetzt, wie die mögliche Klassifizierung von Wetterveränderungen als „Klimaveränderungen" in einem 30jährigen Zeitraum demonstriert.

Die von den Wissens-Monopolisten dargebotenen „Bilder" eroberten und besetzten unser individuelles wie kollektives Unterbewußtsein und sind seither mittels geschickter Demagogie politisch jederzeit beliebig aktivierbar und instrumentalisierbar. Vorbei sind die Zeiten von Klassenkampf und Revolution im Arbeitergewand, wenn sich die Transformation der Industriegesellschaft auf so elegante und weiche Art durchsetzen läßt – nicht mehr nach dem proletarischen Kampfruf „Zerschlagt das Großkapital", sondern nach der postkapitalistischen Devise „small is beautiful". Die geschickt als ernsthaft-betroffen und wissenschaftlich-fundiert vorgetragenen „Warnungen" sind jedoch reinster Spekulationismus ohne tragfähiges Fundament.

Das Treibhaus ist im Grunde nur ein allegorisches Synonym für den EINEN Menschen in der EINEN Welt, dem globalen Haus der Hörigkeit, an dem eifrigst gebaut wird. Das nötige Investitionskapital soll über die avisierte Klimaschutzsteuer oder Ökosteuer zwangseingetrieben werden. Da dies kein Bürger freiwillig täte, muß mit Bildern der Angst wie dem klimatischen Holocaust, der Sintflut, dem globalen Klima-GAU nachgeholfen werden. Ideenlieferant für die Regisseure der Horrorszenarien ist unfreiwillig das Wetter mit seinen ständigen „Katastrophen", seiner unbändigen Launenhaftigkeit und Unberechenbarkeit.

Das journalistische Sensationsgespür erwies sich für die Klimaakteure als ausgesprochen verläßlich. Das Klima wurde zum publizistischen Perpetuum mobile mit ungeheuerlicher Variationsbreite, zu einem Dauerbrenner mit eingebautem Selbstverstärker. Seit Jahrzehnten werden wir als mündige Bürger über Presse, Fernsehen und Rundfunk dahingehend indoktriniert, daß wir als Wohlstandsbürger einer florierenden Industriegesellschaft ob unseres luxuriösen Lebenswandels nicht nur die Ressourcen der Erde verschwenderisch ausbeuten, sondern sehenden Auges den bisher Größten Anzunehmenden Unfall der Menschheit, die Klimakatastrophe, selbstverschuldet auslösen und damit die ohnehin ärmsten Regionen dieser Erde mit ins Verderben hineinziehen. Als zwangsläufige Strafe würden Völkerwanderungen ungeheuren Ausmaßes uns im Kampf ums nackte Überleben heimsuchen.

Hätte sich ein 18-köpfiger Arbeitskreis „Energie" der Deutschen Meteorologischen Gesellschaft e. V. (DMG) von der Zunft der „Wetterfrösche" derart spekulativ über die ferne Klimazukunft geäußert, ihnen wäre bestimmt wissenschaftlicher Größenwahn unterstellt und süffisant geraten worden, sich doch erst um die Verbesserung der Qualität ihrer täglichen Wettervorhersagen zu bemühen. Doch selbst die ernste Warnung seitens der im Ruf einer exakten und objektiven Wissenschaft stehenden „Physik" stieß solange auf Skepsis und Zurückhaltung seitens der Medien, bis ihre nachhaltige Brauchbarkeit für die „Suffizienzrevolution" erkannt war. Die Recherchen des SPIEGEL waren keineswegs objektiver Natur, sondern erfolgten in einem global geschickt „vernetzten" und damit ebenso gleichgeschalteten wie positiv rückgekoppelten, sich selbstbestätigenden und selbstverstärkenden politischen Regelkreis.

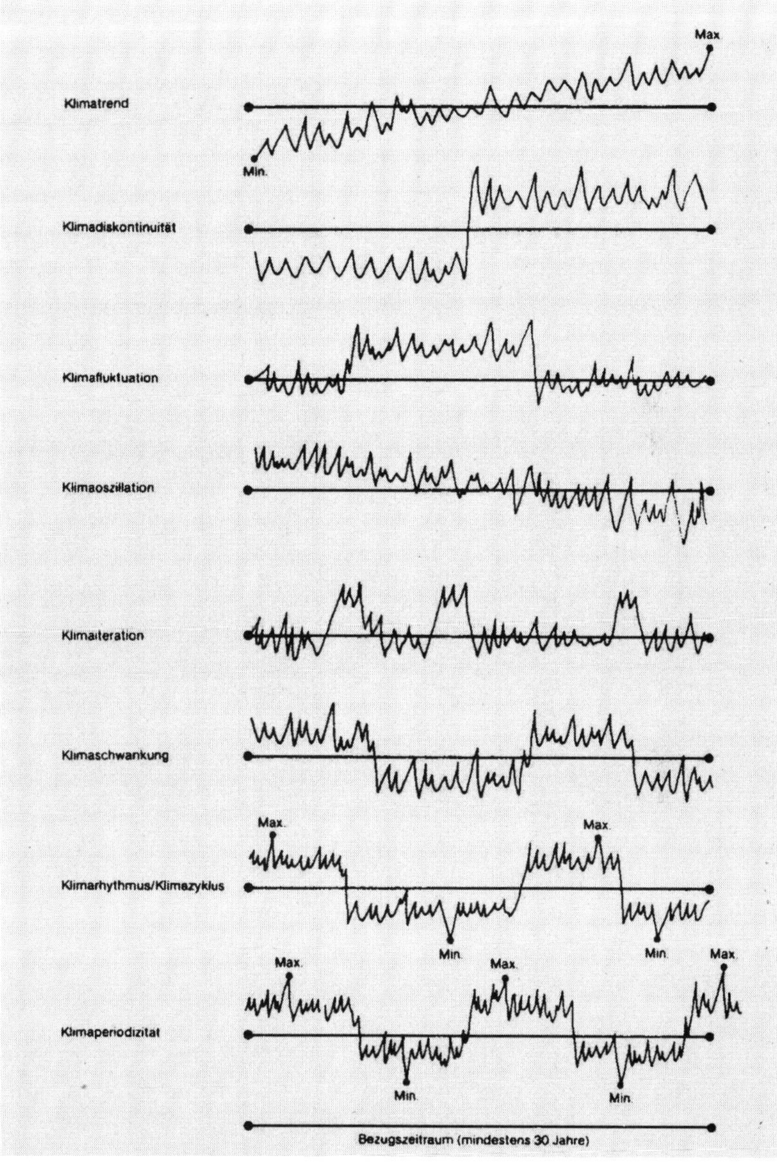

Bezugszeitraum (mindestens 30 Jahre)

Abb. 6: Versuche, die Variabilität der Jahresmitteltemperaturen „klimatisch“ zu interpretieren, was allerdings der internationalen Konvention widerspricht, wonach ein „Klimawert“ ein 30-jähriger Mittelwert ist.

G. Das Treibhaus – eine grüne Erziehungsanstalt

Denkmodelle erscheinen heute weniger in einem politischen Kontext als im apokalyptischen Spektrum. Jeder kennt den ideologisch und politisch motivierten Terrorismus, sei es als Anarchismus, Links- oder Rechtsterrorismus. Neu ist die aus der „Umweltkrise" sich abzeichnende Gefahr des Ökoterrorismus. Er fing langsam an mit der Feststellung lokaler sichtbarer Ökogefahren, der Forderung nach mehr Ökobewußtsein und Ökoverantwortung, nach Schöpfungsschutz. Dann wurde propagiert, daß Abhilfe nur geschaffen werden könne durch eine breite vordenkende und vorsorgende Ökobewegung. Daß aus der „grünen" Vordenkfunktion eine regelrechte Ökobevormundung und Ökogängelung, notfalls per Ökosteuer, erwachsen könnte, bis hin zur Ökodiktatur, diese Gefahr ahnte selbst der Bundesverband Deutsche Industrie (BDI) nicht, sonst hätte er nicht „politically correct" jeweils vor den „Klimagipfeln" in Berlin und Kioto eine devote „Selbstverpflichtungserklärung" abgegeben.

Man erkennt überdeutlich, wer die „Globalisierung des Denkens" tatsächlich betreibt und propagandistisch „lenkt", wer die „integrativen Funktionen" wahrnimmt und wer letztendlich „Klimaschutz" sagt, aber damit doch nur die „marxistisch-leninistischen Weltherrschaft" meint, nicht mehr im proletarisch-roten, sondern im intellektuell-grünen Gewande. Dabei wird mit allen Mitteln subtiler „Gehirnwäsche" gearbeitet. Über die Medien werden mit Computermodellen exakt prognostizierte Horrorszenarien verbreitet, um ganz gezielt die Öffentlichkeit zu beeinflussen und von der absoluten Notwendigkeit der Lösung selbstgebastelter virtueller Ökologieprobleme zu überzeugen, bevor der „point of no return" überschritten und die Katastrophe unausweichlich ist. Eine derartige Bewußtseinssteuerung erzeugt immer den gewünschten öffentlichkeitswirksamen Bewußtseinswandel, und dieser erzeugt bei den Parteien einen mehr oder weniger starken Bewußtseinszwang, dem herbeimanipulierten Bewußtseinsdruck politisch nachzugeben. Ziel ist ein zielloser hektischer Reformismus hin in eine gelenkte verhaltensuniformierte Gesellschaft. Nichts darf unreguliert bleiben, alles muß reglementiert und reformiert werden, um den friedlich-revolutionären und natürlich völlig demokratischen ökologischen Umbau der Industriegesellschaft voranzutreiben.

Geschickt wird dabei das stets probate Mittel „Angst“, der individuellen wie kollektiven, der lokalen wie globalen, eingesetzt. Angst ist ein tiefgründiges seelisches Phänomen, das oft scheinbar grund- und zwecklos aus unbewußten Regionen aufsteigt, das aber auch durch klar definierbare äußere Reize und Einwirkungen hervorgerufen werden kann. Gemeinhin unterscheidet man zwischen der tiefsitzenden existentiellen Angst wie der Angst vor der Sintflut oder vor dem Tode an sich, der Angst als einer Sonderform seelischer Stimmungen oder Gefühle und der Angst vor dem Neuen, vor Veränderungen als Angst des Vor-Betroffenseins vom Zukünftigen, – sei sie wirklich begründet oder nur eingebildet. Es kommt einzig auf die Wirkmächtigkeit der Angst und die Möglichkeit ihrer Kontrollierbarkeit an. Die Existentialangst wurde von Sören Kierkegaard (1813-1855) in seiner 1844 erschienenen Studie „Der Begriff der Angst“ untersucht und beschrieben. Später hat sich auch Martin Heidegger (1898-1976) in seinem Hauptwerk „Sein und Zeit“ (1927) mit der Angst auseinandergesetzt. Er sagte:

> *„Wovor die Angst sich ängstet, ist das In-der-Welt-sein selbst.“* Und: *„Die Angst [...] wirft das Dasein auf das zurück, worum es sich ängstigt, sein eigentliches Inder-Welt-sein-Können“.*

Mit der Angst als Folge „gedrückter Stimmungen“ hat sich Otto Friedrich Bollnow (1903-1991) in seinem 1941 erschienenen Buch „Das Wesen der Stimmungen“ befaßt.

Die Angst vor dem Neuen oder die mit ihr wesensgleiche Angst vor Veränderungen ist eine stets latente und deswegen auch extern durch „Einflüsterungen“ leicht aktivierbare und manipulierbare Form der Angst, die bis zur Kollektivneurose und Kollektivagressivität gesteigert werden kann. Wem es gelingt, die Zukunft in extrem düsteren Farben erscheinen zu lassen, sie in ihrer Sinnlosigkeit, Aussichtslosigkeit und Hoffnungslosigkeit bildhaft darzustellen, Veränderungen als negativ und bedrohlich hinzustellen und mit einer Fahrt ins apokalyptisch Ungewisse gleichzusetzen, der braucht nur noch den Weg in eine leicht rezipierbare heile Welt zu weisen, um seiner Gefolgschaft sicher zu sein. Insbesondere das hohe Maß an Komplexität und Undurchschaubarkeit moderner Gesellschaftssysteme begünstigt solche Weltanschauungen, die mittels geschickter Komplexitäts-Reduktion einfache und eingängige Handlungslösungen anbieten. Mit der Macht der Massenmedien wird „Problembewußtsein“ generiert, um „Politik“ zu machen. Gelingt es, seine Meinung zur vorherrschenden Meinung hochzustilisieren, dann gibt es praktisch keine wirksame Gegenstrategie, außer daß man die Angst mit einer Gegenangst neutralisiert und paralysiert.

Die Angst ist ein zeitlos beliebtes Mittel für Ideologen und Demagogen, weil sie nach Antoine Comte de Rivarol (1753-1801) die gefährlichste der Leidenschaften ist und, weil ihr erster Angriff stets gegen die Vernunft gerichtet ist. Sie lähmt Herz und Verstand. Rivarol war einer der wortgewaltigsten Gegner der Französischen Revolution. Versetzt man die Öffentlichkeit in Angst und Schrecken vor einer ungewissen aber selbstverschuldeten katastrophalen „Klimazukunft“ und gelingt es, ein kollektives Angstgefühl als allgemeine gesellschaftspolitische Stimmungslage zu erzeugen, hat man mit der Vernunft den Verstand gelähmt und die Leidenschaften entfesselt, dann hat man das gewünschte Ziel der wachstumsfeindlichen Suffizienzrevolution beinahe erreicht. Das Problem ist, daß man der Angst vor der „treibhausbedingten Klimakatastrophe“ nicht mit einer Gegenangst rational begegnen kann, zumal die ausgedachten „Klimakatastrophen“ nach Belieben mit erlebten „Wetterkatastrophen“ bildhaft-dramatisch in Szene gesetzt werden können. Das Wetter muß wie ein Erdbeben erduldet werden und kann schlecht zur Entängstigung herangezogen werden, weil die Wetterkatastrophen die einzig wirkliche Gefahr darstellen, aber eben nicht das rechnerische Kunstprodukt Klima, das nur in der Statistik „lebt“. Ein 30jähriges Windmittel von 8 m/s für die Nordseeinsel Helgoland sagt nichts, aber auch rein gar nichts darüber aus, wieviel Orkane und Strumtiefs in diesen 30 Jahren die Insel tatsächlich heimgesucht und welche Verwüstungen sie angerichtet haben.

Wer vor so einer gewaltigen Gefahr wie dem globalen Klima-GAU warnt und die einzig nur denkbare Lösungskonzeption vorstellt, darf der nicht – pardon! – auch ein bißchen „vereinfachen“? Darf in solch einer menschheitsgeschichtlich singulären „Ausnahmesituation“ nicht auch einmal „gelogen“ werden? „Im Prinzip ja“, aber bei der „Klimakatastrophe“ geht es von Anfang an nicht um die Beseitigung einer real erfahrbaren und physikalisch möglichen „Katastrophe“. Im Gegenteil, die „Katastrophe“ ist ganz speziell dazu „erfunden“ worden, um ganz spezielle Ziele, zu deren Verwirklichung alle anderen Möglichkeiten ausgelotet und ausgeschöpft waren, unter dem Deckmantel des „Klimaschutzes“ durchzusetzen. Auf dem Wege „Umbau der Industriegesellschaft“ zur selbstgenügsamen und ausreichend funktionierenden „Solargesellschaft“ hat die „Klimapolitik“ inzwischen die zentrale Schlüsselrolle. Nur darf dies die „intelligente Mittelschicht“ nicht merken.

II. Wissenschaft im ideologisch-moralischen Korsett

Bei der Präsentation des „Treibhauseffektes“ dürfen natürlich moralische Betroffenheit, beschwörende Betrachtungen über die Weltbevölkerungsexplosion, die Weltenergiekrise und die desolate Welternährungssituation nicht fehlen – die Regie wäre unvollständig, der dramaturgische Effekt verfehlt. Die Ausgangssituation wird für den unbefangenen Leser folgendermaßen aufbereitet:

> *„Der Mensch benötigt zu seinem Wohlergehen Energie [...] Der Mensch benötigt aber auch Energie in Form von Nahrung. Für die Deckung dieses Bedarfs ist aber doch, so könnte man auf den ersten Blick meinen, die Sonne zuständig; wir müssen nur geeignete Flächen und Wasser bereitstellen. Diese Feststellung mag in vorindustrieller Zeit richtig gewesen sein, heute gilt sie nur noch in einigen wenigen Refugien urwüchsiger Verhältnisse.“*

Diese sehr bemerkenswerte und aufschlußreiche „wissenschaftliche“ Aussage stammt von dem Frankfurter Klimaforscher und Berater des Intergovernmental Panel on Climate Change (IPPC) Professor Dr. Christian-D. Schönwiese und ist seinem – zusammen mit dem Physiker Dr. Bernd Dieckmann 1987 geschriebenen – Buch „Der Treibhauseffekt – Der Mensch ändert das Klima“ entnommen.

Hat deswegen der Schutz der urwüchsigen Tropenwälder einen so hohen symbolträchtigen Stellenwert? Hat der quasireligiöse Kult um diese letzten vom Menschen noch nicht ausgerotteten „Paradiese“ hier seine Wurzeln? Ist hier der Grund für die schizophrene Haltung zu sehen, einerseits die Verwendung von Holz als „ökologischen“ Baustoff vehement zu fordern, aber andererseits Holz aus Tropenwäldern kategorisch zu boykottieren? Doch dieses Problem soll nicht weiter diskutiert werden. Viel wichtiger ist die in obigem Satz steckende verdeckte Aussage, daß in „vorindustrieller Zeit“ die Sonne beim Wachstum der Pflanzen wichtig gewesen sei, sich dieser Tatbestand heute in industrieller Zeit aber nur noch auf wenige „urwüchsige“ Refugien beschränke. Die Aussage von Schönwiese provoziert unwillkürlich den Schluß, daß die „Biomasseproduktion“ per Photosynthese nicht mehr überall auf der Erde funktioniert, sondern nur noch partiell in „wenigen Refugien urwüchsiger Verhältnisse“.

Um diesen „himmelschreienden" Unsinn zu widerlegen, bräuchte man sich nur in semiariden Gebieten wie Israel umzuschauen. Hier kann man mit offenen Augen sehen, wie man Wüste bei entsprechender Bewässerung in fruchtbarstes Ackerland, in einen „Garten Eden" umwandeln kann. Auch in anderen halbtrockenen Savannen- und Steppenzonen der Erde erleben wir nach jeder Dürre mit den ersten Regenfällen das geradezu explosionsartige „Grünen" der Natur. Nichts ist in der Natur außerkraftgesetzt oder war einmal, wie im Märchen, „vorindustriell" gültig. Zum Wachstum benötigen die Pflanzen heute wie seit Jahrmillionen „global" nichts als Licht, Kohlendioxid und einen wasserhaltigen Nährboden.

Diese totale Subordination allen Wissens unter das Diktat einer „Ideologie" oder Doktrin ist ein ebenso sublimer wie skandalöser Tiefschlag gegen Ansehen und Reputation der Wissenschaft insgesamt und ist geeignet, in der Bevölkerung das Vertrauen in die ernsthaft „Wissenschaft" betreibenden Forscher zutiefst und nachhaltigst zu unterminieren. Wird hier nicht energisch seitens der „Wissenschaft" gegen ein derartiges ideologisches Dunkelmännertum vorgegangen und ihm Einhalt geboten, dann sieht es um die Zukunft des „Wissensstandortes Deutschland" finster aus. Wenn einige Naturwissenschaftler meinen, in die Gestaltung der Politik eingreifen oder selbst Politik machen zu müssen, dann sollten sie dies als „freier Bürger" tun, ihre politische Gesinnung offenlegen, sich parteipolitisch bekennen und zur Wahl stellen. Dies wäre ein mutiger Schritt, um auf dem grundgesetzlich vorgezeichneten Weg die notwendige demokratische Legitimation zu erzielen. Naturwissenschaftliche Fakten bis in ihr Gegenteil zu verfälschen, um sich erstens die Basis für „Katastrophenszenarien" zu verschaffen und um zweitens Öffentlichkeit wie Politik in einem raffinierten sich selbst verstärkenden „Rückkopplungs-Prozeß" in das Konstrukt „Treibhaus" hineinzumanipulieren, dieser Weg widerspricht jeglichem wissenschaftlichen Ethos. Er darf nicht länger toleriert werden.

Das moderne „Bild" vom selbstverschuldeten „Hitzetod" der Menschheit im „Treibhaus" ist nichts als die säkularisierte Version der mythischen Bilder von „Fegefeuer" und „Hölle". Die Androhung der „Strafe Gottes" verbunden mit dem alptraumhaften Schrecken vor der irdischen Strafe „Sintflut" sind die tiefenpsychologischen Hebelmechanismen, mit der die missionarische Kaste der begnadeten „IPCC-Klimaforscher" den Irrglauben an die globale „Klimakastrophe" im Unterbewußtsein der Menschheit zu begründen und nachhaltig zu verwurzeln versucht.

Die geschürte Angst vor dem „Treibhauseffekt" und der durch den „Klima-Killer" Kohlendioxid ausgelösten „Klimakatastrophe" hat einzig das Ziel, eine Panikstimmung zu erzeugen, um der Suffizienzrevolution zum Durchbruch zu verhelfen. Zum Glück ist das sogenannte „tumbe Volk" zu pfiffig und schlau, um trotz der allabendlichen Katastrophenbilder aus aller Welt in Panikstimmung zu geraten. Panik ist nach Darstellung des Duden die durch „eine plötzliche echte oder vermeintliche Gefahr hervorgerufene, übermächtige Angst, die bei einzelnen oder Ansammlungen von Menschen zu völlig unüberlegten Reaktionen führt".

Der Bürger darf sich diese unbegründete Panikmache, die letzten Endes nur auf seinen Geldbeutel zielt, nicht mehr länger gefallen lassen. Das „Treibhaus" muß daher von den gedanklichen Grundfesten her als völlig widernatürlich dargestellt und erschüttert werden. Es ist ein toter schwarzer Hohlraum, sonst nichts. Ebenso müssen die Maßnahmen wie die Kohlendioxid-Reduktion als a priori unsinnig, untauglich und absolut erfolglos dargestellt werden. Hierfür eignet sich das Wetter, das zwar in seinem Ablauf nicht streng den bekannten idealisierten mathematisch-physikalischen Gleichungen gehorcht, aber zumindest ihnen auch nicht völlig widerspricht. Das Problem der prinzipiellen Unvorhersagbarkeit können auch die größten Computer nicht lösen.

Die Entängstigung kann mit den Worten des Aufklärungsphilosophen Immanuel Kant (1724-1804) nur in einer Art „Dialog mit der Natur" erfolgen. Es muß wieder die Einsicht wachsen, daß der menschlichen Begierde nach Machbarkeit aller Dinge natürliche und prinzipiell unüberwindliche Schranken gesetzt sind. Das Globalvorhaben „Klimaschutz" ist eine maßlose Selbstüberschätzung des modernen Menschen, eine frevelhafte Selbstüberschätzung und damit geschöpfliche Ehrfurchtslosigkeit vor der „Schöpfung".

Ein Rückblick in die Entwicklung wissenschaftlicher Erkenntnisfindung zeigt, daß alle Naturforscher seit jeher akribisch bemüht sind, ihre „Erstideen" in verständliche „Formen" zu gießen und anschauliche

Weltbilder zu kleiden. Wenn aber die daraus abgeleiteten „Naturgesetze“ nicht funktionieren, dann müssen die „Formen“ zerbrochen und durch neue ersetzt werden. Nicht der Wissenschaftler, sondern die Natur hat das letzte Wort! Der Mensch ist und bleibt ein Produkt der Schöpfung, das zwar Produkte schaffen und in gewisse physikalische, chemische und genetische Prozesse verändernd eingreifen kann, das aber nicht die Bewegungen der Gestirne modifizierend umgestalten und einmal als „wahr“ erkannte „Naturgesetzmäßigkeiten“ willkürlich wieder aufheben kann. Dies gilt z.B. für die stoffspezifisch wohl definierten und physikalisch exakt ausgemessenen Absorptions- und Emissionslinien der atmosphärischen Spurenstoffe wie Kohlendioxid, Methan und Lachgas. Diese Moleküle angesichts des global gültigen physikalischen Lehrbuchwissens als „Treibhausgase“ zu bezeichnen, ist ein vorsätzlicher Schwindel.

Jeder Wissenschaftler, sei er Klimatologe oder Meteorologe, Biologe, Chemiker oder Physiker, ist ethisch-moralisch als Wissenschaftler der Gemeinschaft gegenüber und damit aus Gemeinwohlinteresse verpflichtet, bei wissenschaftlichen Aussagen strengste wissenschaftliche Neutralität und Objektivität zu wahren. Er muß diese Ebene strikt trennen von seinen persönlichen Wertvorstellungen, seiner weltanschaulichen wie parteipolitischen Befindlichkeit. Er hat strikt allen Versuchungen zu widerstehen, die „Wissenschaft“ ganz in den Dienst ideologisch-utopischer Gesellschaftsentwürfe zu stellen und bewußt zu mißbrauchen. Forschung verführt leicht zur Fälschung, und Fälschung schadet grundsätzlich dem Ansehen der Forschung. Die teils interessengebundene teils ideologisch motivierte „Klimaforschung“ schadet der Forschung an sich. Der Bürger als Souverän wie der ihn repräsentierende Staat müssen ein vitales Interesse daran haben, daß die Verläßlichkeit in „wissenschaftliche Aussagen“ wiederhergestellt wird.

Es ist eine bewußte Verletzung des „Wissenschaftsethos“, wie es die Deutsche Forschungsgemeinschaft reklamiert, wenn seitens der klimaforschenden Physiker versichert wird, daß der Mensch über eine Variation des Gehalts der Atmosphäre an besagten „Treibhausgasen“ das „Strahlungsfenster“ der Erde hinaus in den Weltraum beliebig „öffnen oder schließen“ und damit nach Belieben die „Globaltemperatur“ steuern könne. Wenn es den angeblichen „Treibhauseffekt“ gäbe, hätte man ihn längst registriert und gemessen. Jedenfalls, das Wetter kennt ihn nicht, wie die Temperaturaufzeichnungen in aller Welt bei windstillem und wolkenlosem Strahlungswetter eindeutig beweisen. Für Oberflächentemperaturen zwischen -50° und +50° Celsius ist das Hohlraumfenster für die schwarze Wärmestrahlung immer offen. Mit Aufdeckung der Treibhaus-Lüge soll verhindert werden, daß die geschürte Klimaangst in kollektive Panik ausartet, die unüberlegte Reaktionen auslöst und den Suffizienzrevolutionären in die Hände arbeitet. Es ist ein Schritt in die „Wissensgesellschaft", die weiß, daß die Politfloskel „Klimaschutz" aus ganz prinzipiellen physikalischen Gesetzmäßigkeiten heraus ein a priori aussichtsloses utopisches Unterfangen ist.

Gegen das Vorhaben „Klimaschutz" muß mit allen Mitteln der Vernunft wie des Verstandes argumentativ angegangen und vorgegangen werden, aus volkswirtschaftlicher und damit gesellschaftspolitischer Verantwortung heraus. Dies ist die Sozialpflichtigkeit des Wissenschaftlers. Seine Sozialpflicht besteht nicht darin, im Dienste einer Ideologie „Horrorszenarien" zu entwerfen und kollektive Angstzustände herbeizumanipulieren, sondern dem Wohl des Volkes, des Vaterlandes und der ganzen Menschheit, sozusagen der „Einen Welt" zu dienen.

A. Das Treibhaus – ein politischer Affenzirkus

Die „Klimaakteure" handeln sozusagen als Rationalisten ohne Ratio, als wollten sie den Rationalismus selbst ad absurdum führen. Dessen geistiger Gegenspieler ist ja bekanntlich der Idealismus, der auf die präfixierte platonische Vernunft und deren Ideenwelt zurückgeht. Nach Thomas Kielinger, der 1997 das Buch Die „Kreuzung und der Kreisverkehr – Deutsche und Briten im Zentrum der europäischen Geschichte" schrieb, wären wir „doch keine Deutschen, wenn wir durch die Welt, wie sie wirklich ist, abgelenkt würden in unseren Träumen von einer Welt, wie sie sein sollte". Dieser „Traum" artikuliert sich politisch in dem anmaßenden Anspruch, in der „Klimapolitik" weltweit der wegweisende und vorbildhafte „Vorreiter" sein zu wollen, der gelehrige Musterschüler, der seine Aufgaben gelernt hat und ob seiner zukunftsfähigen „Weisheit" gehorsame Gefolgschaft erwarten dürfe. Die Vorreiterfunktion wird untermauert mit den Beschlüssen der Bundesregierung vom 13. Juni und 7. November 1990, national die CO_2-Emissionen um 25 Prozent bezogen auf das Basisjahr 1987 zu senken. Doch bisher ist keiner dem „Deutschen Michel“ gefolgt!

Karl Marx (1818-1883) war ganz und gar ein Ziehkind des deutschen Idealismus. In seinen Pariser Manuskripten treibt Marx den Pantheismus auf die Spitze, indem er behauptet, der sich seiner Vernünftigkeit gewisse Mensch sei der natürliche Mensch. Marx setzt Natur und Mensch im Denken gleich und glaubt fest daran, daß die Vernunft des Menschen, da sie seiner Natürlichkeit angehört, jedes Ausweichen auf die Metaphysik überflüssig macht. Man kann aber der menschlichen Existenz ohne Transzendenzbezug keinen vernünftigen Sinn zuweisen. Hier hat der historische Materialismus alle Denkleistungen des Idealismus lediglich verballhornt. Indem der Marxismus an die erhellende Macht der Vernunft glaubte, erklärte er sich selbst zu einer „Religion“, allerdings ohne Bezug zu Transzendenz oder Übersinnlichkeit. Er wollte das rein irdisch-materialistische „Paradies auf Erden“. Dieses endete im sozialistischen Martyrium.

Die tiefe Enttäuschung in den osteuropäischen Staaten über die marxistische und leninistische Utopie der heilen kommunistischen Welt, in der nach dem Absterben des Staates jeder nach seinen Bedürfnissen den Wohlstand genießen dürfe, führte schließlich zum Zusammenbruch des real-sozialistischen Sowjetimperiums. Diese systemimmanente Schwachstelle der kommunistischen Heilslehre war jedoch keineswegs ein Hinderungsgrund für die Studentenbewegung der 60er Jahre, eine neomarxistische Kulturrevolution anzuzetteln und durchaus erfolgreich abzuschließen. Die neomarxistische Bewegung abstrahierte geschickt von den Unzulänglichkeiten des realen freiheitsfeindlichen Sozialismus und propagierte als neomarxistische Variante die Befreiung von jeglicher staatlicher, gesellschaftlicher wie kapitalistischer Repression. Es war ein Aufstand des Idealismus gegen den Rationalismus.

Dieser Aufstand des Irrationalen gegen die Vernunftherrschaft und damit gegen die menschliche Selbstgewißheit hatte verschiedene Gesichter. Der revolutionäre Impetus galt einzig dem Ziel, die etablierten Machtstrukturen zu unterminieren. Das Individuum wurde zu „Befreiung“ und „Selbstbestimmung“, das Kollektiv zu „Basisdemokratie“ und

„Partizipation“ aufgerufen. Antiautoritäres Verhalten wurde zur Maxime erhoben. Vernunft, Rationalität und damit das gesamte Gefüge der Industriegesellschaft versuchte man dadurch zu erschüttern, daß man das analytische Denken diskreditierte, Angst vor der undurchschaubaren Technik schürte und ein Klima der Technikfeindlichkeit erzeugte, um die verhaßte „Großindustrie“ wie die multinationalen „Großkonzerne“ zu schwächen. Besonderes Reizobjekt waren die „Atomkraftwerke“!

Was als „Studentenrevolte“ bezeichnet wurde, war in Wirklichkeit eine raffiniert ausgeklügelte „Revolution“, die das ganze etablierte Gesellschaftssystem zu Fall bringen sollte. Dies ist nicht gelungen, doch die Schwächung des Staates ist unübersehbar und wird deutlich in der Uneinigkeit und damit Unfähigkeit der „politischen Elite“, dringende wirkliche Probleme „ideologiefrei“ und pragmatisch zu lösen. Als Folge der kulturrevolutionären Veränderungen denkt man immer weniger analytisch konkret, dafür aber umso mehr ganzheitlich-global und verbaut sich damit systematische Problemlösungen. Das „think global“ überfordert den Menschen wegen dessen prinzipieller Unfähigkeit, alle Komplexität in „Natur und Gesellschaft“ ganzheitlich und gleichzeitig erfassen und lösen zu wollen. Das Bestreben „Ganzheitlichkeit“ hat zu einer intellektualistischen Hybris und einem übermenschlichen Machbarkeitswahn geführt, der jegliche Demut vor der Schöpfung zerstört zu haben scheint. Wer alles und das gleichzeitig zu lösen vorgibt, der mag zwar ein „guter“ Demagoge und Ideologe sein, in Wirklichkeit vermehrt er die Probleme, erhöht deren Komplexität und scheitert an seiner eigenen Überheblichkeit. Wer den „Pluralismus“ zum Prinzip erhöht, aber für sich selbst die Gabe ganzheitlichen vernetzten Denkens vortäuscht, der übernimmt sich und ist zur politischen Führung eines Gemeinwesens völlig untauglich. Der intellektuelle Hochmut führt, wie der Volksmund instinktsicher weiß, zum „Fall“, in die vielfältigen schier unlösbaren „Krisen“ des politischen Alltags. Die Forderung nach „ganzheitlichem“ Denken hat einen betörenden Charme, sonst aber wenig Nutzeffekt. Wenn diese auch optimistische Hoffnungen zu wecken in der Lage ist und Ansätze für eine Neugestaltung verspricht, so haftet doch allen diesen „Strömungen“ der morbide Geruch von Fin-de-siecle-

Dekadenz an, der insbesondere in den zahlreichen „Katastrophen-szenarien" zum Ausdruck kommt.

Die erdachte „Klimakatstrophe" soll in diesem post-sozialistisch-neomarxistischen Strategiekonzept eine Doppelfunktion ausüben. Sie soll die „kapitalistischen Großstrukturen" zerschlagen und diese als repressive „monopolistische Machtstrukturen" mittels der Devise „small is beautiful" sozusagen „atomisieren". Sie soll aber auch die liberale Ordnung von innen heraus erschüttern, deren Freiheit durch eine Rechtsordnung gewährleistet wurde, die auf einer weitgehenden Dezentralisierung der staatlichen Macht, föderativen Staatsstrukturen und Gewaltenteilung beruhte. Die Forderung nach „Ganzheitlichkeit" war ein Synonym für den neuen Übergang zu zentralistischer Bevormundung. Wem es gelingt, über die Klimapolitik die Energiepolitik und damit praktisch die Wirtschaftspolitik dirigistisch zu beeinflussen, der bekommt damit ein Machtinstrument ohnegleichen in die Hand. Von Anfang an war daher die „Klimaproblematik" global ausgerichtet, wie die Wortwahl „Globaltemperatur", „Globalklima" deutlich zeigt. Hier kommt das dem Marxismus als Religion anhaftende universalistische Denken zum Vorschein, das zu seiner Realisierung zentralistischer Strukturen bedarf und damit völkerrechtlich verbindlichen Konventionen wie der „Klimarahmenkonvention" mit exakt normierten und rechtlich verbindlichen, d.h. einklagbaren „Treibhausgasreduktionen".

Die perspektivische Verwinzigung der Welt

Angesichts der Weltraumbilder mit der sichtbaren Miniaturisierung der Erde und der fortschreitenden Mathematisierung der Wissenschaften, der „reductio scientiae ad mathematicam", wonach an die Stelle sinnlicher Vorstellungen zunehmend ein System mathematischer Gleichungen gesetzt wird, stieß die gedankliche Reduktion der Erde zu einem winzigen Kohlestäubchen im schwarzen Hohlraum praktisch auf keinerlei geistigen Widerstand bei der modernen Wissenschaft, die zunehmend die Phänomene und Prozesse „produziert", die sie zu verstehen wünscht. Da nach Meinung der Philosophin Hannah Arendt (1906-1975) dieses „Produzieren im Sinne mathematischer Formeln und Gleichungen vonstatten geht“, kann die Wissenschaft sich „nun in einer Welt bewegen, die genau dem entspricht, was ein weltloser Verstand in sich selbst vorfindet. Die einzige für ein solches Unternehmen unerläßliche Voraussetzung ist, daß niemand, weder Gott noch ein böser Geist, etwas daran ändern kann, daß zwei mal zwei vier ist“.

Durch die von René Descartes (1596-1650) als dem „Vater des analytischen Denkens“ ersonnene Verlegung des „archimedischen Punktes“ in das menschliche Erkenntnisvermögen sah bereits 1956 die weitsichtige Hannah Arendt die moderne Naturwissenschaft in einem „circulus vitiosus“:

> *„...die Wissenschaft formuliert hypothetische Theorien, mit denen sie aber nicht die Sinnenwelt unmittelbar konfrontiert, sondern die sie benutzt für eine Technik des Experiments, in der das Experiment wiederum als Probe auf die Wahrheit der Theorie gilt; sie hat es, mit anderen Worten, von Anfang bis Ende dieses Verfahrens mit einer „hypothetischen“ Natur zu tun.“*

Exakt dieses von Hannah Arendt erkannte „Kreisdenken“ liegt der modernen „Klimaforschung“ zugrunde. Vom theoretischen Unterbau an schaltete die moderne Spezies von „Klimaforschern“ systematisch die physische „Sinnenwelt“ zugunsten der metaphysischen „Gedankenwelt“ bei ihren diversen Klima-Hypothesen aus und „beweist“ in einem „circulus vitiosus“ oder fehlerhaften Zirkel-Verfahren „Hypothese mit Hypothese“, „Modellannahme mit Modellannahme“, ohne je nach der Wirklichkeit zu schauen. Der Computer ist dabei ein ebenso schnelles wie willfähriges Instrument mit hohem gesellschaftlichen „Ansehen“. Bei der Frage nach dem Ursprung der Sprache hat schon Johann Gottfried Herder (1744-1803) in seinen sprachphilosophischen Schriften festgestellt, daß der Mensch ein Geschöpf der Sprache ist und „ohne ein Verständliches kein Verstand denkbar“ ist. Herder: „Soll unser Verstand verstehen, so muß ein Verständliches vor ihm sein, das für ihn Bedeutung habe; Verstand ohn’ alles Verständliche ist ein Unding, so viele leere Wortkapseln wir ihm auch anhängen mögen.“ Innere Denkformen ohne Gegenstände sind für Herder „leere Schemen“ oder „Blendwerk“ wie die Wortungetüme „Globaltemperatur“ und „Globalklima“. Diese Worthülsen sind bewußt gewählt worden, um sie jeglicher Verständlichkeit zu entziehen, damit „unsere Vernunft“ nichts bearbeiten kann.

Nehmen wir die Unbestimmheit der Quantenphysik, deren wichtigste Konsequenz lautet: Die Zukunft ist offen! Diese Erkenntnis wird in der numerischen „Klimaforschung“ völlig ignoriert, obgleich dieser Satz auch für makroskopische natürliche Prozesse gilt, bei denen kleine Ursachen aufgrund komplexer Wirkmechanismen starke Auswirkungen hervorrufen. Alfred Gierer schildert dies in seinem 1988 neueditierten Buch „Die Physik, das Leben und die Seele“ hinsichtlich der Entstehung von Turbulenz in der Atmosphäre wie folgt:

> *„Kleinste Schwankungen im Zustand der Materie durch zufällige Temperaturbewegungen können entscheiden, ob und wo ein Kristall, ein Tropfen, eine Wolke oder ein Wirbel entsteht. Befände sich ein einzelnes Molekül zu einer gegebenen Zeit an einer auch nur etwas anderen Position, so würde sich hieraus ein völlig verschiedener Gesamtzustand im Großen entwickeln. Die geringste Unsicherheit in der Bestimmung des gegenwärtigen Zustandes eines physikalischen Systems macht seine Zukunft dann gänzlich unberechenbar, chaotisch. Diese Zusammenhänge wurden von einem faszinierenden Zweig der neueren Mathematik, der Chaostheorie, analysiert. Manche Wissenschaftler sind der Auffassung, daß chaotische Vorgänge schon im Rahmen der anschaulichen, alten Mechanik unbestimmt sind. Was praktische Berechenbarkeit angeht, trifft dies sicher zu. Eine prinzipielle Begründung ergab aber doch erst die Quantenphysik. Die Quantenunbestimmtheit setzt für die Vermeßbarkeit der physikalischen Zustände in der Gegenwart bestimmte, quantitative Grenzen. Daraus ergibt sich ganz unmittelbar, daß künftige Ereignisse, bei denen kleine Schwankungen und Veränderungen sehr verstärkt werden, auch bei größtem Rechenaufwand nicht vorhersagbar sind. Dies betrifft zum Beispiel das Wetter: Auch wenn alle anderen Schwierigkeiten überwunden wären – in letzter Konsequenz setzt die Quantenunbestimmtheit einer langfristigen, verläßlichen und genauen Wettervorhersage unüberwindliche Grenzen.“*

Bei der Weitmaschigkeit und Irregularität des meteorologischen Meßnetzes mit den riesigen Ozeanflächen als „weißen Flecken“ braucht man gar nicht die „Quantenunbestimmtheit“ zu bemühen, um die Unmöglichkeit einer exakten Wettervorhersage, selbst für die nächsten 24 Stunden, einzusehen. Geht man weg von vermessenen physikalischen Wetterfeldern mit den real gemessenen Luftdruck-, Wind- und Temperaturverteilungen und wendet dieselben numerischen Gleichungssysteme auf konstruierte mittlere Luftdruck-, Strömungs- und Temperaturverteilungen an, dann ist eine Prognose erst recht unmöglich. Über den Aussagewert 100-jähriger Prognosen erübrigt sich jedes weitere Wort!

Das neuzeitliche und in der „Klimaforschung“ bildhaft vorexerzierte „Ideal“, von irdisch gegebenen meßbaren „Sinnesdaten“ zu abstrahieren und das Funktionieren von Realität auf die Stimmigkeit simplifizierter mathematischer Formeln zu reduzieren, führt zu einem Wirklichkeitsverlust ohnegleichen. Man richtet sich in der gedanklich abstrakten Ideenwelt ein, achtet bei der Annahme und Berechnung seiner Hypothesen auf mathematische Stimmigkeit und glaubt, eine vernünftige Beschreibung der Wirklichkeit geliefert zu haben. Doch angefangen von der Hypothese des „Strahlungsgleichgewichtes“, der die Hypothese des „thermischen wie thermodynamischen Gleichgewichtes“ in dem hypothetisch abgeschlossenen und hypothetisch perfekt isolierten, vollkommen schwarzen Hohlraumes vorausgeht, in den man hypothetisch die Erde als fiktiven „idealen schwarzen Körper“ hineindenkt, kommt man aus dem „circulus vitiosus“ immer neuer Hypothesen nicht heraus. Das Hypothesenchaos setzt sich fort bei der Hypothese einer reflektierenden Obergrenze der Atmosphäre, für die man eine hypothetische Effektivtemperatur berechnet, die man mittels weiterer Hypothesen auf die Erdoberfläche herunterzoomt, um diesen Wert hypothetisch – wenn auch unerlaubt – mit einer hypothetisch berechneten „Globaltemperatur“ in Beziehung setzt, um wiederum die Hypothese eines „natürlichen Treibhauseffektes“ als Hypothese – pardon Wahrheit! – zu propagieren. Doch damit haben die Hypothesen noch bei weitem kein Ende. Doch jedem aufmerksamen Leser dürfte klar geworden sein, daß sowohl die Hypothese des „natürlichen Treibhauseffektes“ als auch die Hypothese der daraus hypothetisch abgeleiteten „Klimakatastrophe“ rein idealistische Gedankenkonstrukte sind, die mit der Natur und dem Wettergeschehen nichts zu tun haben. Man konstruiert ein schönes Labyrinth und ist irgendwann Gefangener im eigenen Irrgarten.

Umso mehr sollte man sich der Gefährlichkeit der gesellschaftspolitischen Ideologie, die dieses Stück „Klimakatastrophe“ inszeniert hat, und der Macht ihres revolutionären Potentials, dieses Stück auch zur Aufführung zu bringen, bewußt sein. Bot das rote sozialistische Paradies im Sinne von Karl Marx noch jedem die Vision, nach seinen Bedürfnissen und Fähigkeiten in rein materieller Hinsicht ein genußreiches und zufriedenstellendes Leben zu führen, so sind die Konturen des sich abzeichnenden grünen ökologistischen Hohlraum-Paradieses eher düster. Dieses beruht auf der Idee der Suffizienzrevolution, bei der neben Enthaltsamkeit und Selbstgenügsamkeit „Langsamkeit“ angesagt ist. Gemäß Fritz Reheis’ Buch „Die Kreativität der Langsamkeit“ (1996) wird „neuer Wohlstand durch Entschleunigung“ versprochen.

Im Klartext bedeutet dies:

> *„Eine entschleunigte Gesellschaft ist eine Gesellschaft, in der nicht das Haben von Sachen, sondern das Sein der Menschen im Mittelpunkt stehen wird. Alles wird sich um ihr Wohlbefinden, um die Entfaltung und Erfüllung ihrer Möglichkeiten drehen. Und das ist der Kern menschlichen Glücks. Die entschleunigte Gesellschaft wird eine Gesellschaft der Muße und Faulheit sein, verstanden als „kluge Lust“.*

Doch dahinter verbirgt sich nicht nur der sanfte Umbau der Industriegesellschaft, sondern als deutscher umwelt-idealistischer Sonderweg der radikale Ausstieg aus derselben. Es fragt sich nur, wie die Gesellschaft der Muße und Faulheit ökonomisch funktionieren und wer deren Unterhalt erarbeiten soll. Man erinnert sich an die 1975 veröffentlichte brillante Analyse des Soziologen Helmut Schelsky (1912-1984) „Die Arbeit tun die anderen“! Doch wer sind die anderen, wenn sich alle für das Ideal „Faulheit“ entschieden haben?

B. Das Treibhaus – die wissenschaftsamtliche Darstellung

Der „wissenschaftliche“ Kenntnisstand geht nach einer Synopse des Physikers Dr. Hermann Henssen aus dem Jahre 1993 von folgenden „Fakten“ aus:

> *„Jeder kennt den Wärmestau in einem Auto, das mit geschlossenen Fenstern in der Sonne steht. Das Frühbeet und das Gewächshaus sammeln unter ihren Glasflächen die Wärme der Frühjahrssonne. Das kommt dadurch zustande, daß Sonnenlicht ungehindert das Glas durchdringt, aber die unsichtbare Rückstrahlung der erwärmten Gegenstände vom Glas abgefangen wird. Den gleichen physikalischen Effekt – den Treibhauseffekt – zeigt die geringe CO_2-Beimischung in der Luft. Die CO_2-Konzentration von rund 0,03 Prozent in der Erdatmosphäre, die sich im Laufe der Erdgeschichte eingestellt hat, sorgt nach den Berechnungen der Klimafachleute durch den Treibhauseffekt dafür, daß die uns bekannten und für die Menschen zuträglichen Klimaverhältnisse auf der Erde herrschen. Ohne dieses CO_2 wäre es sehr viel kälter und die Erdoberfläche zum größten Teil ständig vereist.“*

Dr. Hermsen weiter:

> *„Seit zwei Jahrhunderten ändert sich dieser Zustand. Die Konzentration des CO_2 steigt an, das kann man einwandfrei messen. Diese Zunahme ist von Menschen durch einen ständig stärker werdenden Ausstoß von CO_2 verursacht worden. Der Hauptanteil kommt aus der zunehmenden Verbrennung fossiler Brennstoffe – Kohle, Öl und Erdgas –, aber auch das Roden von Wäldern und die Verödung von fruchtbaren Böden setzen biologisch gebundenes CO_2 frei.*
>
> *Wie wirkt sich der Treibhauseffekt aus? Klimaforscher haben mit sehr aufwendigen Methoden berechnet, daß die mittlere Temperatur der Atmosphäre in Bodennähe noch vor dem Jahr 2100 wahrscheinlich um etwa 3° Celsius gegenüber heute ansteigt, wenn man die Dinge treiben läßt. Selbst die aufwendigsten Computermodelle können die Naturabläufe nur näherungsweise nachbilden, daher kann der Temperaturanstieg in Wirklichkeit etwas geringer oder*

auch größer ausfallen. Die Klimatologen geben dafür eine Ungenauigkeit von etwa anderthalb Grad in beiden Richtungen an. Was auch immer die theoretischen Klimamodelle vorhersagen, mit der Veränderung der CO_2-Konzentration in der Erdatmosphäre „manipulieren" wir an einem Umweltparameter von ungeheurer Tragweite. Die vorhergesagte Erwärmung von 3 °C bedeutet tatsächlich eine völlige Veränderung des Klimas auf der Erde. Angesichts der Dinge – Verschiebung von Dürrezonen und Ansteigen des Meeresspiegels –, die dabei auf dem Spiele stehen, wäre es törichter Leichtsinn, auf die Beseitigung aller wissenschaftlichen Unsicherheiten zu warten, bevor man etwas gegen die drohenden Gefahren unternimmt."

Eine etwas andere Version über die „natürliche Erwärmung des Treibhauses Erde" gibt der Physiker Professor Dr. Klaus Heinloth:

„In der Troposphäre, in Höhen vom Boden bis zu etwa 12 Kilometer, lassen die Spurengase Kohlendioxid, mit einem Anteil von 0,3

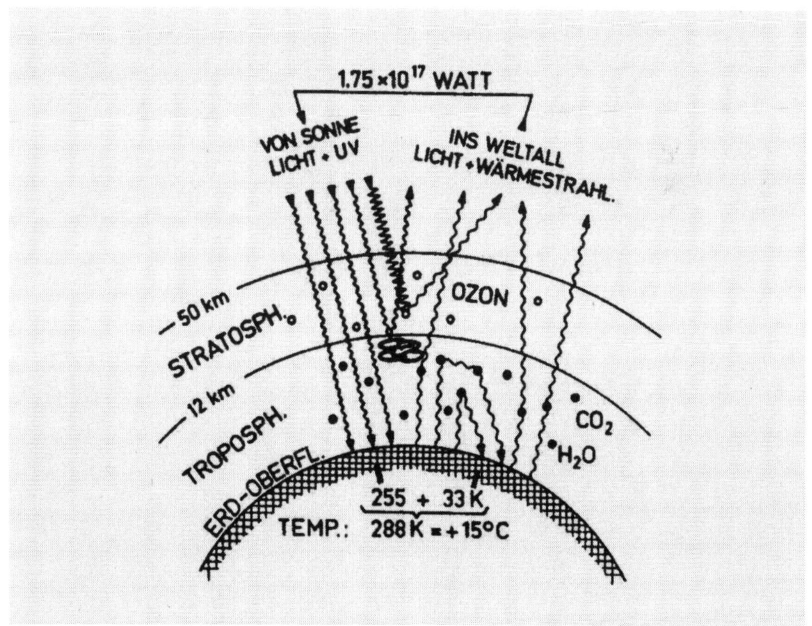

Abb. 7: Natürlicher Treibhaus- und UV-Filter der Atmosphäre nach K. Heinloth [1993].

Promille am Luftvolumen, und Wasserdampf, mit einem Anteil von im Mittel 5 Promille, (wobei er eine große Schwankungsbreite zwischen 0,1 Promille in kalter, trockener Polarluft und 40 Promille in warmer, feuchter Tropikluft angibt), das sichtbare Sonnenlicht auf die Erde unbehindert einstrahlen, behindern dagegen die Wärmeabstrahlung von der Erde in den Weltraum durch Absorption und nachfolgend ungerichtete Emission nachhaltig. Letztere bedingt eine Wärmerückstrahlung hin zur Erdoberfläche in Höhe von etwa 70 Prozent der eingestrahlten Sonnenenergie, bedingt damit, zusammen mit der Sonneneinstrahlung, eine mittlere Temperatur nahe der Erdoberfläche von etwa 15° Celsius. Diese Temperatur ist um etwa 33° Celsius höher, als sie nur durch die Sonneneinstrahlung alleine erreicht würde. Dies nennt man den natürlichen Treibhauseffekt."

Nach dieser wahrhaft abenteuerlichen Erklärung kommt Professor Dr. Klaus Heinloth zum dramaturgischen Höhepunkt:

„Wenn also Spurengase mit einem Anteil am Luftvolumen von nur wenigen Promille auf der Erde bereits eine Temperaturerhöhung von mehr als 30° Celsius bewirken, kann es kaum verwundern, daß bereits kleine Konzentrationsänderungen dieser Spurengase merkliche Änderungen von Temperatur und damit Klima auf der Erde zur Folge haben."

Nahezu unbehelligt und verschont vor jeder Kritik empfehlen in beeindruckender Einhelligkeit die „Klimaforscher" der Welt, den Ausstoß an „Treibhausgasen" so rasch wie möglich zu senken. Die Enquete-Kommission des Bundestages zum Thema „Vorsorge zum Schutz der Erdatmosphäre" hat diese Forderung in ihrem 3. Bericht 1990 übernommen und daraus die durchaus politisch „logische" und notwendige Konsequenz gezogen, daß die Industrieländer bis 2050 ihre Emissionen sogar um 80 Prozent senken müssen, wenn das weltweite Ziel einer Halbierung zustande kommen soll.

Was ist nun von dieser amtlichen Darstellung zu halten? Um das zu beurteilen, ist nicht der „Sachverstand" von etablierten Hochschulprofessoren notwendig, sondern um die eklatantesten Fehler der sogenannten Klima-Experten aufzudecken, reicht allein das Schulwissen aus, über das jeder Abiturient verfügt, der Physik nicht nach der 10. Klasse abgewählt hat.

C. Die Pressefreiheit – Hoffnungsschimmer für die Vernunft?

Viele Jahre waren sie willige Informationsempfänger und geehrte Nachrichtentransporteure wie Bildverstärker. Sie hatten eine nützliche Rolle im „Klimazirkus" und haben sie bis zur Perfektion gespielt. Wer hat schon das begnadete Geschick, die Spekulation um die Erderwärmung so perfekt und einprägsam ins Bild zu setzen wie der SPIEGEL mit seinem bedrohlichen Titelbild vom 11. August 1986, das den von Nordseewellen umfluteten „Kölner Dom" als direkt sichtbare und konkret erfahrbare Folge des „Treibhauseffektes" zeigte? Die „Sintflut" wurde begründet mit der Hypothese, daß der weitere anthropogen verursachte Anstieg des Verbrennungsproduktes „Kohlendioxid" zu einer „Erderwärmung" führe, die besonders dramatisch an den Polen ausfalle und die riesigen Eismassen abschmelzen lasse. Obgleich diese Sintflut-Vision längst als unwissenschaftlicher und unhaltbarer „Schnellschuß" aufgegeben und zurückgenommen werden mußte, wird dieses „Bild" gerne weiter medienwirksam benutzt. Zuletzt geschah dies demonstrativ anläßlich der Rio-Nachfolgekonferenz im März 1995 in Berlin. Sichtbar vor dem Kongreßgebäude wurde ein riesiger Eis-Obelisk wirkmächtig in Szene gesetzt, um wie ein Schneemann in der Frühlingssonne dahinzuschmelzen, die Stimmung aufzuheizen und die katastrophalen Folgen weiterer staatlicher Untätigkeit zu verbildlichen. Doch das schauerlich kalte Wetter vermieste das Spektakel. Man suchte stattdessen wärmenden Schutz in klimatisierten Räumen.

Schon viele Jahre lang sind die „Medien" für die „Klimaforscher" stets ebenso widerspruchslose wie sensationslüsterne Instrumente und die Journalisten dankbare willfährig-unkritische Geister, die alle Neuigkeiten aus der „Treibhausküche" begierig aufnehmen, um sie – „sensationell gestylt" – nach dem Motto „bad news are good news" millionenfach unters Volk zu bringen. Doch dann passierte am 25. Juli 1997 der journalistische „Sündenfall" ausgerechnet in der Wochenzeitung DIE

ZEIT, die zum geistigen Repertoire der multiplikatorischen Intelligenz gehört. Es war kein „Ewiggestriger“, kein Querulant, sondern ein Angehöriger der „eingeweihten“ Zunft, der Journalist Dirk Maxeiner, der „Die Launen der Sonne“ anzusprechen und damit an der „Treibhaushypothese“ zu rütteln wagte. Ihm fiel auch prompt der Leiter des Max-Planck-Institutes für Meteorologie in Hamburg, Professor Dr. Klaus Hasselmann, in die Parade, um den Schlag abzuwehren und den publizistischen Dammbruch zu kitten. Mit „Die Launen der Medien“ konterte er nicht gerade geistreich gekonnt, doch offensichtlich langte es, um seinen wissenschaftlichen Nimbus zu wahren. Dieser ist nämlich seine unverzichtbare Basis, um nicht mit dem öffentlichen Ansehen auch den politischen Einfluß zu verlieren und als direkte Folge davon von den „Bonner“ Forschungsmillionen abgeschnitten zu werden.

Dirk Maxeiner hatte nach Lektüre des Buches „Die launische Sonne widerlegt Klimatheorien“ des Journalisten Nigel Calder schlicht folgende Ungehörigkeit auszusprechen gewagt: „Der menschliche Einfluß auf das Klima hat noch zu keiner Entwicklung geführt, die es in der Vergangenheit ohne menschlichen Einfluß nicht schon gegeben hätte.“ Nigel Calder hatte es auf den Punkt gebracht: „Die These vom Treibhauseffekt – zumindest in der offiziellen, aufschreckenden Form – liegt in ihren Todeszügen“, nur wolle das noch keiner wahrhaben. Calders „Klimasünde“ bestand schlicht darin, daß er als Journalist einmal eigenständig recherchiert, in die wirkliche bewegte Klimavergangenheit geschaut und dann laut Zweifel angemeldet hat an der „Korrektheit“ der anthropogenen Anmaßung, gleichzeitig Zerstörer und Retter des Klimas sein zu wollen.

III. Die physikalischen Grundlagen des Wettergeschehens

A. Kalorik und Thermodynamik

Um sich intensiver mit der „Treibhaushypothese" auseinandersetzen zu können, muß man der Frage nachgehen, welchen Einfluß die Sonnenstrahlen auf das Wettergeschehen und auf den Wärmehaushalt des Planeten Erde ausüben. Dabei muß man ganz genau zwischen den physikalischen Fachbegriffen Temperatur und Wärme unterscheiden. Beide Begriffe sind keineswegs beliebig austauschbar.

1. Was ist Temperatur?

Tausende menschlicher Generationen kamen ohne „sie" aus, doch heute ist „sie" eines der bedeutendsten Wetterelemente, die Temperatur. Wenn man auch sonst dem Wetterbericht nur mit halbem Ohr zuhört, die Temperaturangaben werden aufmerksam registriert, so als ob das persönliche Wohlergehen oder Unwohlsein an dem physiologisch belanglosen Unterschied zwischen 24 °C oder 25 °C hängen würde. Gut sind die 25 °C nur für die „Klima-Statistik", für die Anzahl der Sommertage mit Maxima über 25 °C.

So wie der von dem griechischen Arzt Hippokrates geprägte und mit „Neigung" übersetzte Begriff „Klima" ursprünglich keinerlei Bezug zum Wetter aufwies, so ist es auch mit dem Begriff „Temperatur". Das Wort „Temperatur" hat seine Wurzeln im lateinischen Verb temperare und bedeutet, mäßigen, in das richtige Verhältnis bringen. Temperatur hat eine deutliche Nähe zum Wort Temperament, bezeichnete also ursprünglich wohl einen Akt der Mäßigung, damit das Temperament nicht unkontrolliert durchgehe. Der Begriff Temperatur erhielt seine heutige eingeengte Begriffsbedeutung erst mit der Einführung des Instrumentes „Thermometer", das ja dazu erfunden wurde, gemessene Temperaturen von Körpern ins richtige Verhältnis zueinander zu bringen.

Der Begriff Thermometer selbst kommt nicht aus dem Lateinischen, sondern aus dem Griechischen und setzt sich zusammen aus den Worten thermös, was warm und metron, was Maß bedeutet. Der Name „Thermometer“ ist zuerst um das Jahr 1628 nachweisbar, das Meßinstrument selbst geht auf den Italiener Galileo Galilei (1564-1642) zurück. Man hatte beobachtet, daß sich Körper bei Erwärmung ausdehnen und bei Abkühlung schrumpfen. So war anfangs die Gradeinteilung auch recht willkürlich. Die ersten um 1660 eingeführten Florentiner Thermometer waren Weingeistthermometer.

Der Danziger Nikolaus Fahrenheit (1686-1736) benutzte als erster das Quecksilber als thermometrische Substanz. Er setzte als Fundamentalpunkte 32° Fahrenheit (F) für den „Eispunkt“ und 212 °F für den „Siedepunkt“ von Wasser fest. Die Fahrenheitskala ist heute noch in den Vereinigten Staaten bei den Wettermeldungen gebräuchlich. 100 °F entsprechen in etwa der Körpertemperatur des Menschen und bei Temperaturen zwischen 70 °F und 80 °F fühlen wir uns richtig wohl.

Der Schwede Anders Celsius (1701-1744) benutzte eine andere Einteilung und bezeichnete 1740 den Eispunkt des Wassers mit 100 °C, den Siedepunkt mit 0 °C. Der heutige Gebrauch mit 0 °C für den Eispunkt und 100 °C für den Siedepunkt geht auf den schwedischen Botaniker Carl von Linné (1707-1778) zurück. Die Temperatur ist also eine Konventionsgröße. Nach der Entdeckung, daß die Temperatur von -273,16 °C nicht unterschritten werden kann, dieser Wert also den „absoluten Nullpunkt“ und damit totale Starre darstellt, hat man für den wissenschaftlichen Gebrauch die Maßeinheit Grad Kelvin (K) eingeführt. 0 °C entsprechen damit 273,16 °K. „Frost“ und Minustemperaturen gibt es in °K nicht.

Die Temperaturen zweier Körper heißen gleich, wenn die Quecksilbersäule eines Thermometers bei beiden dieselbe Höhe anzeigt. Man spricht von Maßgleichheit, und dies deutet auf den lateinischen Ursprung hin. Die Temperatur ist ein Maß für die Intensität der Molekülbewegungen in Körpern, seien sie fest, flüssig oder gasförmig wie die Atmosphäre.

Eine konstante Temperatur in einem Medium oder zwischen zwei Körpern zeigt immer an, daß etwas zur Ruhe gekommen ist. Natürlich hat damit nicht die Molekülbewegung aufgehört, dies geschähe nur beim absoluten Nullpunkt von 0 °K. Aufgehört hat einzig der Wärmetransport zwischen Medium und Thermometer. Um in einem Raum eine konstante Temperatur zu erzeugen und zu bewahren, installiert man ein Thermometer mit einem „Thermostat“ als Temperaturregler, der den Brenner anweist, den Temperaturabfall durch entschwindende Wärme durch Zufuhr neuer Brennwärme auszugleichen. In geschlossenen Räumen ist über die Heizung der Mensch „Klimabeherrscher“, allerdings nicht kostenlos.

Mittels der Temperatur wird der „Wärmegrad“ eines Körpers angegeben. Physikalisch ausgedrückt ist die Temperatur eine Maßzahl für die mittlere Geschwindigkeit der Bewegung von Molekülen, wie sie wiederum die kinetische Gastheorie beschreibt. Die Zahl der Moleküle in einem Kubikzentimeter Luft ist unvorstellbar groß und beläuft sich auf etwa 27 Trillionen Moleküle unter normalen Bedingungen. Diese Zahl ist jeder normalen Vorstellungskraft entrückt. Dazu ein anschauliches Beispiel: Wenn man 1 Liter Trinkwasser ins Meer gießen, über alle Ozeane gleichmäßig verteilen und dann etwa im Seeraum zwischen Neuseeland und der Antarktis 1 Liter Meerwasser entnehmen würde, dann wären darin immer noch 27 000 Moleküle des Trinkwassers enthalten. Dies zur Zahl 27 Trillionen! Bei einer Temperatur von 20 °C beträgt ihre mittlere Geschwindigkeit ungefähr 500 Meter/Sekunde. Wärme und Temperatur sind nicht identisch. Die Temperatur ist ein Maß für die Wärme, wie 1842 von dem Heilbronner Arzt Robert Julius Mayer (1814-1878) nachgewiesen wurde. Die Temperatur ist eine Qualitätsgröße ebenso wie die Dichte, die Geschwindigkeit oder die elektrische Spannung. Es ist ganz wichtig, strikt zwischen den beiden Begriffen Temperatur und Wärme zu unterscheiden. Die Temperatur eines Gases – wie der Luft – wird zwar bestimmt durch die kinetische Energie seiner Moleküle, sie ist jedoch nur eine Maßeinheit. Die Temperatur ist ein Maß für die mittlere kinetische Energie der Moleküle.

Im statistischen Mittel besitzt jedes Molekül für jeden seiner Freiheitsgrade bei der Tabs (K) die thermische Energie Wtherm = 1/2 k Tabs. Die mit den Begriffen Temperatur und Wärme erfaßte thermischer Energie der Moleküle verschwindet beim absoluten Nullpunkt von -273,16 °C oder 0 K. An diesem Punkt herrscht Ruhe, tritt absolute Bewegungslosigkeit ein. Die vollständigste Definition von Temperatur lautet: Wtrans = 1/2 m v2 = 3/2 k T. Dabei bedeutet m = Masse, v2 = quadratisch gemittelte Geschwindigkeit der Moleküle, k = Boltzmann Konstante = 1,381 x 10-23 J/K. Bei Luft von 20 °C beträgt v ungefähr 500 m/sec. Schaut man sich das Verhalten der Moleküle genauer an, so zeigen sie eine eigenartige wimmelnde Zickzackbewegung. Sie verhalten sich wie lebende Wesen oder Billardkugeln und machen den Eindruck, als ob sie ständig von unerkennbaren Kräften hin und her gestoßen würden. Man nennt diese Bewegung der Teilchen nach ihrem Entdecker Brown'sche Bewegung. Beim absoluten Nullpunkt auf der Temperaturskala kommt diese Brownsche Bewegung zum völligen Stillstand. Nichts bewegt sich mehr!

Je höher die Temperatur eines Körpers ist, desto stärker ist dieses molekulare Zittern. Einen Körper erhitzen heißt also, seine Moleküle in stärkere oder heftigere Bewegung zu bringen und damit die Stoßzahl sowie die Stoßenergie, die als Wärme empfunden wird, zu erhöhen. Und ebenso heißt abkühlen soviel wie, die Molekülbewegung zu verlangsamen. Dies bedeutet auch und konsequenterweise, daß dort, wo keine Moleküle vorhanden sind, es auch keine Temperatur geben kann, weil es in einem Vakuum keine Molekülbewegung geben kann. Im molekülfreien, das heißt, luftleeren Weltraum gibt es folglich überhaupt keine Temperatur. Dies gilt, wie bereits gesagt, ebenso für ein Vakuum. Erst wenn man in dieses einen Körper hineinbringt, dann können wir dessen Temperatur messen, allerdings vorausgesetzt, dieser Körper empfängt von einem anderen Körper „Strahlungsenergie“ wie beispielsweise die Erde von der Sonne.

So schreibt der Siebenbürger Hermann Oberth (1894-1989), der „Vater der Raketentechnik“, in seinem 1957 erschienenen Buch „Menschen im Weltraum“:

> *„Dem Problem der Temperaturregulierung muß bei der Raumausrüstung besondere Aufmerksamkeit geschenkt werden. Oft kann man hören und lesen, im Weltraum herrsche eine ungeheure Kälte. Das ist nicht richtig. Im Weltraum nehmen alle Körper und Gegenstände eine Temperatur an, die sich aus den Beziehungen zwischen Einstrahlung von Sonnenwärme, Erzeugung eigener Wärme und Abstrahlung in den Raum ergibt. Je dunkler die Außenhaut des Raumanzuges ist, desto mehr Wärme nimmt er von*

der Sonne auf. Im Schatten eines Weltkörpers oder der Raumstation und auf der eigenen Schattenseite strahlt er andererseits viel Wärme in den Raum aus. Das Ergebnis wären heftige Temperaturschwankungen und starke Temperaturunterschiede zwischen Sonnenseite und Schattenseite.“

Dieser Exkurs in den Weltraum ist auch wichtig für die irdische Temperaturmessung. Professor Dr. Hellmut Berg von der Universität Köln formulierte daher 1948 in seinem Buch Allgemeine Meteorologie:

„Als oberste Forderung gilt in der Meteorologie, daß die Temperatur der Luft auf die Meßinstrumente ausschließlich durch Leitung übertragen wird. Messungen der Temperatur in der Sonne sind nicht definiert und deshalb unbrauchbar. Jeglicher Strahlungseinfluß muß ausgeschaltet werden.“

2. Wie mißt man konkret die Temperatur?

Bei der Erfindung der Thermometer machte man sich die Beobachtung zueigen, daß die meisten Körper bei Wärmezufuhr eine Volumenvergrößerung, bei Wärmeentzug eine Volumenverminderung erfahren. Das gilt nicht nur für feste Körper, sondern auch für Flüssigkeiten und Gase. Da letztere keine bestimmte Form haben, muß man ein festes Volumen vorgeben und dann die Veränderung der räumlichen Ausdehnung messen. Flüssigkeiten und Gase muß man stets in ein Gefäß einschließen, doch diese Gefäße erfahren bei der Erwärmung selbst auch eine Volumenvergrößerung, so daß man unmittelbar nur die scheinbare Ausdehnung der Flüssigkeit beobachten kann. Um den wahren Ausdehnungskoeffizienten zu finden, muß man die Volumenvergrößerung des Gefäßes also mitberücksichtigen und abziehen.

Das Quecksilberthermometer zeigt unmittelbar nur seine eigene Temperatur an. Diese ist, wenn man das Thermometer in die Sonne hält, keineswegs identisch mit der Lufttemperatur im Schatten. Daß es aber auch die Temperatur seiner Umgebung anzeigen kann, beruht darauf, daß ein Körper solange seine Temperatur verändert, bis er sich an die Temperatur seiner Umgebung angepaßt oder sie adaptiert hat. Daher darf man bei der Bestimmung der Lufttemperatur mit einem Thermometer die Ablesung erst dann vornehmen, wenn der Thermometerstand zur Ruhe gekommen ist.

Bei den Wetterbeobachtungen hat man sich aus Gründen der Einheitlichkeit und Vergleichbarkeit international geeinigt, die Lufttemperaturmessungen zu standardisieren und nur in 2 Metern Höhe in „Englischen Hütten" vorzunehmen. Das sind weiß gestrichene und mit Jalousien versehene Wetterhäuschen, damit sie stets gut vom Wind durchströmt werden können. So wird die direkte Bestrahlung durch die Sonne wie die schwarze Wärmebestrahlung durch den Boden auf das Thermometer ausgeschaltet und die Lufttemperatur „im Schatten" ermittelt. Man hat also sehr viel Mühe und Sorgfalt walten lassen, um über den direkten Meßpunkt oder Meßort hinaus einigermaßen „repräsentative" Flächentemperaturen zu erhalten. Die Temperatur ist eine zeitlich wie räumlich stets variable, fluktuierende Größe und daher nie „exakt" angebbar oder prognostizierbar.

Mit der Meßanordnung „Englische Hütte" hat man zwar eine „Norm" geschaffen, die eine überregionale Vergleichbarkeit garantiert, doch diese „Hüttentemperaturen" haben nur relativen Wert. Für agrarmeteorologische Untersuchungen verwendet man „Gießener Hütten" mit einer Temperaturmeßhöhe von 70 Zentimetern, damit man dem Wuchsklima der Pflanzen näher ist. Man mißt zwar immer noch nicht in freier Natur, doch wesentlich näher an der Bodenoberfläche als eigentlicher Energieumsatz- und Pflanzenwuchsfläche.

Wenn wir auch immer noch nicht wissen, welches nun konkret die jeweiligen Bodentemperaturen als „Strahlungstemperaturen" sind, so geben uns näherungsweise die Lufttemperaturen in 2 Metern Höhe doch eine grobe Vorstellung von den höchsten und tiefsten gemessenen Temperaturen der Erde. Isaac Asimov schreibt hierzu in seinem 1982 erschienenen Buch „Exploring the Earth and the Cosmos":

> *„Nachdem genügend genaue Thermometer entwickelt waren, begannen die Menschen auch, sich dafür zu interessieren, welch hohe Temperaturen denn wohl erreichbar wären. Die Temperatur in unserer normalen Umgebung verändert sich natürlich im Laufe von Tag und Nacht oder im jahreszeitlichen Rhythmus. Meist bleibt sie*

niedriger als die Körpertemperatur, kann jedoch in Extremfällen auch weit darübersteigen.

So wurde beispielsweise am 10. Juli 1913 im kalifornischen Tal des Todes eine Rekordtemperatur von 56,7 °C gemessen; noch heißer war es am 13. September 1922 in Azizia/Libyen, wo das Thermometer 58°C anzeigte."

Zu den Minustemperaturen sagt Asimov:

„Den amerikanischen Kälterekord hält Prospect Creek Camp in Alaska, wo am 23. Januar 1971 minus 62 °Celsius gemessen wurden. Aber auch Alaska ist keineswegs die kälteste Region der Erde. In Sibirien sinken die Temperaturen oft noch tiefer. So konnten in Werchojansk und in Omjakon gleichermaßen minus 68 °C registriert werden, zuletzt am 6. Februar 1933. Das ist der Rekord für die Nordhalbkugel der Erde. In der Südpolargegend treffen wir auf die Antarktis, die „Tiefkühltruhe" der Erde. Dort unterhält die Sowjetunion eine Forschungsstation mit Namen Wostok, weit im Innern des Kontinents, und hier sank das Thermometer am 24. August 1960 auf minus 88 °Celsius, die bis heute Kälterekord auf der Erde sind."

Jeder Temperaturwert ist ein „Momentanwert", der sowohl zeitlich im Tagesablauf als auch räumlich in Abhängigkeit von der Topographie oder Geländeform sehr stark variiert. Bei speziellen Stadtklima-Unter-

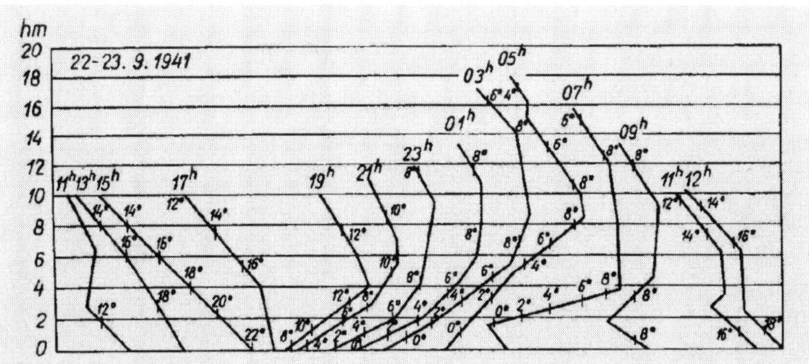

Abb. 8: Gestaltung der bodennahen Inversion zwischen dem 21. und 23. September 1941, auf Grund von in Lungau (Salzburg) durchgeführten Radiosondenaufstiegen von E. Ekhardt [Berenyi, D., 1967].

suchungen oder Geländeklima-Begutachtungen wie für den Weinbau ist man daher bestrebt, möglichst engmaschige der Topographie mit der wechselnden Exposition und Inklination angepaßte Temporärmeßnetze zu errichten. Diese Werte überträgt man dann in Meßtischblätter oder Flurkarten ein und zeichnet Isothermen, um die ortsspezifische großwetterlagenunabhängige „Klimagunst“ oder „Klimaungunst“ feststellen zu können. Für die Anlage von Weinbergen meidet man tunlichst Geländesenken, wo sich Kaltluftseen oder „Frostlöcher“ bilden können und bevorzugt die warmen Hangzonen. Die Bergkuppen sollten möglichst bewaldet sein, damit die nächtliche Kaltluftproduktion und der Kaltluftabfluß entsprechend gering sind. Luft fließt wie Wasser, daher der Ausdruck „Kaltluftsee“.

Jede Temperaturmessung gilt streng genommen nur für den Ort, an dem sie vorgenommen wurde. Man stellt nicht in einer Stadtregion nebst Umland wie Frankfurt am Main mit den Taunushöhen, Rio mit dem Zuckerhut oder New York Dutzende von Meßstationen auf, führt Temperaturmeßfahrten durch, startet zwecks weiterer „Auflösung“ oder Erhöhung der Genauigkeit Infrarotüberfliegungen, um dann alle Temperaturwerte in „einen Topf zu werfen“ und fiktive Mitteltemperaturen für diese Städte zu „errechnen“. Dies als Andeutung für das Zustandekommen der „Globaltemperatur“!

Die tägliche Erwärmung sowie die nächtliche Abkühlung durch die Wechselwirkung Sonnenstrahlung und Erdstrahlung erfolgen stets vom Boden her. Der Wärmeübergang selbst vollzieht sich auf drei verschiedene Arten, durch Leitung, durch Strahlung und durch Konvektion, wobei als horizontale Variante noch die Advektion, der horizontale Luftmassentransport, kommt. Alle drei Formen des Wärmeübergangs kann man zwar theoretisch isoliert betrachten, um die physikalischen Mechanismen zu untersuchen, doch in der Atmosphäre treten sie stets und immer zugleich auf. Ein „Klimamodell“, das einzig die „Strahlung“ berücksichtigt, ist ein reduktionistisches Modell, dessen Erkenntnisse nicht auf die Wirklichkeit übertragbar sind. Man kommt zu völlig unnatürlichen und physikalisch unsinnigen Schlußfolgerungen.

3. Was besagt der Temperaturgradient – horizontal und vertikal?

Es ist höchst interessant, sich den Erwärmungsprozeß unmittelbar an der Bodenoberfläche näher anzusehen, um die Feinheiten des Wärmeabtransports in die höheren Luftschichten hinein zu ergründen. Die Betrachtung der Temperaturverhältnisse in den verschiedenen Luftschichten ist deswegen von so elementarer Bedeutung, weil in der „Klimaforschung“ einerseits die in der „Englischen Hütte“ gemessenen Temperaturen für die Ermittlung der „Globaltemperatur“ benutzt werden, andererseits aber diese „Globaltemperatur“ völlig unzulässigerweise mit der hypothetischen Oberflächentemperatur der als „schwarzer Körper“ strahlenden Erde gleichgesetzt wird.

Für das Wettergeschehen ist nicht einfach die Temperatur als solche wichtig, sondern die Temperaturverteilung. Es kommt immer darauf an, mit welchem Temperaturunterschied kalte und warme Luftmassen aufeinandertreffen. Vertikale Temperaturunterschiede nennt man Temperaturgradienten. Er gibt an, wie stark die Lufttemperatur mit der Höhe abnimmt, wenn man eine Paßstraße bergauf fährt. Wenn es z. B. in der Schweiz im Berner Oberland in Meiringen im Haslital in 665 m Höhe 25 °C warm ist, so herrscht auf dem Grimselpaß in 2165 m Höhe eine Temperatur von nur 10 °C und oben auf dem Gipfel des Finsterahrhorn in 4 274 m Höhe ist es dann mit -9 °C eiskalt. Das entspräche dem trockenadiabatischen Temperaturgradienten, bei dem in der Tropossphäre die Temperatur um 1 °C pro 100 m Höhenzunahme abnimmt.

Dies gilt nur in der freien Atmosphäre, nicht jedoch in unmittelbarer Nähe am Boden als eigentlicher Grenzschicht und Energieumsatzfläche. Dicht am Erdboden herrschen insbesondere bei starker Sonneneinstrahlung weitaus höhere Temperaturgradienten, und das muß man berücksichtigen, wenn man etwas über die wirkliche „Strahlungstemperatur“ der Erde aussagen will. So kann eine schwarze Schieferplatte bei direkter Sonneneinstrahlung so heiß werden, daß man darauf Spiegeleier bruzzeln kann. Trotzdem wird die Lufttemperatur, gemessen in der „Englischen Hütte“ in 2 Metern Höhe, kaum mehr als 35 °C anzeigen.

Aufgrund eingehender mikroklimatischer Untersuchungen kann man bei der unmittelbar auf dem Boden aufliegenden Luftschicht drei Horizonte unterscheiden. Erstens die laminare Schicht, die unmittelbar auf dem Erdboden aufliegt und nur 0,4 mm dick ist. Darüber findet sich die turbulente Grenzschicht, und darüber beginnt die Zone der freien Strömung, wo die horizontale Schubkraft des Windes dominant wird und der Temperatur einen völlig anderen Charakter gibt.

Diese, die Oberfläche bedeckende laminare Schicht nennt man auch die Oberflächengrenzschicht. Über dieser Schicht addiert sich zu den Wärmeübergängen durch Strahlung und molekulare Leitung derjenige durch Konvektion und Turbulenz. Diese Schicht nennt man Zwischenschicht. In ihr ist der Temperaturgradient immer noch sehr hoch, aber schon wesentlich kleiner als in der laminaren Oberflächengrenzschicht. Die Dicke dieser zweiten Umhüllenden liegt in der Größenordnung von Zentimetern. Darüber befindet sich schließlich die obere Grenzschicht mit einer Höhenerstreckung bis etwa 10 Metern. Die Gradienten in dieser Schicht sind zwar schon wesentlich kleiner als in den darunter liegenden Schichten aber immer noch deutlich höher als diejenigen in der freien Atmosphäre, der Troposphäre. Nach diesem Blick in die praktisch völlig unbekannte Welt der Mikrometeorologie, wenden wir uns wieder bekannteren Dingen zu.

In der Wetterkunde unterscheidet man grob den trockenadiabatischen Temperaturgradienten mit einer Temperaturabnahme von 1 °C pro 100 m Höhenzunahme und den feuchtadiabatischen Temperaturgradienten mit einer Abnahme um 0,5 °C pro 100 m Höhe. Letzterer tritt dann ein, wenn der in der Luft vorhandene Wasserdampf beim Aufsteigen kondensiert und dabei die im Wasserdampf gespeicherte latente Wärme freigesetzt wird. Diese Wärme war am Boden bei der Verdunstung der Luft entzogen worden. Die Verdunstungskälte entspricht der Kondensationswärme, welche die Temperaturabnahme bei weiterem Aufstieg verlangsamt. In Modellatmosphären oder Standardatmosphären nimmt man pauschal einen „mittleren" Vertikalgradienten von 0,65 °C pro 100 m an. Ein Modell kann nie die Wirklichkeit in ihrer Komplexität abbilden, es muß zwangsläufig vereinfachen.

In jeder der vorhin angesprochenen drei bodennahen Schichten ist ein anderer Wärmeübergangsprozess dominant. In der den Erdboden unmittelbar bedeckenden laminaren Grenzschicht können sich nur die Strahlung und Leitung durchsetzen. Daher ist hier der Wärmeübergang langsam! Das hat zur Folge, daß der vertikale Temperaturgradient extrem groß ist. Dies gilt nicht nur für die Temperatur, sondern auch für den Wind, dessen Geschwindigkeit gar bis auf „Null" am Boden abgebremst wird. Natürlich ist je nach der Art, Bedeckung und Rauhigkeit der Oberfläche und der geschwindigkeitsabhängigen Schwerkraft des Windes die laminare Schicht verschieden dick. Die Inder Ramdas und Paranjpe haben im Jahre 1936 die Temperaturgradienten in der untersten laminaren Grenzschicht aufs Genaueste untersucht und erhielten folgende Temperaturwerte für den ersten Millimeter Höhe:

0,0	0,1	0,2	0,3	0,4	0,5	0,6	0,8	1,0	mm
87,5	77,4	74,0	71,2	68,8	66,6	64,4	60,0	56,6	°C

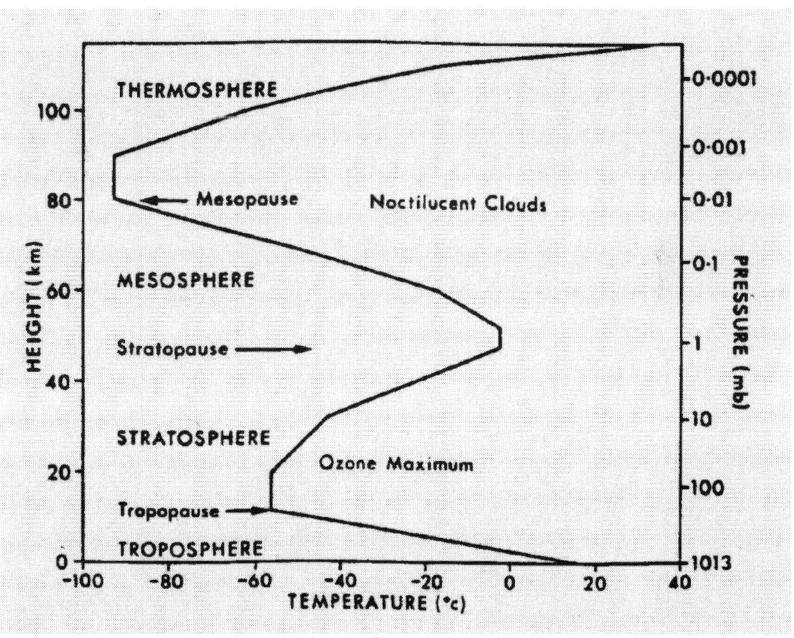

Abb. 9: Generalisierte Vertikalverteilung der Temperatur und des Druckes bis etwa 110 km Höhe. Die fiktive „Obergrenze" der Atmosphäre mit der Effektivtemperatur von -18 °C findet sich in etwa 105 km, in 60 km, in 40 km, und in 6 km Höhe [Barry, R. und Chorley, R. 1995].

Sie sehen, daß im ersten Zehntelmillimeter über dem Boden die Temperaturabnahme 9,9 °C beträgt, was streng hochgerechnet in 1 m Höhe eine Abnahme um 99 000 °C bedeuten würde. In der freien Natur sind diese Laborwerte natürlich etwas kleiner, aber die Verhältnisse sehr ähnlich. Im Hochsommer übersteigen jedenfalls bei Sonnenschein die direkten Oberflächentemperaturen selbst bei hellem Sandboden bei weitem die angegebenen Hüttentemperaturen, wie sich leicht mit nackten Füßen überprüfen läßt. Jeder hat diese schmerzhafte Erfahrung gespürt, wenn er barfuß bei kühlem Seewind über den Sandstrand gelaufen ist und sich die Füße „verbrannte". Die gleiche Erfahrung kann man machen, wenn man barfuß den linken Fuß auf eine Grasfläche, den rechten auf eine Asphaltfläche stellt. Man braucht den rechten Fuß nur wenige Millimeter anzuheben und schon ist mit dem direkten Kontakt der Schmerz vorbei. Damit sollte nicht nur auf die immense Bedeutung des direkten Wärmeübergangs durch Leitung im Vergleich zur Strahlung hingewiesen werden, sondern auf die Tatsache, daß ein Drittel der Temperaturabnahme von den insgesamt 31 °C in obiger Tabelle bereits auf den ersten Zehntelmillimeter entfällt.

Mit Temperaturangaben muß man als Wissenschaftler sehr sorgfältig umgehen. Dies gilt insbesondere dann ganz besonders, wenn man nicht mit direkt gemessenen Temperaturen operiert, sondern mit gemittelten „Temperaturen". Dabei spielt das „Wie" der Mittelung eine große Rolle, aber auch die zeitliche und die räumliche Dimension. Man kann dabei schnell jeglichen „Maßstab" verlieren wie jede „Vorstellungskraft" sprengen. Kann man aus dem direkten Erleben noch die „Tagesmitteltemperatur" von gestern verständlich nachvollziehen, so gilt dies schon nicht mehr für die „Tagesmitteltemperatur" vom 31. Dezember 1899. Zum Verständnis braucht man weitere Angaben über Bewölkung, Wind, Niederschlag, Sonnenschein etc. Eine Monatsmitteltemperatur, eine Jahresmitteltemperatur, eine 30-Jahresmitteltemperatur sind nur noch abstrakte statistische Zahlen, über den Wetterablauf sagen sie absolut nichts aus. Fängt man dann noch an, räumlich zu mitteln, über eine Stadt, ein Land, einen Kontinent, eine Hemisphäre oder gar über den gesamten Globus, dann verkleinert man schließlich alle Maßstäbe soweit, bis man gedanklich bei dem „winzigen Kohlestäubchen" im „Hohlraum" angekommen ist, das durch eine einzige „Temperatur" beschrieben werden kann. Wenn also, wie in seinen zahlreichen Artikeln und Büchern Professor Dr. Christian-Dietrich Schönwiese, Direktor des Zentrums für Umweltforschung der Universität Frankfurt am Main, immer wieder zu versichern nicht müde wird, daß die „Globaltemperatur" „tatsächlich gemessen" sei, dann ist dies keine alltagssprachliche Ungenauigkeit beim Umgang mit dem Begriff „Temperatur", sondern eine bewußte Lüge. Ganz offensichtlich soll die Öffentlichkeit darüber im Unklaren bleiben, auf welch primitive Art die „Globaltemperatur" berechnet wurde. Eine „Globaltemperatur" auf zwei Stellen hinter dem Komma mit 14,84 °C anzugeben, ist eine bewußte Irreführung, um die behauptete „treibhausbedingte" Erwärmung als „tatsächlich gemessen" zu „beweisen".

Der „Globaltemperatur" ist eine Erfindung von Phil Jones von der University of East Anglia/GB aus den 80-er Jahren, um eine Zahlengröße zu haben, die man mit den seit 1958 gewonnenen Kohlendioxidwerten auf dem Mauna Loa in Hawaii „korrelieren" kann. Daraus wird dann die „Ursache-Wirkungs-Kette" geschlußfolgert. Nach Aussage der Weltorganisation für Meteorologie (WMO) in Genf wurden der Berechnung der 1994er „Globaltemperatur" insgesamt nur die Mitteltemperaturen von 1400 Wetterbeobachtungsstationen zugrunde gelegt. Diese sind nur für maximal 10 Prozent der Erdoberfläche „repräsentativ" und da auch überwiegend nur für die Siedlungs- und Ballungsgebiete. Die riesigen Urwald-, Wüsten-, Hochgebirgs- und Eisregionen der Kontinente sind so gut wie nicht „repräsentiert", und die 71 Prozent der Erdoberfläche, die von den Ozeanen bedeckt werden, sind überhaupt nicht „repräsentiert". Hier werden einfach gelegentliche Schiffsmeldungen schlicht zu „Jahresmittel-Schätzwerten" hochgerechnet. Diese gehen dann als „Flächenmittelwerte" in die Berechnung der „Globaltemperatur" ein, wobei, bei einem Gitterpunktabstand von 500 km, die Schätzfläche sich auf 250 000 km^2 beläuft.

4. Wärmelehre oder Thermodynamik

4.1 Wirkungsgrad und Zweiter Hauptsatz der Thermodynamik

Im Jahre 1824 veröffentlichte Sadi Carnot (1796-1832) einen Artikel „Betrachtungen über die bewegende Kraft des Feuers", in dem er zum ersten Mal eine quantitative Verbindung schuf zwischen der Wärme, die von einer Dampfmaschine abgegeben wurde, und der Menge an Arbeit, die man daraus gewinnen kann. Carnot fügte den Begriff des Wirkungsgrades ein und zeigte, daß die Umwandlung von Wärme in Arbeit von den Temperaturextremen abhängt, die zyklisch durchlaufen werden, während in der Maschine Wasser zu Dampf aufgeheizt wird und Dampf wieder zu Wasser kondensiert. Damit war die Wissenschaft der Thermodynamik oder Wärmelehre geboren.

Bei der Konstruktion der Dampfmaschinen versuchte man, den Wirkungsgrad ständig zu erhöhen, um aus derselben Menge Brennstoff oder Primärenergie immer mehr Leistung zu gewinnen. Doch dabei stieß man, wie auch Carnot schon erkannt hatte, auf eine prinzipielle Grenze, die nicht überschritten werden kann. Ein gewisser Anteil Wärme bleibt immer ungenutzt. Stets wird Wärme an die Umgebung abgegeben und ist daher für die eigentliche mechanische Arbeitsleistung verloren.

Eine der grundlegendsten Ideen der Thermodynamik verdanken wir Rudolf Clausius (1822-1888), der den 2. Hauptsatz der Wärmelehre entdeckte. Er leitete den Beweis aus der Hypothese ab, daß „die Wärme nicht von selbst aus einem kälteren in einen wärmeren Körper übergeht". Beim Nachdenken über das Verhältnis von verlorengehender Wärme zu der Wärme, die sich in mechanische Arbeit umwandeln läßt, entwickelte Clausius eine Definition für die nutzbare oder verfügbare Energie eines Systems. Er führte einen neuen Begriff – Entropie – ein, der uns heute ganz geläufig ist, wenn seine Bedeutung auch oft mißverstanden wird. In einem System mit niedriger Entropie gibt es viel Energie, die sich in Arbeit verwandeln läßt. Clausius zeigte, daß der 2. Hauptsatz der Thermodynamik zu der Erkenntnis führt, die Entropie müsse ständig ansteigen. Wärme fließt stets von einem Körper höherer Temperatur auf einen Körper niedrigerer Temperatur, und mit diesem Wärmefluß läßt sich eine Maschine antreiben. Doch durch den Wärmefluß gleichen sich die Temperaturen aus, solange bis keine Arbeit mehr geleistet werden kann. Die Entropie des resultierenden Systems, zwei Körper mit derselben Temperatur, ist größer als die des Systems mit einem kalten und einem warmen Körper.

Der 2. Hauptsatz der Thermodynamik beschreibt sozusagen den „Zeitpfeil", der die Richtung aller natürlich ablaufenden Vorgänge festlegt. Sowohl die „Schöpfung" als auch die „Evolution" sind zeit- und zielgerichtet und unterliegen wie alle Naturvorgänge dem Entropiesatz, der die Unumkehrbarkeit derselben feststellt und damit eine offene Zukunft garantiert. Die Wärmestrahlung der Erde verliert sich bei einem von der Erde fortgerichteten Temperaturgradient in der unendlichen „Wärmesenke" Weltraum und kehrt nicht zurück. Das Leben bedarf daher eines ständigen Zustroms neuer arbeitsfähiger Energie von der Sonne und der Fähigkeit der Organismen zur „Negentropie". Diese Befähigung ist einzig den Pflanzen als Primärproduzenten gegeben, aber nicht den Konsumenten Mensch und Tier, die physikalisch „Verbrennungskraftmaschinen" vergleichbar sind und ohne ständige stoffliche Energiezufuhr, sprich Nahrung, nicht „laufen".

Natürlich lassen sich der Wärmefluß wie auch die Diffusion umkehren, doch diese Vorgänge finden nicht freiwillig oder von selbst statt, sondern müssen mit Anstrengungen und Energieaufwand herbeigeführt werden. Will man also die „natürlichen Bedingungen" umkehren wie bei einer Wärmepumpe, so kostet dies Energie. Solch ein Prozeß erfordert den Einsatz von Arbeit, denn Energie ist die Fähigkeit eines Körpers, Arbeit zu leisten.

4.2 Kinetische Gastheorie und Wärmequantitäten

Da sich Gase bei Temperaturänderungen ziemlich einheitlich verhalten, also den gleichen Ausdehnungskoeffizient besitzen und in gleichen Raumteilen bei Druck-und Temperaturgleichheit auch die gleiche Anzahl von Molekülen enthalten, eignen sich Gase am ehesten, um eine Einsicht in das Wesen der Wärme zu gewinnen. Bereits Lorenzo

Avogadro (1776-1856) fand im Jahre 1811, daß in den verschiedenen Gasen bei gleichem Druck, gleicher Temperatur und gleichem Volumen auch die Anzahl der Moleküle gleich ist. Der Gaszustand unterscheidet sich von dem festen und flüssigen Aggregatzustand dadurch, daß zwischen den Molekülen die Kohäsionskräfte, die den Stoff zusammenhalten, praktisch aufgehört haben zu existieren. So vergrößert sich beispielsweise der Rauminhalt von 1 Gramm Wasser beim Verdunsten unter normalem Druck auf das 1674fache. Im Vorwort des 1898 erschienenen zweiten Teiles seiner Vorlesungen über Gastheorie kommt Boltzmann auf die Angriffe gegen die kinetische Gastheorie zu sprechen und meint dazu resignierend:

> *„Wie ohnmächtig der Einzelne gegen Zeitströmungen bleibt, ist mir bewußt."*

Außerdem zeigen die Moleküle auch die Eigenschaft der Diffusion. Wasserstoff und Leuchtgas diffundieren beispielsweise durch einen Tonzylinder schneller als Luft. Rudolf Clausius faßte in seiner 1857 veröffentlichten „Kinetischen Gastheorie" seine Vermutungen wie folgt zusammen:

1. Die Gasmoleküle bewegen sich geradlinig und gleichförmig.
2. Bei Zusammenstößen verhalten sie sich wie vollkommen elastische Kugeln.
3. Der Gasdruck auf die Wandung kommt durch die beim Aufprall übertragenen Bewegungsgrößen zustande.

Anhand dieser Überlegungen kommt man zu der Grundgleichung der kinetischen Gastheorie, die besagt, daß der Quotient aus Druck p und Volumen V dem Drittel des Quotienten aus Masse M und dem Quadrat der Geschwindigkeit v entspricht:

$$p\,V = 1/3\;M\,v^2$$

Was die Zahl der Moleküle in einem Kubikmeter eines Gases bei Normaldruck betrifft, so liegt sie in der Größenordnung von 10^{26}. Die Größe dieser Zahl ist kaum vorstellbar. 1 Kubikmillimeter eines Gases enthält immer noch ungefähr 10^{15} Moleküle und in einem Würfel von 1-Millionstel-Meter Kantenlänge befinden sich noch mindestens 1 Million oder 10^6 Moleküle.

Intuitiv und aus Erfahrung wissen wir um die unerträgliche Hitze, die wohltuende Wärme, um die erfrischende Kühle wie die beißende Kälte. Doch wissen wir inzwischen auch, was Wärme ist? Philosophische Spekulationen über die physikalische Natur der Wärme werden dann erst zu wissenschaftlichen Hypothesen und Theorien, wenn wir Experimente und Messungen vornehmen, um Qualitäten in Quantitäten zu verwandeln. Als man im siebzehnten Jahrhundert die seit langem bekannte Beobachtung, daß Wärme eine Ausdehnung der Stoffe bewirkt, zur Entwicklung des Thermometers nutzte, machte man das Phänomen Wärme zugänglich für Experimente, entzog es der subjektiven Gefühlsebene und unterwarf es den Bedingungen der objektiven Kontrolle, der Meßbarkeit. Nun konnte man zwischen Temperatur und Wärme differenzieren. Die Temperatur, die mit dem Thermometer gemessen wird, gibt die Intensität, Qualität oder Stärke der Molekülbewegung an.

Die sich der direkten Beobachtung entziehende Wärme ist dagegen ein Maß für die Menge oder Quantität. Wäre die Wärme ein Stück Harzer Käse, so würde die Temperatur die „Strenge des Geruchs" und die Wärme die „Masse an Käse" angeben. Ein anderes Beispiel: 5 Liter Wasser mit einer Temperatur von 50 °C und 5000 Liter von 50 °C haben zwar eine Temperatur von gleicher Qualität, doch die Quantität Wärme unterscheidet sich um das 1000fache. Versuchen Sie einmal in 5 Litern heißen Wassers zu baden oder damit eine Zentralheizung zu betreiben!

Zur Erklärung der Wärme eignet sich auch folgendes Beispiel: Wir denken uns zwei Gefäße, von denen eines 1 Liter, das andere 10 Liter Wasser enthält. Das erstere soll von 10 °C auf 90 °C erwärmt werden, während das zweite nur von 10 °C bis auf 70 °C steigen soll. Unter beiden Gefäßen brennen gleiche Gasflammen. Welche muß länger brennen? Ihre spontane Antwort ist: Die zweite Flamme natürlich, denn sie muß ja vielmehr Wasser erwärmen. Das ist völlig richtig! Die Wärme ist jenes unsichtbare, unwägbare Etwas, das wir einem Körper zuführen müssen, damit seine Temperatur steigt. Also hier noch einmal der Hinweis: Verwechseln oder vermengen Sie die beiden Begriffe nicht. Wärme und Temperatur sind grundverschiedene Dinge! Sie sehen ja: Dem großen Gefäß führen wir viel mehr Wärme zu und doch bleibt seine Temperatur niedriger. Darum sagen Meteorologen in der Regel „nie“ für morgen 5 Grad Wärme an, sondern sprechen „immer“ von einer Temperatur von +5 °Celsius.

Bei der Frage, was ist denn nun Kälte, müßte die korrekte Antwort heißen, die gibt es als solche nicht, so wie es in der Kelvin-Skala keinen „Frost“ gibt. Kälte herrscht einfach dort, wo zu wenig Wärme ist. So wie die Sonne nicht im Osten aufgeht, so ist es auch nicht korrekt zu sagen: Die ganze Kälte strömt aus dem Flur ins Wohnzimmer! In Wirklichkeit „strömt“ höchstens kalte Luft, passiv. Die kalte Luft wird nachgesaugt, weil warme Luft aktiv durch irgendwelche Ritzen entschwunden ist. Dagegen kann Wärme sehr wohl „strömen“. Wir fühlen sie deutlich aus dem Ofen kommen, als Strahlungswärme. Aber nicht nur das, denn wir wissen, daß es drei verschienene Arten von Wärmeübergang gibt, die Leitung, die Konvektion, die Strahlung. Alle drei Prozesse finden in der Natur stets gleichzeitig statt. Ihre Trennung und Beschreibung setzt die Befähigung zu analytischem Denken voraus. Während die elektromagnetische Strahlung eines Körpers ein immerwährender temperaturabhängiger Vorgang ist, setzen die materiegebundenen Wärmeübergänge durch Leitung und Konvektion erst in dem Moment ein, wenn einer der Körper über die Temperatur seiner Umgebung hinaus erhitzt wird. Das ist die Ursache für die zirkulierende Luftströmung im Zimmer, aber auch die Allgemeine Zirkulation auf der Erde. Der aktive Part wird immer von der „Wärmequelle“ gespielt, hier spielt die „kinetische“ Musik. Die kalte Luft hat einzig die Rolle eines passiven Lückenbüßers. Sie muß das Vakuum füllen, das die aufsteigende warme Luft zwangsläufig hinterläßt. Alles fließt!

Wärme ist also das, was wir in einen Körper hineinstecken müssen, um ihn zu erwärmen, und was aus ihm wieder entweicht, wenn er sich abkühlt. Sie werden jetzt sicher fragen, ob man Wärme auch messen kann. Natürlich kann man das, und es gibt auch eine Maßeinheit für die Wärmemenge. Das war früher die Kalorie (cal), worunter man jene Wärmemenge versteht, die die Temperatur von Wasser der Masse 1 Gramm um 1° Celsius erhöht. Das ist die Definition der Wärmeeinheit. Im wissenschaftlichen Sprachgebrauch benutzt man heute auch hier eine „dezimalkompatible“ Maßeinheit, das ist das Joule. Ein Joule entspricht ungefähr 4,2 Kilokalorien.

Da sich aber selbst gleich schwere Körper verschieden schnell erwärmen, muß man noch eine Zusatzgröße einführen. Diese nennt man spezifische Wärme, sie ist wie folgt definiert: Unter der spezifischen Wärme versteht man die Anzahl von Kalorien, die die Temperatur eines Stoffes der Masse 1 Gramm um 1°C erhöht. Von allen Körpern haben die Metalle die niedrigste spezifische Wärme. Sie sind in der Regel auch die besten Wärme- und Stromleiter. Wenn wir 100 Gramm Eisen von 70 °C mit 10 Gramm Wasser von 15 °C zusammenbringen, so ergibt sich eine Mischungstemperatur von 20 °C.

Die Temperatur des Wassers hat sich um 5 °C erhöht; die hierzu nötige Wärmemenge muß aus der Abkühlung des Eisens um 50 °C kommen. Daraus folgt, daß 1 Gramm Eisen bei Abkühlung um 1 °C keineswegs dieselbe Wärmemenge abgibt wie 1 Gramm Wasser, sondern nur den zehnten Teil davon. Wasser ist überhaupt der Stoff mit der höchsten Wärmespeicherkapazität, was den Unterschied von kontinentalem und ozeanischem Klima begründet. Das ist auch mit ein Hauptgrund für die Tatsache, daß es auf der Erde wesentlich wärmer sein muß, als es die fiktiv berechnete Effektivtemperatur von -18 °C besagt, die die Erde nach Meinung der „Klimaexperten" haben müßte, wenn sie keine „Treibhausgase" hätte. Wie diese „Experten" statt des Wassers das „arme" pflanzliche Grundnahrungsmittel Kohlendioxid mit einem Anteil von nur 0,035 Volumenprozent für die „Globaltemperatur" verantwortlich machen konnten, bleibt aus physikalischer Sicht vollkommen schleierhaft.

Wie schnell Eis- oder Kontinentalmassen, trotz des fürchterlichen „Treibhausgases" Kohlendioxid, in den langen dunklen Winternächten „strahlend" auskühlen und unterkühlen auf minus 30, 40, 50, 60, ja unter minus 70 °C, das weiß jeder, der sich einmal in Polarregionen oder in Sibirien aufgehalten hat. Die höchste Monatsmitteltemperatur über der Antarktis beträgt -32 °C, die niedrigste beträgt -59 °C. Beide liegen deutlich unter der tiefsten „Hohlraumtemperatur" von -18 °C, trotz des stets ubiquitären Mauna Loa Kohlendioxiddiktats und der überall gleichen „Gegenstrahlung".

Die Wärme dagegen teilt mit der Gravitation die Eigenschaft der Allgegenwärtigkeit. Die alles durchdringende Gravitation läßt sich weder aufheben noch abschwächen, und ihre Wirkung kennt kein Ende.

Sie ist für alles Leben auf Erden eine unabänderlich existentielle Grundbedingung. Obwohl die Wärme leichter zu kontrollieren ist als die Schwerkraft, so läßt auch ihr Bewegungsdrang sich nicht ganz ausschalten. Hartnäckig kriecht sie überall dorthin zurück, von wo sie vertrieben wurde. Sie entflieht aber auch aus so alltäglichen technischen Wunder-Gefängnissen wie der Thermosflasche, wo sie in Form heißen Kaffees eingesperrt wurde. Wenn man zu lange wartet, ist der Kaffee kalt!

Im Gegensatz zur Gravitation ist die Wärme extrem unbeständig. Ständig entschwindet sie und muß erneuert werden. Die Wärme kommt und geht in unablässigem Wechsel – von Körper zu Körper, von Zimmer zu Zimmer, von Haus zu Haus, von Stunde zu Stunde, von Tag zu Tag und Nacht zu Nacht. Über das Wetter ist die Wärme ein beliebtes Gesprächsthema. Vom Moment des Aufstehens bis zum Zubettgehen beschäftigt uns die Wärme, angefangen von der Auswahl der Kleidung bis zur Wahl der Dicke der Bettdecke. Wenn es uns zu warm oder zu kalt ist, ziehen wir Kleidungsstücke aus oder an, öffnen oder schließen wir Fenster, stellen Heizungen aus oder an. Allabendlich verfolgen wir aufmerksam die Wettervorhersage, um uns gefühlsmäßig schon auf das Zuviel oder Zuwenig an Wärme am nächsten Tag einzustimmen.

4.3 Wärme als emotionales Phänomen

Noch sind wir dem Wesen der Wärme nicht endgültig auf die Spur gekommen. Wir wissen, daß die Temperatur ein Maß für die Intensität der Molekülbewegung ist, und wir wissen auch, daß in physikalischer Hinsicht die augenfälligste Eigenschaft der Temperatur ihre Tendenz ist, sich auszugleichen. Doch wie dieser Ausgleich vor sich geht, dafür fehlt uns Menschen das geeignete Sensorium. Daher benutzen wir das Wort Wärme im alltäglichen Leben gleichzeitig für ganz verschiedene Dinge. Beim Thermometer sagen wir 10 Grad Wärme im Gegensatz zu 10 Grad Kälte, wobei wir +10 Grad im Gegensatz zu -10 Grad meinen. Dann sagen wir: Dieser Ofen gibt gar keine Wärme ab! Schließlich stöhnen wir über die schreckliche Wärme heute. Doch genau betrachtet sind diese drei Ausdrücke ganz verschieden gemeint. Im Winter empfinden wir +10 Grad als ausgesprochen warm, im Sommer aber als sehr kalt. Auch hängt unsere Empfindung davon ab, wie eng sich ein Körper an unsere Haut anschmiegt. Je enger die Berührung ist, umso kälter fühlt sich ein Körper an, wenn seine Temperatur unter unserer Hauttemperatur liegt. Aus diesem Grund erscheint uns Wasser von 20 °C viel kälter als Luft von 20 °C. Die verschieden enge Berührung von Wasser und Luft und damit der verschieden große und rasche Wärmeentzug sind die Ursache des schnelleren Frierens beim Baden mit der Gefahr der Unterkühlung im Wasser.

In der Physik bezeichnet man die Lehre von jenem erhöhten Schwingungszustand der Moleküle, der eine als „Wärme“ bezeichnete physiologische Wirkung auf die darauf ansprechenden Nervenfasern ausübt als „Kalorik“. Dagegen ist das subjektive Wärmeempfinden des Menschen ein sonderbares Gefühl, das sich schwer in Worte kleiden läßt. Dies liegt wohl auch daran, weil das Wärmeempfinden ambivalenter Natur ist und zum Teil erheblich von anderen Sinneswahrnehmungen abweicht. Unser Körper nimmt Licht, Schall, Geruch und Geschmack durch spezielle und höchstsensible Organe, die auf bestimmte äußere Reize reagieren, wahr. Das Wärmeempfinden ist dagegen äußerst diffus und auch trügerisch. Wenn wir morgens dem warmen Bett entsteigen und barfuß in das noch ungeheizte und eine Temperatur von 18 °C aufweisende Bad treten und uns mit dem linken Fuß auf den Badvorleger und mit dem rechten auf die Fliesen stellen, dann werden wir zwei völlig verschiedene Wärmeempfindungen haben. Der linke Fuß wird sich wohlig warm fühlen, der rechte sich aber augenblicklich stark abkühlen, obgleich Vorleger und Fliese gleiche Temperatur hatten. Den rechten „Eisfuß“ im Bett wieder aufzuwärmen, wird eine Zeitlang dauern.

Diese Diskrepanz im Wärmeempfinden der beiden 36 °C warmen Füße liegt an der unterschiedlichen Wärmeleitfähigkeit der beiden Materialien. Der Steinboden leitet Wärme sehr stark und entzieht diese ebenso stark dem Fuß, während der gewebte Vorleger eine schlechte Wärmeleitfähigkeit aufweist und dem Fuß seine Wärme weniger intensiv entzieht. Es soll mit diesem Beispiel nur angedeutet werden, daß das subjektive Wärme- und Kälteempfinden bei uns Menschen trügerisch sein kann und damit „relativ“ ist.

Also nicht ohne Grund spricht man bei der Wärmeempfindung von einem Gefühl. Wir fühlen Hitze, Wärme, Kühle und Kälte, wobei sich in dem Wort „fühlen“ eine aufschlußreiche Doppeldeutigkeit verbirgt. Das Wort fühlen ist ambivalenter Natur und heißt einerseits durch Tasten erkunden und andererseits eine Gemütsbewegung erleben.

Da die Gefühle sowohl eine Zuneigung auslösen, als auch eine Abneigung provozieren können, schließt sich der Kreis zu dem hippokratischen Begriff Klima gleich Neigung. Wenn jemand sagt, er fühle sich zu warmem Klima hingezogen, während der andere kühlere Klimate bevorzugt, äußert sich darin immer eine Gefühlsneigung. Das Wärmeempfinden steckt also tiefer in der Psyche, als wir gemeinhin annehmen. Das liegt auch daran, daß wir vom embryonalen Stadium in der wohltemperierten Fruchtblase an stets und immer auf Wärme angewiesen sind; sie ist sozusagen unser Lebenselixier.

Erst die Kontrolle über diesen eigenartigen und doch absolut unentbehrlichen „Stoff“ Wärme erhob den Menschen über das Tier. Als unsere Vorfahren lernten, das Feuer zu handhaben, überschritten sie die Schwelle zur Zivilisation. Und mit der Fähigkeit, nach Belieben Wärme zu erzeugen und für uns arbeiten zu lassen, begann die intelligente Herrschaft des Menschen über die Natur. Der Mensch begann, sich ein ihm genehmes kulturelles Umfeld, seine „Umwelt“ zu schaffen. Man sagt, daß die Götter dem Menschen ihre Macht übertrugen, indem sie ihnen das Feuer gaben. Der Sage nach war es Prometheus, der dem Menschen mit dem Feuer das entscheidendste Zeichen der Zivilisation brachte, was zu seiner sukzessiven Emanzipation von der Natur führte. Die Sage berichtet aber auch, daß Prometheus den Göttern das Feuer stehlen mußte, und er daher von Zeus zu entsetzlichen Leiden verurteilt wurde. Es scheint, als ob diese Auffassung noch heute die Menschheit in zwei Lager spaltet, in diejenigen, die auf der Seite von Zeus stehen und Prometheus als Tempelsünder betrachten, und in diejenigen, für die Prometheus der Lichtträger ist, der Märtyrer für die Lebensrechte des Menschen. Jedenfalls gehört nach Aristoteles das Feuer neben der Erde, der Luft und dem Wasser zu den vier Urelementen, aus denen alles besteht.

Anders als die Schwerkraft, die wir weder spüren noch beeinflussen können, erörtern wir die Wärme in allen Einzelheiten. Sie bestimmt unsere Gefühle, und wir lassen unseren Gefühlen freien Lauf, wenn sie uns zu sehr fehlt oder unerträglich wird. Diese beherrschende Kraft der Wärme in unserem Leben verfolgt uns bis in die Sprache. Wir sprechen von einem warmherzigen Menschen oder kaltschnäuzigen Mörder, wir sprechen von einer warmen Stimme, fühlen uns warm ums Herz. Andererseits konzidieren wir einem Menschen, der einen kühlen Kopf bewahrt, respektvoll einen nüchternen Verstand. Fürchten tun wir dagegen einen Hitzkopf, einen Heißsporn, weil wir fürchten, daß mit ihnen leicht das Temperament durchgeht, sie jede Mäßigung verlieren.

4.4 Alles ist elektromagnetische Strahlung

Die Sonne, Feuer, Glühlampen, elektrische Heizstrahler und alle anderen leuchtenden Körper emittieren Wärmestrahlen, die, wenn sie auf unsere Haut auftreffen, ein wohlig wärmendes Empfinden hervorrufen. Diese Art von Wärme ist etwas anderes als das, was in einem warmen Objekt enthalten und gespeichert ist. Strahlungswärme und Licht haben einige charakteristische Gemeinsamkeiten: Sie lassen sich leicht durch das Aufstellen lichtundurchlässiger Schirme aufhalten, durch Spiegel reflektieren, wie etwa die glänzenden Metallschirme hinter den Glühelementen elektrischer Heizgeräte. Mit spiegelnden Metallflächen arbeitet man auch bei der Thermosflasche, um Getränke ebenso warm wie kalt zu halten. Licht- und Wärmestrahlen lassen sich auch durch Vergrößerungsgläser bündeln und durch das Vakuum interplanetarischer Räume übertragen. Die gleiche vakuumüberbrückende Eigenschaft ha-

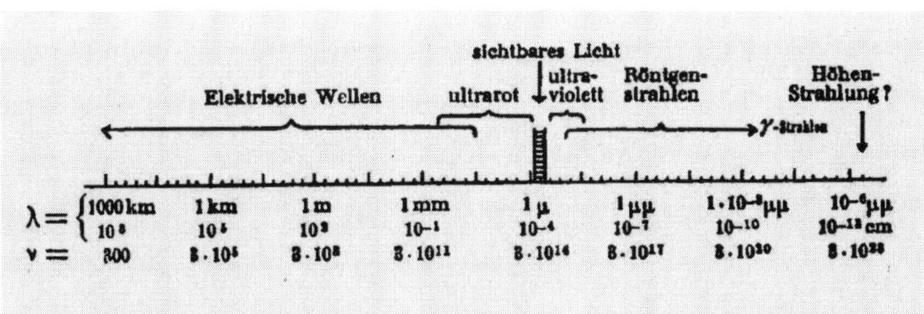

Abb. 10: Wellenskala der elektromagnetischen Strahlung nach Lebedew [Zimmer, 1948].

ben auch ferne Raumsonden steuernde Radiowellen. Die vielen Ähnlichkeiten zwischen Licht und Strahlungswärme lassen vermuten, daß sie beide Ausdruck ein und desselben Grundphänomens sind, der elektromagnetischen Strahlung. Radiostrahlung, Infrarotstrahlung, Lichtstrahlung, Ultraviolettstrahlung, Röntgenstrahlung oder Gammastrahlung ist elektromagnetische Strahlung, die physikalisch identisch ist, sich gradlinig und mit Lichtgeschwindigkeit ausbreitet und nur in der Wellenlänge, der Frequenz oder Wellenzahl unterscheidet.

Die Information „Wärme" wird zur meßbaren Wärme, zur Molekülbewegung erst durch Absorption! Es muß ein die Wärmeinformation aufnehmender und verarbeitender Körper vorhanden sein, und solche Körper können makroskopisch Erde und Mond, mikroskopisch Atome und Moleküle sein. Erst nachdem letztere Wärmestrahlung absorbiert haben, können sie auch Wärmestrahlen emittieren, aber selbst im hypothtischen Idealfall nur bis zu maximal 100 Prozent.

Wärme ist auch Resultat mechanischer Bewegungsprozesse. Es ist beispielsweise die Bewegung der Pferde, die sich auf die Kanone in Form von Wärme überträgt, und diese Wärme erhitzt das Kühlwasser. Noch klarer wird dieser Gedanke, wenn man ihn mit der Atomistik verbindet: Wärme ist dann das unsichtbare, ziellose Hin und Her von unsichtbaren Atomen und Molekülen, aus denen alle Materie besteht. Für die Wärme in Flüssigkeiten und Gasen gelten die gleichen Grundsätze. Auf Gase wie die Luft angewendet, macht diese Theorie eine besonders einfache „Vorhersage". In einem geschlossenen Gefäß übt Gas einen Druck aus, der sich als die Kraft deuten läßt, die eine Vielzahl von Gasatomen entfalten, wenn sie von den Wänden abprallen. Erwärmt man das Gas, dann bewegen sich die Atome rascher und prallen heftiger gegen die Wände und erhöhen infolgedessen ihren Druck.

Der endgültige Beweis, daß die Wärme nichts anderes ist als ein Umwandlungsprodukt mechanischer Arbeit, gelang im Jahre 1842 dem Heilbronner Arzt Julius Robert Mayer. Er entdeckte das sogenannte „mechanische Wärmeäquivalent". Robert Mayer beschäftigte sich mit den Fragen: Welche Wärmemenge braucht man, um eine bestimmte mechanische Arbeit zu leisten? Welche mechanische Arbeit ist erforderlich, um ein bestimmtes Quantum Wärme zu erzeugen? Er war überzeugt von der Umkehrbarkeit der Umwandlung Wärmeenergie in mechanische Arbeit, mechanische Arbeit in Wärmeenergie. Mayer kam zu dem Ergebnis: Die Temperaturänderung von 1 Gramm Wasser um 1 Grad Celsius ist äquivalent der mechanischen Arbeit zur Höhenänderung von 1 Gramm um 427 Meter auf der Erde. Die Bedeutung dieser Zahl ist bis heute geblieben. Voller Enthusiasmus schreibt Mayer: „Wahrlich ich sage Euch, eine einzige Zahl hat mehr wahren und bleibenden Wert als eine kostbare Bibliothek voll Hypothesen."

B. Das Licht – Welle, Korpuskel oder besser beides

Um das Verständnis der Natur des Lichtes haben die Naturforscher, ähnlich wie beim Atom, jahrhundertelang gerungen und gestritten. Von keinem Geringeren als dem Entdecker des Gravitationsgesetzes, dem Engländer Isaac Newton (1642-1727), stammt die Vorstellung, daß das Licht aus einem Strom winziger Teilchen oder Korpuskeln besteht, die von einer Lichtquelle aus nach allen Seiten gradlinig fortströmen. Man nennt diese Theorie die atomistische Theorie des Lichtes, die sogenannte Korpuskulartheorie. Ein Zeitgenosse Newtons aus dem 17. Jahrhundert, der Holländer Christian Huygens (1629-1695), hat ganz im Gegensatz dazu in dem Licht einen Wellenvorgang gesehen. Der Wellentheorie hat die Physik der 19. Jahrhunderts voll und ganz recht gegeben.

Die „Aufklärung!" des Rätsels über die Natur des Lichtes gelang erst, als die Gesetze des Elektromagnetismus entdeckt worden waren. Lichtwellen sind mithin sogenannte elektromagnetische Wellen. Lichtstrahlung ist eine elektromagnetische Strahlung. Der Deutsche Heinrich Hertz (1857-1894) hat als erster gezeigt, daß schwingende elektrische Ladungen Wellen aussenden, ähnlich wie ein ins Wasser geworfener Stein. Auch die Radiowellen gehören zu der großen Familie der elektromagnetischen Wellen. Wichtig zu wissen ist, daß sich diese Wellen mit Lichtgeschwindigkeit, das heißt mit etwa 300 000 Kilometern pro Sekunde ausbreiten. Das Licht braucht als elektromagnetische Welle etwa 8 Minuten, um die 150 Millionen Kilometer von der Sonne bis zur Erde zurückzulegen. Die Wärmestrahlung der Erde ist in gleicher Zeit bei der Sonne.

Die elektromagnetischen Strahlen bilden eine ganze Familie und sind alle der Natur nach gleich. Die einzelnen Wellengruppen in dieser Familie unterscheiden sich nur durch ihre Wellenlänge, Frequenz oder Wellenzahl, während ihre Ausbreitung stets mit Lichtgeschwindigkeit erfolgt, denn Licht selbst gehört ja zu dieser Wellenfamilie. Die Längen dieser elektromagnetischen Wellen umspannen einen riesigen Bereich. Sie reichen von mehreren Kilometern bis zu Bruchteilen von Billionstel von Millimetern. Die Gesamtheit der Wellenfamilie ist ununterbrochen und völlig einheitlich von den längsten bis zu den kürzesten Wellen. Es handelt sich bei den elektromagnetischen Wellen um eine sehr einheitliche Erscheinung. Niemand tanzt physikalisch aus der Reihe und kehrt unbeschadet an seinen Ursprung zurück.

Die Gesamtheit dieser Strahlenfamilie nennt man das Energiespektrum. Am langwelligen Ende dieses Energiespektrums liegen die Langwellen des Radios mit einigen Kilometern Länge. Dann folgen die Mittelwellen, die Kurzwellen und die Ultrakurzwellen des Radios und des Fernsehens. Diese liegen bereits im Zentimeterbereich. Noch kleiner sind die Ultrakurzwellen, die beim Radar benutzt werden. Unser Körper hat für die langen Wellen keine Empfangsorgane. Erst wenn die Wellen ein hundertstel oder gar ein tausendstel Millimeter kurz werden, empfinden wir sie als Wärmestrahlen, wie sie etwa von einem Ofen ausgehen. Wenn die Wellenlänge der elektromagnetischen Strahlung sieben zehntausendstel Millimeter erreicht, wird sie als dunkelrotes Licht sichtbar. Deswegen nennt man die Wärmestrahlen, die etwas länger sind und jenseits des gerade noch sichtbaren roten Lichts liegen, auch „Ultrarot"-Strahlen. Im Bereich von sieben zehntausendstel bis vier zehntausendstel Millimetern Wellenlänge liegt das sichtbare Licht. Darauf spricht unser Auge an. Die längsten Lichtwellen empfinden wir als rot, und wenn sie kürzer werden, sehen wir der Reihe nach die Regenbogenfarben: Orange, Gelb, Grün, Blau, Indigo bis Violett. Elektromagnetische Wellen, die kürzer sind als vier zehntausendstel Millimeter, sind wieder unsichtbar. Da sie jenseits der violetten Farbe des Spektrums liegen, nennt man sie „ultraviolette" Strahlen. Tausendmal kleiner als die Wellenlänge des sichtbaren Lichtes sind die Röntgenstrahlen, noch kürzer und gefährlicher sind die Gammastrahlen.

1. Das Atom, der Urstoff aller Dinge?

Alles in unserer stofflichen Umwelt, einschließlich wir Menschen selbst, besteht aus winzig kleinen Teilchen, aus Atomen. Den Grundsatz „am Anfang war das Atom“ lernt heute jeder Schüler, und doch ist dieser Begriff schon mehr als zweieinhalbtausendjahre alt. Das Wort Atom ist abgeleitet von dem griechischen Wort „a-tomon“, das „Unteilbare“. Name und Begriff wurden geprägt von dem griechischen Naturphilosophen Leukipp, der das Atom zur Basis seiner „materialistischen“ Naturphilosophie gemacht hat. Es wird für den geistesgeschichtlich orientierten Historiker immer ein Geheimnis bleiben, warum im klassischen Griechenland um das 6. Jahrhundert vor Christus Menschen plötzlich begannen, sich über ihre Umwelt und deren Bausteine ernsthaft Gedanken zu machen und sie rational erklären zu wollen. Leukipp hatte als erster die Idee! Aber von Demokrit, der 465 v. Chr. in Abdera geboren wurde, stammt die erste ausführliche Lehre der Atomistik. Die Materie, so lehrte Demokrit, das heißt die Erde unter unseren Füßen und der Stein in unserer Hand, das Wasser der Meere, die Luft des Himmels und das Feuer der Sonne, kurz, alle Arten von Materie bestehen aus winzig kleinen Teilchen, die sich nur durch Größe, Gewicht und Form unterscheiden.

Diese Teilchen sind die kleinsten, die die Natur geschaffen hat, und sie sind nicht weiter teilbar. Daher der Name „a-tomon“. Ihre Eigenschaften seien aber äußerst vielgestaltig, so daß sie imstande sind, die ganze bunte Fülle der belebten und unbelebten Natur zu erzeugen. Manche dieser Atome seien kantig und scharf, so daß sie aneinander haften und sich nur schwer gegeneinander verschieben lassen. Dies erkläre die Festigkeit der Metalle und Steine. Andere Atome sind schwer, glatt und rund und können leicht übereinander hinweggleiten. Dies erkläre die Flüssigkeit des Wassers. Wieder andere sind leicht und hohl. Dadurch erkläre sich die Flüchtigkeit der Gase und des Feuers. Die Atome des Demokrit sind ewig und unzerstörbar. Es ist nur ihre dauernde Bewegung, mit der sie stets neue Anordnungen suchen und finden, die den steten Wechsel im Getriebe der Welt verursachen.

Das Gedankengebäude des Demokrit ist keine Atomphysik im heutigen Sinne, es ist eine Atomistik, ein System der Naturphilosophie. Mit dem ideellen Prinzip „Atom“ konnte er auf einen Schlag erklären, weshalb sich die Natur der Dinge ständig wandelt und dennoch ewig beständig bleibt. Wir können heute nur darüber staunen, wie hervorragend Demokrit das Wesen der Materie beschrieben hat. Leukipp und Demokrit haben das Atom als eine Idee konzipiert, jedoch seine Existenz niemals bewiesen. Deshalb ist es zu verstehen, daß der Begriff des Atoms als Baustein der Materie recht schnell wieder „aus der Mode“ kam. Knapp ein Jahrhundert nach Demokrit hat der große griechische Philosoph Aristoteles die Atomistik verworfen. Aristoteles erläuterte die stoffliche Natur des Universums mit einer entwaffnend einfachen Idee, die das Denken der Menschheit zwei Jahrtausende lang beherrschte. Er hat den Begriff der vier Naturelemente propagiert: Erde, Wasser, Luft und Feuer! Dies waren handfeste Begriffe, und jeder konnte sich im täglichen Leben mit seinem gesunden Menschenverstand davon überzeugen, daß die Vorstellungen des Aristoteles ganz offensichtlich der Wirklichkeit entsprachen. Die vier Elemente des Aristoteles beschrieben die Erscheinungsformen der Materie, wie wir sie vor uns sehen: Die festen Stoffe, die Steine, die Metalle und die Körper der Lebewesen waren Erde; das Wasser der Meere, Seen und Flüsse war flüssig, und die Luft war gasförmig. Dazu gesellte sich das Feuer, das durch seine Wärme und sein Leuchten faszinierte. Es bedurfte offenbar nicht der Atome des Demokrit, um das Wesen der Stoffe zu begreifen.

Die moderne Atomistik beginnt mit dem französischen Naturforscher Pierre Gassendi (1592-1655), dem eigentlich nur das Verdienst zukommt, die Vorstellungen des Demokrit neu belebt zu haben. Seit Gassendi hat nun kein Naturforscher mehr daran gezeifelt, daß der stoffliche Aufbau der Natur sich nur mit der Vorstellung des Atoms erklären läßt. Einen Schritt weiter ging der Engländer Robert Boyle (1627-1691), der 1661 den Begriff des chemischen Elementes einführte. Das chemische Element ist ein Urstoff, der sich nicht mehr auf einen einfacheren Stoff zurückführen läßt. Das war eine wahrhaft elementare Idee. Zu jener Zeit waren zwölf Elemente bekannt: Kohlenstoff, Schwefel, Eisen, Kupfer, Arsen, Silber, Zinn, Antimon, Gold, Quecksilber, Blei und Wismuth.

Die moderne Definition der Materie stammt von John Dalton (1766-1844), der auf den Begriff des Atoms zurückkehrte, um zu erklären, wie man von einem chemischen Element zu einer chemischen Verbindung kommt. Dalton lehrte, daß jedes chemische Element, von denen seiner Zeit bereits etwa vierzig bekannt waren, aus Atomen einer bestimmten Art bestünde. Die Atome der verschiedenen chemischen Elemente unterscheiden sich durch ihre Größe und ihr Gewicht. Die Atome eines chemischen Elementes, wie etwa Wasserstoff, Sauerstoff oder des Kupfers, sind untereinander völlig gleich und voneinander ununterscheidbar, wie ein „Ei von einem anderen". Nur von Element zu Element sind die Atome verschieden. Das war im Jahre 1808. Es war die Geburtsstunde der Chemie. Dalton nannte die neuen Teilchen, die eine chemische Verbindung eingehen, indem Natrium und Chlor zusammen Kochsalz bilden, „Verbundatome" oder „Compounded Atoms".

Doch damit war noch nicht die chemische Formel für Wasser eindeutig geklärt. Nach Dalton wäre die chemische Formel der Verbindung Wasser „HO" gewesen und nicht H_2O. Die Lösung fand 1811 der Italiener Lorenzo Avogadro. Wenn man ein bestimmtes Volumen von verschiedenen Gasen nimmt und dafür sorgt, daß die Temperatur und der Druck dieselben sind, dann enthält jedes Volumen die gleiche Anzahl von Gasteilchen. Mit der Avogadroschen Zahl konnte man echte Verhältnisse der Atomgewichte bestimmen. Von Avogadro stammt übrigens der Name, der heute noch für die Verbundatome Daltons gilt. Er nannte das kleinste Teilchen einer chemischen Verbindung, das aus zwei oder mehr Atomen besteht, „Molecula" = Molekül.

2. Licht und Farbe

Die Netzhaut des menschlichen Auges vermag elektromagnetische Wellen von 0,4 bis 0,7 Mikrometern Wellenlänge wahrzunehmen. Dieser Wellenlängenbereich wird in seiner Gesamtheit als weißes Licht empfunden, in Ausschnitten hingegen als farbiges Licht. Für das Farbensehen sind drei getrennte Rezeptorenzentren im Auge, die auf blaues, grünes und rotes Licht reagieren, verantwortlich.

Das weiße Licht läßt sich mit Hilfe eines Prismas physikalisch zerlegen. Als Ergebnis erhalten wir die Spektralfarben in einem kontinuierlichen Spektrum. Bestimmten Wellenlängen sind jeweils bestimmte Farben zugeordnet. Blendet man eine Spektralfarbe aus, so ergeben die restlichen Farben nicht mehr Weiß, sondern eine Mischfarbe. Die ausgesonderte Spektralfarbe und die Mischfarbe des restlichen Spektrums sind komplementär zueinander, was bedeutet, daß sich beide wieder zu Weiß vereinigen lassen.

Die Spektralfarben Rot, Grün und Blau bezeichnet man als „additive Grundfarben", weil sie sich zu Weiß ergänzen, wenn man sie in einem bestimmten Verhältnis mischt. Durch Addition jeweils zweier Grundfarben erhält man die Farben Purpur, Blaugrün und Gelb. Jede dieser Mischfarben ergibt mit der Grundfarbe, die nicht in der Mischfarbe enthalten ist, weißes Licht. Zwei Farben, die sich zu Weiß vereinigen, heißen Komplementärfarben.

Ausgehend von den fünf Hauptfarben Rot, Gelb, Grün, Blau und Violett hat man einen Farbenkreis von 100 Farben entwickelt. Mit Hilfe dieser Farbenskala können Textilfarben, Druckfarben, Malfarben nach einer klar bezeichneten Norm miteinander verglichen werden.

Bei der subtraktiven Mischung von farbigem Licht wird ein Teil des auffallenden Lichtes absorbiert, sozusagen aufgesaugt. Wird alles Licht absorbiert, so entsteht kein Farbeindruck, der Gegenstand ist schwarz. Die Erscheinung der subtraktiven Farbmischung bewirkt die Vielfalt der Farben der stofflichen Umwelt. Das von den Stoffen reflektierte Licht ist der Rest, der von dem auffallenden weißen Licht nach Absorption übrigbleibt. Die Funktion und die Bedeutung der Lichtabsorption zu verstehen, ist sehr wichtig, wenn von der Absorption jenseits der Grenzen des sichtbaren Lichtes, sei es im Ultraviolett-Bereich oder im Infrarot-Bereich, gesprochen wird, wo ebenfalls Strahlenwirkungen festzustellen sind.

Das Verständnis der Natur des Lichtes wie der elektromagnetischen Strahlen ist ungeheuer wichtig, weil durch das Licht der Sonne und deren UV-Strahlung nicht nur der Zellstoffwechsel und der Hormonhaushalt beim Menschen gesteuert werden, sondern auch die Immunabwehr gefördert wird. Das Sonnenlicht weist eine kontinuierliche Verteilung aller Spektralfarben inklusive Ultraviolett und Infrarot auf. Die künstlichen Lichtquellen dagegen wie die Glühfadenlampen, Halogenlampen oder Leuchtstoffröhren haben alle Defizite im Vergleich zur Sonne. Die Unterschiede zur Sonne führten zu entsprechenden Erkrankungen bei U-Boot-Besatzungen, so daß eigens hierfür eine Vollspektrumlampe entwickelt wurde. Sie imitiert das Sonnenlicht wesentlich besser und enthält auch die notwendigen UV-Anteile. Licht ist also ein ganz besonderes Lebenselixier!

3. Grundlagen der Spektralanalyse

Das Sonnenlicht erscheint uns weiß, doch gelegentlich wird es von der Natur nach einem abziehenden Regenguß und wieder scheinender Sonne in seine Farben zerlegt und wird uns als Regenbogen in seiner ganzen Farbenpracht sichtbar. Wir sehen dann die Farben rotorange-gelbgrün-eisblau-ultramarin-violett.

Die Pflanzenblätter erscheinen uns grün, weil sie blauviolettes Licht absorbieren und grünes Licht reflektieren. Jedes Spektrum des Lichts, das ein leuchtender Stoff aussendet, heißt Emissionsspektrum. Besteht dieses Licht, das ein Körper aussendet, wie beim Sonnenlicht aus mehreren Farben, so erzeugt jede Farbe nach dem Durchgang durch ein Prisma ein vollständiges Bild des Körpers. Es besteht jedoch ein wesentlicher Unterschied! Glühende feste und flüssige Körper senden Licht aller Wellenlängen oder Farben aus und ergeben daher ein kontinuierliches Spektrum. Glühende gasförmige Körper senden nur Licht einzelner, für sie charakteristischer Wellenlängen aus, das Emissionsspektrum ergibt daher ein Linienspektrum.

Es war wohl zunächst Johannes Kepler (1571-1630), der in seiner Dioptrik die Zerlegung des weißen Lichtes durch ein Prisma beschrieb. Isaac Newton kommt jedoch das Verdienst zu, im Jahre 1704 nachgewiesen zu haben, daß das Sonnenlicht kein einfaches weißes Licht ist, sondern aus verschiedenen Strahlen des Spektrums zusammengesetzt ist. Er führte das auf die verschiedene Brechbarkeit der Strahlen beim Durchgang durch ein Prisma zurück. Im Jahre 1800 untersuchte Friedrich Wilhelm Herschel (1738-1822) die Energieverteilung im Sonnenspektrum und machte dabei die Entdeckung, daß das Sonnenlicht nicht nur von einem Prisma in „Spektralfarben" wie beim Regenbogen zerlegt wird, sondern er untersuchte auch die Wärmeverteilung mit Quecksilberthermometern und fand ein Temperaturmaximum nicht wie zu vermuten im gelb-grünen Bereich sondern jenseits des roten Bereichs im „Ultrarot“, heute im internationalen Sprachgebrach „Infrarot“. Er fand auch, daß diese Strahlungsart ebenso wie das sichtbare Licht den Gesetzen der Optik gehorchte, sich also spiegeln und brechen ließ. Eine weitere sehr wichtige Entdeckung machte dann 1814 Joseph Fraunhofer (1787-1826) mit der Endeckung von dunklen Linien im Sonnenspektrum. Er deutete diese dunklen Linien als Absorptionslinien.

Man hat im Sonnenspektrum über 20 000 solcher Linien entdeckt, die nach ihrem Entdecker „Fraunhofersche Linien“ genannt werden, und dabei 57 Elemente des periodischen Systems auf der Sonne nachgewiesen. Im Jahre 1868 wurde das Helium (helios = Sonne) im Sonnenspetrum analysiert. Doch erst 1895 wurde es, ebenfalls mit Hilfe der Spektralanalyse, auch auf der Erde nachgewiesen. Es war das große Verdienst von Robert Wilhelm Bunsen (1811-1889) und Rudolf Kirchhoff (1824-1887), im Jahre 1859 die fundamentale Tatsache entdeckt zu haben:

Jedes Element sendet unter bestimmten Bedingungen ein ganz bestimmtes und nur für dieses Element charakteristisches Spektrum aus.

Das Emissionsspektrum von Natriumdampf besteht nur aus einer gelben Linie, das Emissionsspektrum von Lithiumdampf aus einer roten und einer orangenen Linie. Glühende Dämpfe chemischer Verbindungen geben als Spektrum meist die Spektrallinien ihrer Elemente. So enthalten die Linien von Ammoniak (NH_3 bzw. Wasserdampf (H_20) die Linien der Elemente Wasserstoff (H) und Stickstoff (N) beziehungsweise Sauerstoff (O). Die Lichtemission ist also eine Eigenschaft der Atome. Im Spektrum treten also nur bestimmte Farben auf, während die anderen Teile dunkel bleiben. Man beobachtet ein Absorptionsspektrum. Das bedeutet:

Ein glühendes Gas verschluckt von den Strahlen einer Lichtquelle stets diejenigen Strahlen, die es selbst aussendet.

Bunsen und Kirchhoff lieferten damit die physikalische Grundlage für unsere heutige Erkenntnis vom stofflichen Aufbau des Universums.

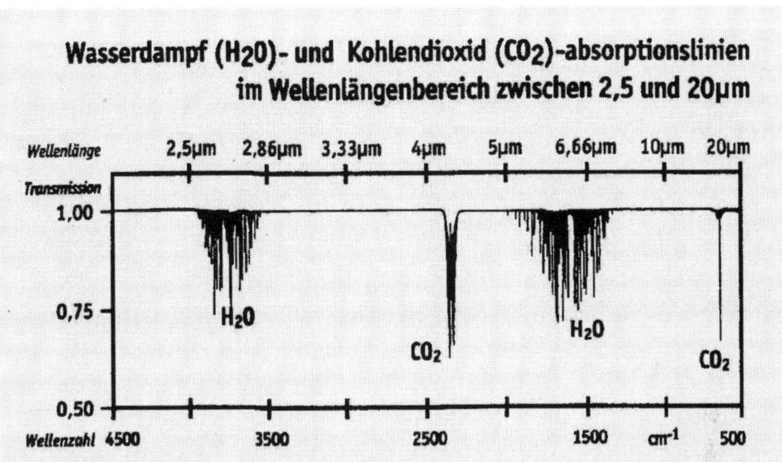

Abb. 11: [Günzler/Heise, 1996]. Transmissionsspektrum von atmospährischer Luft, (optische Weglänge: 10 cm, Druck 1000 hPa, 25 °C, 36% rel. Feuchte, spektrale Auflösung: 0,5 cm^{-1})

Denn aus den im Spektrum auftretenden Linien eines Elementes kann unzweifelhaft auf sein Vorhandensein in der leuchtenden Lichtquelle geschlossen werden. Man nennt diese Methode die Spektralanalyse. Mit Hilfe dieses Verfahrens entdeckten sie mehrere neue Elemente, unter anderem das Cäsium und das Rubidium.

Die Spektralanalyse ist ein wichtiges Hilfsmittel in der Wissenschaft und Technik. In der Chemie und besonders auch in der Kriminologie bieten die Spektrallinien ein bequemes Mittel, um noch geringe Spuren eines Stoffes nachzuweisen, sowohl qualitativ von der Art her als auch quantitativ von der Menge her. In der Astrophysik sind die spektroskopischen Untersuchungen des Sternenlichts die Grundlage für unsere Vorstellungen vom Bau des Weltalls. Genauere Wellenlängenuntersuchungen konnten erst nach Einführung des Bolometers durch Langley nach 1880 erfolgen. Im Jahre 1937 gelang es schließlich E. Lehrer von der BASF in Ludwigshafen, ein vollautomatisches Photometer zu entwickeln. Inzwischen sind mehr als 150 000 Spektren katalogisiert. Die Spektroskopie dient insbesondere der Substanzidentifizierung, denn Lage und Intensität der Absorptionslinien einer Substanz sind außerordentlich stoffspezifisch. Das Infrarotspektrum (IR-Spektrum) läßt sich in ähnlicher Weise wie der Fingerabdruck beim Menschen als hochcharakteristische Eigenschaft zur Identifizierung von Spurenbestandteilen benutzen.

Als Strahlungsquellen werden in der IR-Spektroskopie nach Max Planck (1858-1947) Plancksche Strahler verwendet. Der Vorteil ist, daß die Intensität dem Planckschen Strahlungsgesetz unterliegt. Desweiteren kennt man das Maximum der emittierten spektralen Strahlungsleistung. Dessen Lage ist temperaturabhängig und läßt sich mittels des Wienschen Verschiebungsgesetzes berechnen. Als Strahlungsquelle im mittleren Infrarot bedient man sich des Nernst-Stiftes, dessen Temperatur etwa 1900° Kelvin beträgt und dessen E_{max} ungefähr zwischen 1 und 2 Mikrometern liegt. Zwischen diesem E_{max} und der Wellenlänge 12 Mikrometern beträgt der Intensitätsunterschied 3 Zehnerpotenzen. Die Strahlungsleistung ist also um den Faktor 1000 geringer. Ausführlich haben sich mit diesen Frage H. Günzler und H. M. Heise in ihrem Buch „IR-Spektroskopie" (1996) befaßt. Noch wesentlich niedrigere Nachweisgrenzen als bei der konventionellen Spektroskopie erhält man mit der MI-Spektroskopie, der Matrixisolationstechnik. Diese verwendet man insbesondere in der Atmosphärenanalytik bei der quantitativen Analyse geringster Probemengen in komplexen Gasmischungen.

Kehren wir nochmals zum Spektrum der elektromagnetischen Strahlung zurück. Es reicht von den technischen Wechselströmen über die Lang-, Mittel-, Kurz-und Ultrakurzwellen, das Ultrarot, das sichtbare Licht, das Ultraviolett, die Röntgenstrahlen bis zur radioaktiven und sekundär kosmischen Strahlung. Jeder veränderliche elektrische Strom verursacht ein veränderliches Magnetfeld und daher auch eine elektromagnetische Welle. Da sich also auch jegliche Lichtstrahlung als elektromagnetische Welle ausbreitet, muß ihr ebenso wie dem elektrischen Feld und dem magnetischen Feld eine Energiedichte zugeschrieben werden. Die bei der Emission erfolgende Energieabstrahlung durch elektromagnetische Wellen macht es zwingend notwendig, jedem elektromagnetischen Feld einen Energieinhalt zuzuschreiben.

Für Fachleute dürfte unstrittig sein, daß die von der Sonne zugestrahlte elektromagnetische Energie, deren Wellenlängenmaximum im sichtbaren Bereich bei 0,5 Mikrometern liegt, eine weitaus höhere „Energiedichte" besitzt, als die von der Erde abgestrahlte elektromagnetische Energie, deren Wellenlängenmaximum bei einer angenommenen Temperatur von +15 °C bei 10 Mikrometern liegt. Bei einer derart verschiedenen Energiedichte zwischen der kurzwelligen Einstrahlung und der langwelligen Ausstrahlung kann man wohl kaum von Strahlungsgleichgewicht sprechen. Wo ist also der Differenzbetrag geblieben, wenn er nicht verloren gegangen sein kann? Ein beträchtlicher Teil der elektromagnetischen Strahlungsenergie wird über die Vegetation mittels der CO_2-Assimilation oder Photosynthese in chemische Energie umgewandelt und als Biomasse gespeichert. Der Betrag ließe sich anhand der Bruttoprimärproduktion des „grünen Kleides" der Erde abschätzen.

Das immer wieder zur Unterstützung der Behauptung der erwärmungsbedingten „Klimakatastrophe" vorgebrachte Argument der anthropogen verursachten Störung des so ideal ausbalancierten „Strahlungsgleichgewichtes" wird also ein weiteres Mal total entkräftet. Das hypothetische Modellgebäude hält in keinem Punkt einer kritischen physikalischen Hinterfragung stand. Es existiert nur in der Modellphantasie! Wenn dennoch starr daran festgehalten wird, dann hat das ideologische, politische und partiell auch gewaltige ökonomische Gründe, denn von den Forderungen nach einer radikalen CO_2-Reduktion sind die diversen Industriezweige sehr unterschiedlich betroffen. Es gibt Verlierer, aber bisher noch viel mehr Gewinner und vielleicht ergibt sich hieraus die Gleichgültigkeit, die bisher eine radikale Aufklärung des Treibhaus-Märchens durch die Industrieverbände hat inopportun erscheinen lassen.

C. Die Lufthülle der Erde

Luft verteilt sich wie jedes andere Gas gleichmäßig in jedem sich ihr darbietenden Raum. Wie kann unsere Erde eine Lufthülle halten, ohne daß diese sich nach und nach in den Weltraum verflüchtigt? Die Antwort ist einfach: Wie alle Körper werden auch die Luftmoleküle durch ihr Gewicht von der Erde angezogen. Für jedes Luftmolekül gilt das gleiche wie für eine Rakete: Zum endgültigen Verlassen des Anziehungsfeldes der Erde ist eine Flieh- oder Fluchtgeschwindigkeit von min-

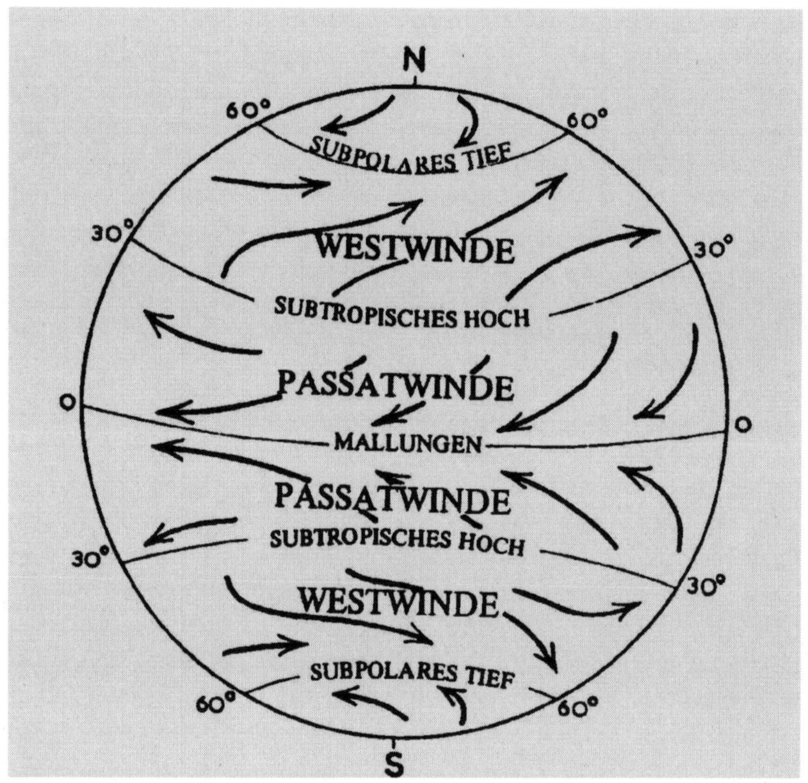

Abb. 12: Schema der Allgemeinen Zirkulation mit ihren vorherrschenden Bodenwinden.

destens 11,2 Kilometer pro Sekunde erforderlich. Die mittlere Luftgeschwindigkeit der Luftmoleküle bleibt aber weit dahinter zurück. Infolgedessen wird die ganz überwiegende Mehrzahl der Luftmoleküle durch ihr Gewicht an die Erde gefesselt.

Dennoch würden alle Luftmoleküle wie Steine auf die Erde herunterfallen und auf dem Boden eine feste Schicht von rund 10 Metern Dicke bilden, wenn es ihre Wärmebewegung nicht gäbe. Demgegenüber würden die Luftmoleküle die Erde sofort und auf Nimmerwiedersehen verlassen, wenn sie überhaupt kein Gewicht hätten. Dieser Antagonismus zwischen Wärmebewegung und Gewicht erhält nun die Luftmoleküle in der Schwebe und führt zur Ausbildung der freien Gashülle, der Atmosphäre. Die feste Erdoberfläche verhindert die Annäherung der Gasmoleküle an den Erdmittelpunkt. Folglich hat die Erdoberfläche das volle Gewicht der in der Atmosphäre enthaltenen Luft zu tragen. Das Verhältnis von Gewicht zu Bodenoberfläche gibt den normalen Luftdruck an. Er entspricht dem Gewicht einer Quecksilbersäule von 76 Zentimetern Länge oder 1013 Hektopascal. Wir Menschen führen sozusagen ein „Tiefseeleben“ auf dem Boden des riesigen Luftozeans mit einer Wasserhöhe von 10 Metern.

1. Die Erde – unser blauer Planet

Der bekannte Naturforscher Heinz Haber (1913-1990) hat bereits 1961 darüber nachgedacht, wie denn die Erde – vom Weltraum aus betrachtet – aussehen müßte. Der Planet hängt im Raum wie eine glitzernde Christbaumkugel. Dieser Reflex wird durch eine merkwürdige Tatsache hervorgerufen: der größte Teil der Oberfläche des Planeten ist naß! Kein anderer Planet im Sonnensystem hat eine flüssige Oberfläche. Außerdem schwebe die Erde in einem dünnen Schleier bläulicher Farbe. Spätere Weltraum-Fotos haben diesen anschaulichen Vergleich Habers bestätigt.

Würden wir uns von diesem Planeten ein maßstabgetreues Modell herstellen, wir würden unsere Erde kaum wiedererkennen, insbesondere kaum glauben, daß auf ihr so mannigfaltiges Leben herrscht. Reduzieren wir die Erde im Maßstab 1 : 20 Millionen, dann hätte sie einen Durchmesser von etwa 65 Zentimetern. Verkleinern wir auch alle anderen Dinge in demselben Maßstab, so machen wir eine Reihe erstaunlicher Entdeckungen. Zunächst würde uns die Schwere der Modell-Erde wundern. Die Erde wöge ungefähr 600 Kilogramm! Die erstaunliche Erklärung? Unsere Erde ist eine Kugel aus flüssigem Eisen und Nickel, die von einem festen, aber hauchdünnen Steinmantel umhüllt wird.

Jedoch auch in anderer Hinsicht würden wir erschrecken. Die Atmosphäre, dieser gewaltige sich quasi ins Unendliche erstreckende Luftozean, wäre plötzlich nur ein verschwindender Hauch von Gasen und Dämpfen. Wir hätten Schwierigkeiten, ein Material zu finden, das die besondere Feinheit der Modell-Atmosphäre im richtigen Maßstäb darstellen könnte. Heinz Haber:

„Nur ein äußerst zartes, fast unsichtbares Stück feinster Kaschmirseide wäre dünn und leicht genug, unserer Modell-Erde als Atmosphäre zu dienen. Wenn wir diese Seidenhülle abziehen und zu einem kleinen Knäuel zusammenballen, können wir sie leicht in der geschlossenen Faust halten. Die Luft, die sich in einem Rauchring befindet, würde ausreichen, unsere Modell-Erde mit der richtigen Menge an Atmosphäre zu versorgen. Eine Kugelschale von einem halben Millimeter Dicke würde mehr als 90 Prozent dieser Atmosphäre betragen.“

Auch die Ozeane würden zu einem dünnen Film von Feuchtigkeit zusammenschrumpfen. Das gleiche beträfe die höchsten Berge und tiefsten Meeresgräben. Unser maßstabstreues Modell sähe fast wie eine vollkommene Kugel aus. Reliefkarten werden daher immer stark übertrieben dargestellt, da man sonst die vertikalen Dimensionen kaum erkennen könnte. Wir würden aber auch bei der Rotation der Modell-Erde merken, daß sie keineswegs hart wie Stein ist, sondern so weich wie Honig: so weich, daß sie nicht einmal den Kräften ihrer eigenen Rotation standhalten kann. Die Steinkruste verformt sich unter der Wirkung der Zentrifugalkraft, muß doch am Äquator ein Punkt in 24 Stunden ganze 40 000 Kilometer zurücklegen, was einer Geschwindigkeit von 1 666 km/h gleichkommt. Die Reihe der „Merkwürdigkeiten“ ließe sich fortführen. Das alles muß man berücksichtigen, wenn man ernsthafte wissenschaftliche Untersuchungen über die Vorgänge in der Erdatmosphäre anstellen will. Diese Maßstabsverkleinerung macht auch die gewaltigen Temperaturgradienten verständlich, wie wir sie nicht nur über erhitzten Herdplatten, sondern auch über erhitztem Dünensand beobachten können.

2. Die Atmosphäre – unverzichtbare Gashülle der Erde

Wir unterscheiden gemeinhin zwischen guter und schlechter, sauberer und verschmutzter Luft. Empfinden wir die Luft als schlecht, so öffnen wir die Fenster, damit gute Luft ins Zimmer einströmen kann. Eben deswegen gehen wir im Wald spazieren, um gute Luft einzuatmen. Wir wissen, daß gute Luft unsere Gesundheit fördert, schlechte ihr abträglich ist. Unser Leben hörte sofort auf, wenn uns für wenige Minuten die Luft fehlte.

Die Luft ist ein unsichtbarer Körper, denn sie nimmt Raum ein. Das sieht man an einem aufgeblasenen Luftballon, sowie den im Wasser aufsteigenden Luftblasen. Wenn die Luft in starke Bewegung gerät, entsteht der Wind, der als Sturm Bäume umwerfen und Häuser abdecken kann. Auch dies ist Zeugnis dafür, daß die Luft ein Körper ist und wie alle Körper eine entsprechende Masse hat. Davon kann man sich bei geringem Verletzungsrisiko auch selbst überzeugen, indem man bei „Tempo 100“ die Hand aus dem Eisenbahnfenster hält. Die Luft ist zudem entweder trocken oder feucht. Dies alles wußten schon die Völker des Altertums; viel mehr wußten sie nicht von der Luft. Daß sie schwer ist, also ein bestimmtes Gewicht hat, wußten sie noch nicht. Weil ein mit Luft gefüllter Ballon nicht viel schwerer ist, als ein leerer zusammmengedrückter, waren sie der Meinung, die Luft hätte überhaupt keine Masse und kein Gewicht.

Der erste, der sich eingehend mit der Untersuchung der atmosphärischen Luft beschäftigte, war der Magdeburger Bürgermeister Otto von Guericke (1602-1686), der im Jahre 1654 die ganze Welt in Erstaunen versetzte, als er vor dem Reichstage zu Regensburg seine Versuche mit den Magdeburger Halbkugeln vorführte. 16 Pferde mußten mit aller Kraft ziehen, um die beiden 33 cm großen Halbkugeln auseinander zu reißen, nachdem die Luft vorher aus dem Innern herausgepumpt war. Die wichtigsten Entdeckungen, die Guericke mit der von ihm erfundenen Luftpumpe machte, sind folgende: Die Luft hat wie jeder andere Körper ihr bestimmtes Gewicht; dieses ist gleich einer 10 Meter hohen Wassersäule, so daß auf jeden Quadratzentimeter Fläche ein Luftdruck von 1 Kilogramm lastet. Die Schwere der Luft nimmt der Höhe nach ab. Wärme dehnt die Luft aus, so daß sie entsprechend leichter wird. Kälte verdichtet sie, so daß sie schwerer wird. Die Winde entstehen durch die unterschiedene Erwärmung und Schwere der Luft. Der Rauch, der Wasserdampf und andere Dämpfe steigen in die Höhe, weil sie leichter sind als die sie umgebende Luft, geradeso wie die leichteren Luftblasen durch das schwerere Wasser in die Höhe gedrückt werden. Den Luftdruck von 1 Kilogramm auf jeden Quadratzentimeter spüren wir nicht, weil er durch den Gegendruck der Luft, die sich in unserem Körper befindet, aufgehoben wird.

Diese physikalischen Eigenschaften der Luft lagen für Guericke näher als ihre chemischen. Es hat noch 100 Jahre länger gedauert, bis auch die wichtigsten chemischen Eigenschaften der Luft bekannt waren. Zwei Gelehrte, Karl Wilhelm Scheele (1742-1786) und Joseph Priestly (1733-1804), haben ungefähr zu gleicher Zeit, aber unabhängig voneinander, die chemischen Eigenschaften der atmosphärischen Luft untersucht. Das wichtigste Ergebnis war: Die atmosphärische Luft besteht aus zwei „Luftarten“: 1/5 davon bildet mit Eisen Rost; 4/5 bilden mit Eisen keinen Rost, eine brennende Flamme erlischt, und Tiere ersticken darin. Scheele nannte die zur Erhaltung des Feuers notwendige Luft Feuerluft, den Rest nannte er verdorbene Luft, weil sie zur Unterhaltung des Feuers und des Lebens verdorben war. Wir nennen die verdorbene Luft Stickstoff, weil das Feuer und das Leben darin ersticken. Die Feuerluft nennen wir Sauerstoff. Sauerstoff und Stickstoff sind die beiden Hauptbestandteile der atmosphärischen Luft. Priestly nannte 1774 den Sauerstoff dephlogistierte Luft. Unter Phlogiston verstand man damals den geheimnisvollen „Stoff“, aus dem das Feuer scheinbar besteht.

Der eigentliche Begründer der Luftchemie als Wissenschaft wurde Antoine Laurent Lavoisier (1743-1794). Er widerlegte die Phlogiston-Theorie und untersuchte die Rückstände der Verbrennungsprozesse und kam zu der Erkenntnis: Jede Verbrennung ist eine Vereinigung von Sauerstoff mit einem anderen Stoffe. Das Verbrennungsprodukt ist so schwer wie der verbrannte Stoff und der verbrauchte Sauerstoff zusammen! Der Sauerstoff selbst ist farb-, geruch- und geschmacklos. Das Feuer ist die sichtbare Erscheinung der lebhaften Oxidation, wie Lavoisier den Vorgang der Verbrennung nannte. Deren Produkte bezeichnete er als Oxide. Das Wort Oxygenium wird meist mit O abgekürzt und hat sich international für Sauerstoff durchgesetzt.

Neben Wasserdampf, dessen Menge von der Temperatur abhängig ist, befinden sich noch verschiedene Edelgase in der Luft und weiterhin das Spurengas Kohlendioxid mit einem Anteil von 0,035 Volumprozent oder 350 ppm. Ist dieses Kohlendioxid nun ein gefährliches Giftgas oder gar der Klima-Killer? Diese rein rhetorische Frage werden Sie inzwischen wohl mit einem klaren und eindeutigen NEIN beantworten.

3. Wärme und Bewegung — oder wie das Wetter entsteht

Die Bahn der Erde um die Sonne ist keine exakte Kreisbahn, sondern eine Ellipse, wie bereits Johannes Kepler (1571-1630) entdeckte. Die Sonne steht auch nicht etwa in deren Mittelpunkt, sondern in einem der beiden Brennpunkte. Das führt dazu, daß die Erde einmal näher an der Sonne, einmal weiter von ihr entfernt ist. Dieser stete Entfernungswechsel zur Sonne ist jedoch keineswegs die Ursache für den Wechsel der Jahreszeiten. Im Gegenteil, die Nordhalbkugel kommt gerade im Winter am nächsten an die Sonne heran, erhält etwa 7 Prozent mehr Strahlung als im Hochsommer, müßte also theoretisch auch wärmer als im Sommer sein. Dennoch sind die Winter bitterlich kalt, zeigend, wie weit Theorie und Wirklichkeit auseinanderklaffen können. Für den Jahreszeitenwechsel sind vielmehr zwei voneinander unabhängige Bewegungen verantwortlich.

- Die Drehung der Erde um ihre eigene Achse sorgt für den Wechsel zwischen Tag und Nacht
- Die Drehung der Erde um die Sonne sorgt für den Wechsel zwischen Sommer und Winter.

Letzteres ist aber nur möglich und verständlich, weil die Erdachse schief steht gegenüber der Umlaufbahn der Erde um die Sonne. Deshalb geht in der nördlichen Polarzone für einige Wochen im Sommer die Sonne überhaupt nicht unter, während demgegenüber im Winter dauernde Polarnacht herrscht. Am Südpol ist alles umgekehrt.

Dieser Ekliptikeffekt führt dazu, daß im Hochsommer bei „ewigem“ Tag die Polarkappen mehr Wärme mitbekommen als der Äquator. Diese besondere Stellung der Erdachse zur Umlaufbahn um die Sonne führt dazu, daß die gesamte Sonnenstrahlung so optimal wie möglich über die gesamte Erde verteilt wird. Wenn ein Ingenieur etwa vor dem Problem stünde, die einfallende Sonnenstrahlung möglichst gleichmäßig auf die gesamte Erdoberfläche verteilen zu müssen, so würden seine Berechnungen ergeben, daß er zu diesem Zweck die Erdachse um 23,5°

gegen die Ekliptik neigen muß. Durch dieses naturgegebene ständige Pendeln des Höchststandes der Sonne zwischen nördlichem Wendekreis am 21. Juni und südlichem Wendekreis am 21. Dezember wird eine optimale Bestrahlung der Erdkugel mit Wärmeenergie erreicht.

Auf dem Mond sehen die Verhältnisse anders aus. Der Mond braucht für seine Umdrehung um die Erde einen Monat, und für eine Umdrehung um seine eigene Achse ebenfalls einen Monat. Deshalb sehen wir vom Mond immer nur eine und stets dieselbe Seite, die Rückseite des Mondes ist für uns für alle Zeiten unsichtbar. Der Mond wird deshalb während des Mondtages 14 Erdentage lang von der Sonne beschienen. Dabei wird seine Bodenoberfläche bis zu 120 °C warm. In der Mondnacht kühlt der Mond nach neuesten Meldungen auf unter etwa -250 °C ab. Eine Lufttemperatur hat der Mond nicht, mangels Atmosphäre und aus Mangel an Molekülen, die die Luft warmzittern könnten. Für den Mond läßt sich aber auch wie für die Erde eine „Effektivtemperatur" als „schwarzer Körper" berechnen. Sie beträgt theoretisch -7 °C. Also selbst auf dem atmosphärelosen und damit gänzlich „treibhausgasfreien" Mond haben Theorie und Wirklichkeit nichts miteinander gemein. Dazwischen liegen „Welten"!

Wenn die Erde keine Atmosphäre und keine Meere hätte und ihre Oberfläche von gleicher Beschaffenheit wie diejenige des Mondes wäre, dann herrschten auf der Erdoberfläche andere Oberflächentemperaturen, und zwar einzig und allein aus dem Grund, weil sich die Erde im 24-Stunden-Rhythmus um die eigene Achse dreht. Sie könnte dann zwar nicht so stark aufgeheizt werden, könnte sich aber auch nicht so unerbittlich bis nahe an die „Nicht-Temperatur" des Weltraum von 3° Kelvin abkühlen. Wegen des Wechsels der Jahreszeiten würden sich die Unterschiede zwischen Erde und Mond weiter relativieren. Zwischen den unter Hohlraumverhältnissen berechneten „Effektivtemperaturen" ergäben sich nur marginale Unterschiede. Man sieht also: Globale Durchschnittswerte zeichnen sich durch wenig bis keine Praxisnähe aus! Und weil die Erde über große Wassermassen mit einer enormen Wärmespeicherkapazität verfügt, und weil die Erdatmosphäre große Mengen Wasserdampf enthält, herrschen auf ihr ganz andere, angenehmere Temperaturen als auf dem Mond. Mit dem sogenannten „Treibhauseffekt" hat das alles nichts zu tun.

Ein weiterer wichtiger Faktor für das Wettergeschehen auf der Erde sind die besonderen, „anomalen“ Eigenschaften des Wassers. Das Wasser hat nicht beim Gefrierpunkt von 0 °C, sondern bei plus 4 °C sein geringstes Volumen und damit die größte Dichte. Wenn wir das Wasser von 0 °C allmählich erwärmen, so nimmt sein Volumen zunächst bis 4 °C langsam ab. Dann nimmt es allmählich wieder zu, erreicht bei 8°C annähernd dieselbe Größe wie bei 0°C und wächst dann in immer steigendem Maße.

Da das Wasser bei 4 °C sein geringstes Volumen hat, so hat es bei dieser Temperatur auch seine größte Dichte. Das ist die Ursache dafür, daß in einem See, der von oben her durch frostige Luft abgekühlt wird und sich selbst auch strahlend abkühlt, bei Erreichen der Temperaturmarke von 4 °C das Wasser zum Boden des Sees absinkt. Wenn dann an der Oberfläche das Wasser unter 4 °C abgekühlt wird, wird es wieder leichter und kann nicht zu Boden sinken. In der frostfreien und 4 °C „warmen“ Bodenwasserzone können die Fische überwintern und überleben. Wer sich dieses raffinierte lebenswichtige Sonderverhalten des Stoffes „Wasser“ wohl ausgedacht haben mag? Bei weiterer Abkühlung Richtung 0 °C und Unterschreiten des Gefrierpunktes, wenn der Phasenübergang Wasser zu Eis erfolgt, passiert eine weitere Merkwürdigkeit. Das Eis nimmt ein etwa 8prozentig höheres Raumvolumen ein. Dieser Phasenübergang birgt ein gewaltiges zerstörerisches Potential in sich und läßt nicht nur Wasserbehälter bersten, Straßenbeläge durch Eislinsen aufbrechen, sondern sprengt auch Gesteine. Man nennt dies „Frostverwitterung“ durch Spaltenfrost. Damit ist das Thema „Wasser und seine Phasenübergänge“ noch längst nicht erschöpft. Im Moment soll im Gedächtnis haften bleiben, auch wenn sich an der Oberfläche des „Feuchtbiotops“ im Garten im Winter eine Eisschicht bildet, können am Boden im 4 °C „warmen“ Wasser die Goldfische überleben, wenn der Teich genügend tief ist.

4. Kohlendioxid – weder Giftgas noch Klimakiller

Kohlendioxid kannte man bereits indirekt in alter Zeit aus Höhlen und Mineralwässern und nannte es „Mineralgeist“. Paracelsus nannte diesen geheimnisvollen Stoff „spiritus sylvestris“ und Lavoisier „Kreidensäure“. Als wichtigste Eigenschaften des auch als „feste Luft“ bezeichneten Stoffes waren bekannt, seine Schwere gegenüber der gemeinen Luft, das heißt sein vergleichsweise hohes Gewicht von 1,9 g/m^3, seine gute Wasserlöslichkeit, seine feuerlöschende Wirkung und die fördernde Wirkung auf das Pflanzenwachstum. Die eigentliche Entdeckung des Kohlendioxids geht auf Johann Baptista van Helmont (1544-1644) und Joseph Black (1728-1799) zurück. Da beiden Forschern der Sauerstoff noch unbekannt war, blieb ihnen die Physiologie der Atmung unbekannt. Erst Lavoisier erkannte den Zusammenhang, indem er feststellte, daß die Atmung einen „Verbrennungsprozeß“ darstellt, bei dem ein Teil des in der Luft vorhandenen Sauerstoffs verschwindet und Kohlendioxid als Verbrennungsprodukt entsteht und beim Ausatmen entweicht. Beim Menschen schwankt das Atemvolumen nach Alter, Geschlecht und körperlicher Aktivität und beträgt bei

Neugeborenen	0,83 Liter
Kindern	4,30 Liter
Männer, ruhend	7,40 Liter
Männer, Schwerarbeit	43,00 Liter
Frauen, ruhend	4,60 Liter
Frauen, leichte Arbeit	16,40 Liter

Wir halten also fest:

1. Menschen und Tiere atmen Kohlendioxid aus.
2. Jede Flamme, die durch Verbrennen von kohlehaltigen Stoffen entsteht, erzeugt Kohlendioxid.
3. Die Pflanzen atmen Kohlendioxid ein und Sauerstoff aus.
4. Kalk, Kreide, Soda und Pottasche enthalten Kohlendioxid.
5. Bei der Gärung zuckerhaltiger Stoffe entsteht Kohlendioxid.
6. Kohlendioxid ist schwerer als Luft, und zwar 1,52 mal so schwer.
7. Kohlendioxid ist farb- und geruchlos.
8. Kohlendioxid löst sich in Wasser.

Daß Kalk, Kreide und Marmor beim Zusammentreffen mit Essig aufbrausen, war schon im Altertum bekannt, ebenso auch die Blasen beim Gären des Mostes und im Mineralwasser. Die Hundsgrotte bei Neapel und andere Orte, an denen Kohlendioxid aus der Erde strömt, waren auch bekannt. Solche Orte sind auch die Dunsthöhle bei Bad Pyrmont. Bei Burgbrohl in der Eifel kommen täglich etwa 2500 Kubikmeter Kohlendioxid aus der Erde. Zu Beginn des 17. Jahrhunderts wurde CO_2 durch van Helmont als eigenartiges Gas von der Luft und anderen Gasen unterschieden. Erst später wurde es von Fr. Hoffmann im Mineralwasser und im Jahre 1774 von Bergmann in der Luft als „Luftsäure“ nachgewiesen. Lavoisier bestimmte seine Zusammensetzung, fand die chemische Bezeichnung CO_2 und gab ihr den Namen Kohlensäure. Heute hat sich in Anlehnung an das Kohlenoxid (CO) die Bezeichnung Kohlendioxid (CO_2) durchgesetzt, was wörtlich in Anlehung an das lateinische „dis = doppelt“ Kohlendoppeloxid heißen müßte.

Eine Kerze erlischt, wenn man sie mit Kohlendioxid ähnlich wie mit Wasser übergießt. Man kann also mit Kohlendioxid geradeso wie mit Wasser leere Gläser füllen und von einem Glase in ein anderes gießen. Allerdings verschwindet das Kohlendioxid bei längerem Stehen aus dem Glas, da Kohlendioxid trotz seines Gewichtes wie alle Gase das Bestreben hat, sich gleichmäßig in dem ihm zur Verfügung stehenden Raum auszubreiten, zu diffundieren. Kohlendioxid ist ein ziemlich beständiges Gas. Erst bei hoher Hitze von etwa 1300 °C zerfällt es in Kohlenmonoxid (CO) und Sauerstoff (O). Bei einer Temperatur von 0 °C und einem Druck von 30 Atmosphären läßt es sich zu einer farblosen Flüssigkeit, die etwas leichter ist als Wasser, verdichten. In Stahlflaschen gefüllt, kann es so transportiert werden. Beim Ausströmen aus der Flasche verdunstet das flüssige Kohlendioxid, wobei soviel Wärme gebunden und dadurch Kälte erzeugt wird, daß der Rest zu einer schneeähnlichen Masse erstarrt, die man Trockeneis nennt. Mit Äther vermischt lassen sich so Temperaturen von -110 °C erzeugen. Kohlendioxid ist also ein vielseitig nutzbares und nützliches Gas. Durch die „Kohlensäure“ erhalten das Wasser und andere Getränke ihre erfrischende Wirkung, wodurch deutlich wird, daß Kohlendioxid nicht giftig ist. Kohlendioxid in der üblichen Konzentration Giftigkeit zuzuschreiben, wie in der mißbräuchlichen Wortkombination „Klimagift“, ist nicht nur irreführend, sondern nachgewiesenermaßen vollkommener Unfug.

Kohlendioxid ist ein sehr nützliches, in extremer Überdosis aber auch tödliches Gas. In einer Luft mit 30 Prozent Kohlendioxid erfolgt beim Menschen sofortige Bewußtlosigkeit und bald der Tod. Zwei bis drei Atemzüge genügen, um den Menschen in Ohnmacht fallen zu lassen. Deshalb muß man Orte, an denen man hohe Konzentrationen von Kohlendioxid vermutet, mit Vorsicht betreten. Solche Orte sind Gärkeller, Brunnen und Schächte, die lange verdeckt waren. Diese Räume sollte man am besten mit einer brennenden Kerze betreten und auf hohe Kohlendioxidgehalte testen. Wenn die Kerze erlischt, dann ist höchste Vorsicht geboten. Ganz einfach entfernt man das Kohlendioxid durch Luftzug, den man mit einem aufgespannten Regenschirm erzeugen kann, oder man taucht ein Bund Stroh in Kalkmilch und wirft diesen in den Gärkeller.

Kohlendioxid ist unentbehrlich im Haushalt der Natur. Fehlte das Kohlendioxid in der Luft, so hörte bald jedes Pflanzenleben und damit auch das, der die Pflanzen konsumierenden Tiere, und des Menschen auf. Den Kohlenstoff, den die Bäume, Sträucher, Gräser und Kräuter zu ihrem Aufbau nötig haben, entnehmen sie dem Kohlendioxidgehalt der Luft. Jedes grüne Blatt an der Pflanze saugt Kohlendioxid ein, wenn Sonnen- oder Tageslicht darauf fällt, verwandelt den anorganischen Kohlenstoff in organisches Pflanzenmaterial und scheidet dafür Sauerstoff aus. Diese Assimilations-Gleichung lautet:

$$6\ CO_2 + 12\ H_2O + 675\ Kcal \longrightarrow C_6H_{12}O_6 + 6\ O_2 + 6\ H_2O$$

Bei diesem auch Photosynthese genannten Prozeß bauen die Pflanzen mit Hilfe des Sonnenlichts aus rein anorganischen Stoffen organische Pflanzenmasse, Zucker, Eiweiße und Fette auf, wobei gleichzeitig Sauerstoff freigesetzt wird. Der umgekehrte Vorgang, ein Verbrennungsvorgang, der im menschlichen und tierischen Körper, aber auch bei Verwesungs- und Fäulnisprozessen abläuft, heißt Dissimilation. Er läuft nicht ab ohne den bei der pflanzlichen Photosynthese „abfallenden“ Sauerstoff. Dieser ist bei Mensch und Tier gleichermaßen für die Oxidation der Nahrung, die kalte Verbrennung im Körper zur Energieerzeugung, lebensnotwendig. Die Verwesungs- und Fäulnisprozesse durch die Mikroorganismen im Boden tragen im übrigen zur Humusbildung bei.

Man gibt den Nährwert von Nahrungsmitteln immer noch überwiegend anschaulich in „Kalorien“ an, weil die Nahrung im Körper zur Wärmeentwicklung dient. Ein Mensch mit einem Gewicht von 60 Kilogramm hat ein Körpervolumen von etwa 60 Litern, woraus sich eine Körperoberfläche von 1,7 Quadratmeter ableiten läßt. Dieser Modell-Mensch braucht zum Leben im Zustand völliger Ruhe eine Mindestwärme von 1700 Kcal pro Tag.

Bei normaler Arbeit steigt der Bedarf auf 2400 Kcal und erhöht sich bei schwerer Arbeit oder Leistungssport um 75 bis 300 Kcal pro Stunde. Alle Energieleistungen des Menschen sind mit Wärmebildung verbunden, muß er doch auch seine Körpertemperatur stets auf „konstanten“ 37 °C halten. Bei dieser Körpertemperatur gibt der Körper in der Regel gemäß dem von ihm weggerichteten Temperaturgefälle Wärme an die Umgebung ab. Dieser ständige Wärmeverlust muß ausgeglichen werden, indem wir Nahrung aufnehmen und diese im Körper unter Wärmeentwicklung „verbrennen“. Der Mensch ist physikalisch eine „Verbrennungskraftmaschine“ wie ein Automotor, aber er ist keine „Wärmekraftmaschine“ oder eine Dampfmaschine, wie fälschlicherweise immer wieder zu lesen ist. Dieser Unterschied ist äußerst wichtig, denn bei einer Verbrennungsmaschine ist die abgegebene Wärme nicht mehr nutzbar. Die vom Körper abgestrahlte Wärme ist nicht wieder nutzbare oder rezyklierbare Abfallwärme. Sie ist unwiederbringlich oder irreversibel verloren und muß stets neu erzeugt werden. Unser Hunger ist ein Hunger nach Wärme!

Wir Menschen nehmen also über unsere Lungen mit dem Einatmen aus der Luft deren Sauerstoff auf, der dann ins Blut gelangt und über das Herz im Körper verteilt wird, wo er zur „kalten“ Verbrennung der Nahrung verwandt wird. Dieser Vorgang wird auch Respiration genannt. Mißt man den Sauerstoff- oder O_2-Gehalt der Luft beim Einatmen und beim Ausatmen, so fehlen beim Ausatmen etwa 4,5 Prozent der ursprünglichen 21 Prozent Luftsauerstoff. Dafür enthält die Luft nun gut 4,5 Prozent Kohlensäure oder CO_2. Der Mensch atmet im „Normalzustand“ ungefähr 1,25 Kilogramm Kohlendioxid pro Tag aus, was eine Summe von jährlich gut 450 Kilogramm ergibt. Die derzeitige Menschheit emittiert somit, ohne große Kraftanstrengung im „Ruhezustand“, pro Jahr eine gewaltige Menge von 2500 Milliarden oder 2,5 Gigatonnen an Kohlendioxid. Sie gibt damit den Pflanzen einen Teil des Kohlendioxids zurück, das diese unverzichtbar zum Leben brauchen. Bei Verbrennung der pflanzlichen Nahrung, die man recht respektlos „Biomasse“ nennt, eignet sich der Mensch auch Sonnenenergie an, die vorher von den Pflanzen bei der CO_2-Assimilation oder Photosynthese in Form von chemischer Energie gebunden worden ist.

Damit wird erstens der Hinweis verständlich, warum ein Kilogramm Weizen von der Sonne die energetische Mitgift von etwa 1 Broteinheit oder 3400 Kcal oder 0,5 kg Steinkohleeinheiten (SKE) bekommen hat. Dies ist also nichts anderes als dem angeblichen „Strahlungsgleichgewicht“ entzogene und chemisch gespeicherte Energie. Neben Sauerstoff gibt die Pflanze auch unentwegt „Wassergas“ ab, sie transpiriert. Dies tut sie zunächst aus Eigennutz, aus reinem Überlebensinteresse. Die Pflanze kann nur in einem bestimmten Temperaturmilieu leben und muß sich daher vor Überhitzung schützen können. Sie schwitzt, wie wir Menschen, und nutzt die „Verdunstungskälte“ aus. Das ist die Wärme, die der Luft beim Verdunsten von Wasser entzogen und als latente Wärme im Wasserdampf zwischengespeichert wird, um irgendwann bei der Kondensation wieder freigesetzt zu werden. Durch dieses Schwitzen per Wasserdampfverdunstung entzieht die Pflanze nicht nur in ihrer unmittelbaren Umgebung der Luft Wärme, auch der feuchte Boden kühlt so seine Oberfläche. Die Verdunstung und die damit verbundene Kühlung sind überlebenswichtig für die Pflanze. Haben wir eine hochsommerliche Hitzeperiode und reicht die Bodenfeuchtigkeit nicht mehr aus, um hinreichend Wasser über die Wurzeln aufzusaugen und die enormen Transpirationsverluste über die Blätter auszugleichen, dann rettet sich die Pflanze nur dadurch vor dem Austrocknen, vor Überhitzung und schließlich dem Absterben, indem sie „welkt“, und das bedeutet schlicht, daß sie rechtzeitig die Spaltöffnungen oder Stomata, ihre Atmungsorgane an den Blättern, schließt und ihr Wachstum über die CO_2-Assimilation vorübergehend einstellt. Wir haben diesen Welkvorgang schon häufig registriert, ohne ihn exakt zu erklären. Wenn wir dann die Pflanze „gießen“ oder – korrekter – dem Boden genügend Feuchtigkeit zuführen oder mittels Beregnungsanlagen wässern, dann werden die

Blumen- wie Rübenblätter wieder „prall“ als Indiz dafür, daß die künstliche Rettungsaktion erfolgreich war. Dann öffnen sich auch wieder die Spaltöffnungen an den Blättern und die „chemische Fabrik“ kann weiter photosynthetisch „Biomasse“ produzieren.

Die Sonnenenergie wird also von den Pflanzen als chemische Energie zwischengespeichert, um dann im Menschen „verbrannt“ zu werden und für diesen die notwendige Wärme- und Bewegungsenergie, kurz Lebensenergie zu liefern. Sehr schön und prägnant ist dies an der Eingangspforte des Botanischen Gartens in Berlin ausgedrückt: „Hab’ Ehrfurcht vor der Pflanze, alles lebt durch sie!“

D. Das Grundmuster unseres Wettergeschehens

Wichtig ist zu behalten, daß man sich von einfachen idealisierten Modellen zu immer komplexeren Modellen vortasten muß, die einerseits einen ungeheuren Komplexitätsgrad erreichen, der normales menschliches Vorstellungsvermögen überschreitet, aber andererseits immer noch viel zu primitiv ist, um die natürlichen Vorgänge gänzlich zu verstehen. Dies ist auch die Ursache dafür, warum Wettervorhersagen in der Regel eine so kurze Dauer haben und ihnen meistens nur eine „statistische Genauigkeit“ innewohnen kann. Diese verbirgt sich hinter Ausdrücken wie „örtlich Schauer“ oder „strichweise Regen“ oder „zeitweilige Aufhellungen“.

Die Strömung der Luft kann wohlgeordnet ruhig oder laminar erfolgen aber auch ungeordnet oder böig-turbulent, was sich in der Unregelmäßigkeit der Windstöße äußert, in den abrupten Änderungen von Windrichtung und Windstärke. Entscheidend für das Entstehen von Strömung ist die Existenz eines „Feldes“, denn ein „Punkt“ erzeugt keine Bewegung. Das in der Meteorologie bekannteste „Feld“ ist das Luftdruckfeld. Würde überall der gleiche Luftdruck herrschen, gäbe es keine Luftdruckdifferenzen, dann wäre kein Druckausgleich notwendig und keine Luft müßte von Luftüberschuß- oder Hochdruckgebieten in Unterdruck- oder Tiefdruckgebiete fließen. Eine Luftdruckkarte gibt einen guten Überblick über das Stromlinienbild des Windes. Er weht natürlich umso stärker, je größer die Luftdruckunterschiede oder -gradienten sind, wie man an der Drängung der Isobaren um Sturmtiefs leicht erkennen kann.

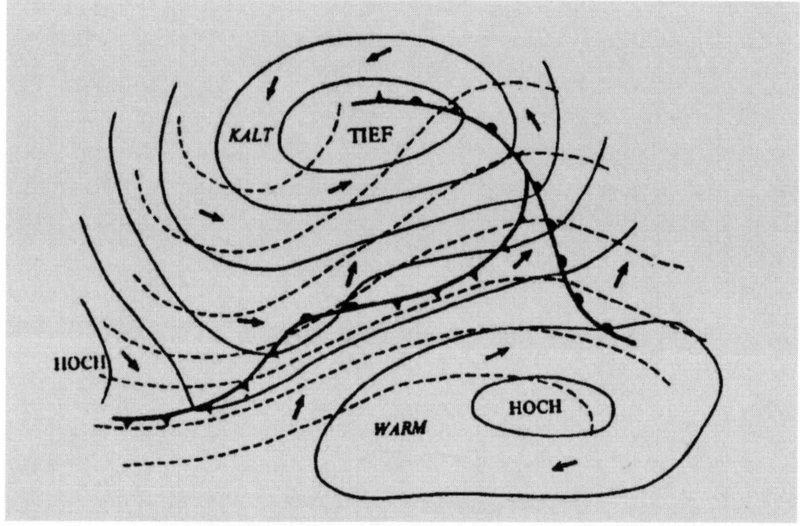

Abb. 13: Typisches, ostwärts ziehendes Tiefdrucksystem mit zugehörigen Fronten und Verbindung zur Strömung in einem Teil des Westwindgürtels (unterbrochene Linien). Die Pfeile geben die Bodenwinde für jeden Teil des Musters an. (Darstellungen für die Nordhemisphäre, umgekehrte Strömungsrichtung für die Südhemisphäre.).

Der Wind als fühlbarer Ausdruck einer in Strömung oder Bewegung befindlichen Luftmasse transportiert nicht nur unsichtbare Luftmoleküle, sondern schwere Masse. Wir wissen, daß die Masse der Luft einen Druck von 1 Kilogramm pro Quadratzentimeter erzeugt. Je nachdem, ob der Wind mit 1, 5, 10 oder 20 Meter pro Sekunde weht, erzeugt er einen ungeheuren Massendruck, der nicht nur eine ruhige Meeresoberfläche aufpeitschen und Wellen mit Höhen von 10 Metern und mehr entfachen kann, auch über Land kann ein Orkan Schneisen der Verwüstung hinterlassen. Entscheidend für die Intensität der Tief- und Hochdruckgebiete ist immer der aktuelle Luftdruck- und Temperaturunterschied in der Atmosphäre. Würde man ein Orkantief von seinem „Geburtsort" Neufundland über den Nordatlantik und Skandinavien bis zu seinem „Absterben" verfolgen und für diesen Lebenszyklus von etwa 7 Tagen eine mittlere Luftdruckverteilung des entsprechenden Raumes konstruieren, so würden wir überhaupt kein „Orkantief“ mehr erkennen. Wir sähen eine von Neufundland bis Finnnland reichende Tiefdruckrinne, flankiert von einer südlich davon verlaufenden Hochdruckzone. Nichts würde auf das Unheil und die Verwüstungen hindeuten, die der Orkan angerichtet hat.

Hieraus erkennen wir, daß eine mittlere Luftdruckverteilung nicht mehr die Realität abbildet. Der Realitätsverlust nimmt natürgemäß zu mit der Länge der Mittelungsdauer. Eine Monatsmittelkarte gibt noch Auskunft darüber, ob eine überwiegend atlantische Westwindströmung geherrscht hat oder eine kontinentale Ostwindströmung, was natürlich einen völlig anderen Witterungscharakter bewirkt. Entscheidend für das Wetter und seinen Ablauf ist in der Tat die Druckverteilung und damit die Windrichtung, die wiederum darüber bestimmt, aus welchen Gegenden mit welchen Temperaturen und welchem Feuchtigkeitsgehalt Luft zu uns geführt wird. Die meisten Wetterlagen in Mitteleuropa sind advektiv oder fremdbestimmt. Nur in relativ wenigen Fällen haben wir autochthones, an Ort und Stelle entstandenes Wetter wie bei Hochdruckwetterlagen mit Kern direkt über Deutschland, so daß sich reines wolkenloses „Strahlungswetter“ einstellen kann. An solchen Tagen haben wir tagsüber maximale Sonneneinstrahlung, aber nachts auch ebenso starke Ausstrahlung und Abkühlung des Bodens und damit der bodennahen Luft. Die großen Differenzen zwischen nachmittäglichem Temperaturmaximum und morgendlichem Temperaturminimum, man spricht von Temperaturamplituden, offenbart sehr anschaulich die Nichtexistenz eines wie auch immer begründeten Treibhauseffektes.

Aufgrund der „Konvektion“ tritt eine Übertragung der Wärme dadurch ein, daß größere zusammenhängende Luftpakete oder „Thermikblasen“, ihren ursprünglichen Ort verlassen und mitsamt Wärme in die Höhe verfrachten. „Konvektion“ ist daher nur bei Flüssigkeiten und Gasen wie der Luft möglich. In festen Körpern ist die Kohäsionskraft zwischen den Molekülen so groß, daß die Moleküle bei normaler Erwärmung zwar schneller in ihren „Gittern“ vibrieren und sich der Körper auch ausdehnt, aber keine „Konvektion“ stattfindet. Die Konvektion wie auch die Advektion verschieden temperierter Luftmassen sind die alles entscheidenden Ursachen für die Entstehung der allgemeinen Zirkulation in der Atmosphäre, die Entstehung von Tief- und Hochdruckgebieten, von Wirbelstürmen, Tornados – das Wetter insgesamt!

1. Die Hadley-Zirkulation

Auch wenn gelegentlich das Schalenkreuzanemometer oder „Windrädchen“ still steht und Windstille anzeigt, die Atmosphäre ist nie in Ruhe. Dies ist nicht nur Folge der bei jeder Temperatur feststellbaren statistisch ungeordneten thermischen Bewegung der Moleküle, sondern folgt auch aus der Tatasache, daß ständig auf der Erdkugel Temperatur- und Druckunterschiede herrschen, die sich auszugleichen suchen. Luft kann auch deswegen nie im Ruhezustand sein, weil die Rotation der Erde dafür sorgt, daß es eine erdumlaufende Licht- und Schattenseite, einen steten Wechsel zwischen Hell und Dunkel gibt. Fände die Rotation nicht statt, würde die sonnenzugewandte Seite so stark erhitzt und die sonnenabgewandte Seite so stark abgekühlt, daß auf beiden Seiten kein Leben möglich wäre. Der elektromagnetische Strahlungskegel der Sonne rast mit einer Geschwindigkeit von 1667 km/h oder fast 1,5 Mach um die Erde, um in 24 Stunden die gewaltige Strecke von etwa 40 000 Kilometer Umfang am Äquator zu bewältigen. Permanent werden neue Temperatur- und damit Dichte- und Druckunterschiede erzeugt, die ein Strömen von Luft verursachen. Die Strömung der Luft ist einerseits ein chaotischer Vorgang, andererseits aber auch ein durchaus geordnet strukturierter Vorgang, weil die Luftströmung immer und stets Defizite auszugleichen sucht. Es ist bildhaft gesprochen eine immerwährende Planierarbeit, eine Sisyphusarbeit, denn immer entstehen neue Luftdruckberge und Tiefdrucktäler. Der Grund ist, daß Gase wie die Luft absolut kein Vakuum zulassen, keine luftleeren Räume. So entstehen die Berg- und Talwinde, die Land- und Seewinde, die Passat- und Monsunwinde und die Luftzirkulationen zwischen den Tief- und Hochdruckgebieten.

Auch die großräumige allgemeine atmosphärische Zirkulation wird letzten Endes durch thermische Unterschiede angefacht. Würde die Erdkugel nicht rotieren und zeichnete man sie im Querschnitt als Scheibe, so würde am Äquator die vom Boden erhitzte Luft aufsteigen. Um am

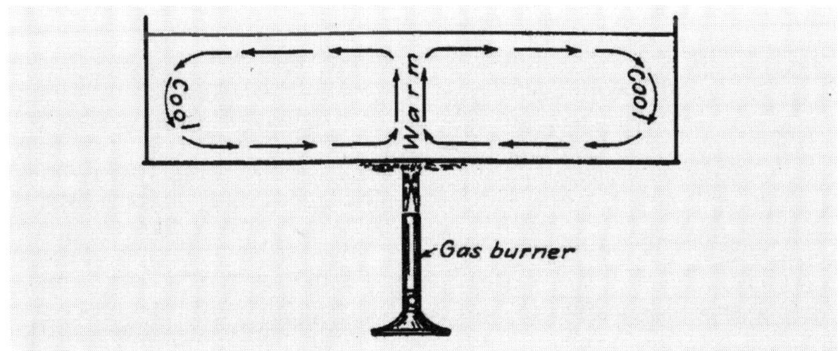

Abb. 14: Ein Bunsenbrenner zur Illustration eines Konvektionssystems [Trewartha, 1954], Dem aufsteigenden Warmluftstrom entspricht die innertropische Konvergenzzone; am Boden strömen in diese die Passatwinde.

Boden kein Vakuum entstehen zu lassen, würde von beiden Seiten Luft Richtung Äquator in Bewegung gesetzt, am Äquator würde ein Luftberg entstehen und damit ein Hochdruckgebiet. Doch stattdessen beobachten wir dort niedrigen Luftdruck, die äquatoriale Tiefdruckrinne. Sie rührt daher, daß die Luft über dem Äquator mit derartiger Heftigkeit, es sind Gewittertürme bis über 25 Kilometer Höhe beobachtet worden, aufsteigt, so daß der „oben" erfolgende Luftabfluß nicht durch den bodennahen Luftzufluß über die Passatwinde ausgeglichen werden kann. Im Idealfall einer homogenen Oberfläche würde die am Äquator aufsteigende Luft Richtung Pole wandern und dort wieder absinken, um den Verlust der Richtung Äquator strömenden Luft auszugleichen. Dieses simple Zirkulationsschema, das überhaupt die Ursachen der Entstehung von Zirkulation physikalisch korrekt aber idealtypisch erklären will, nennt man Hadley-Zirkulation.

2. Die kraftlose aber wirkmächtige Coriolis-Kraft

Die Hadley-Zirkulation ist wie so vieles, was menschlichem Modell-Denken entspringt, eine Ideal-Zirkulation, um hinter die Geheimnisse der Natur zu kommen und gewisse Grundphänomene zu erklären. Die Hadley-Zirkulation ist auch recht gut ausgeprägt zwischen Tropen und Subtropen, zwischen der äquatorialen Tiefdruckrinne und den subtropischen Hochdruckgürteln. Daß aber dieses Idealschema global versagt, verdanken wir einer „unsichtbaren Kraft“, der Corioliskraft oder ablenkenden Kraft der Erdrotation. Diese hatten wir bei der ersten Betrachtung in unseren Gedanken vernachlässigt. Bei weiterer Erklärungen der tatsächlich ablaufenden Zirkulation, ist dies jedoch unzulässig. Auf der rotierenden Erde bewegen sich die beiden Punkte, die als Nord- und Südpol die Rotationsachse symbolisieren, nicht. Sie stehen still! Je weiter man sich jedoch von den ruhenden Polen auf der runden Erdkugel Richtung Äquator fortbewegt, umso schneller ist die Bewegung dieses Ortes. In 60 Grad nördlicher oder südlicher Breite ist die Drehgeschwindigkeit schon auf 835 Kilometer pro Stunde angestiegen. In 30 Grad Breite sind es mit 1441 Kilometer pro Stunde schon mehr als die „Schallgeschwindigkeit“, bis am Äquator 1667 km/h erreicht werden. Zum Glück nimmt die Atmosphäre an der Erdrotation teil, denn sonst würden am Erdboden gigantische Windgeschwindigkeiten herrschen mit einem lebensvernichtenden Zerstörungspotential.

Doch auch diese Aussage muß noch erweitert werden, denn damit die Corioliskraft wirklich wirken kann, muß noch eine andere Bewegung hinzukommen. Wir alle kennen aus der Physik das eherne Trägheitsgesetz. Da Luft aus Molekülen besteht, also eine Masse mit entsprechendem Druck und Gewicht darstellt, unterliegt auch sie den Massengesetzen und damit dem Trägheitsgesetz. Wenn sich also Luft von Nord nach Süd oder umgekehrt, von Süd nach Nord bewegt, dann ist sie ausgestattet mit einem speziellen Bewegungs- oder Drehimpuls und damit mit Trägheit. So bekommt also ein Luftpaket, das vom Äquator aus nach Norden wandert, sozusagen als „Mitgift“ einen Impuls von höherer Luftgeschwingdigkeit als die unter ihm rotierende Erde aufweist. Da im Gegensatz zum allgemeinen Sprachgebrauch, der die Sonne im Osten aufgehen läßt, die Erde von West nach Ost rotiert, dreht das träge schnelle Luftpaket aus der ursprünglichen Nord- über die Nordostrichtung schließlich in die Ostrichtung ab. Seine Strömungsrichtung wird breitenkreisparallel und häuft Luft an, weil in der Höhe schneller Luft zuströmen als absinken und am Boden südwärts Richtung Äquator oder nordwärts Richtung Westwindzone aufgrund der Bremswirkung der Bodenrauhigkeit abfließen kann. So entsteht der Ring subtropischer Hochdruckgürtel. Dieser ist natürlich nicht „geschlossen“, weil als weiterer natürlicher Komplikationsfaktor die ungleiche Verteilung von Ozeanen und Kontinenten hinzukommt. Umgekehrt kann ein vom Nord- oder Südpol Richtung Äquator reisendes Luftpaket, der sich unter ihm immer schneller drehenden Erdoberfläche, träge wie es ist, nicht so rasch folgen und wird deshalb auf der Nordhemisphäre aus der ursprünglichen Süd- über die Südwest- in die Westrichtung umgelenkt. Auf der Südhemisphäre ist es umgekehrt. Zwischen der polaren Ostwindzone, die Begrenzung nennt man „Polarfront“, und der subtropischen Hochdruckzone, stellt sich die „Westwindzone“ ein, in der wir Mitteleuropäer leben. Sie ist die eigentliche planetare Kampfzone des Wettergeschehens und sorgt ebenso für Abwechslung wie Überraschungen, damit uns der Gesprächsstoff Wetter nie ausgeht.

3. Die idealtypische Allwetter-Westwindzone

Die „Westwindzone“ ist die eigentliche „Kampfzone“ des Wetters. Hier werden permanent warme und kalte Luftmassen gegeneinander geführt

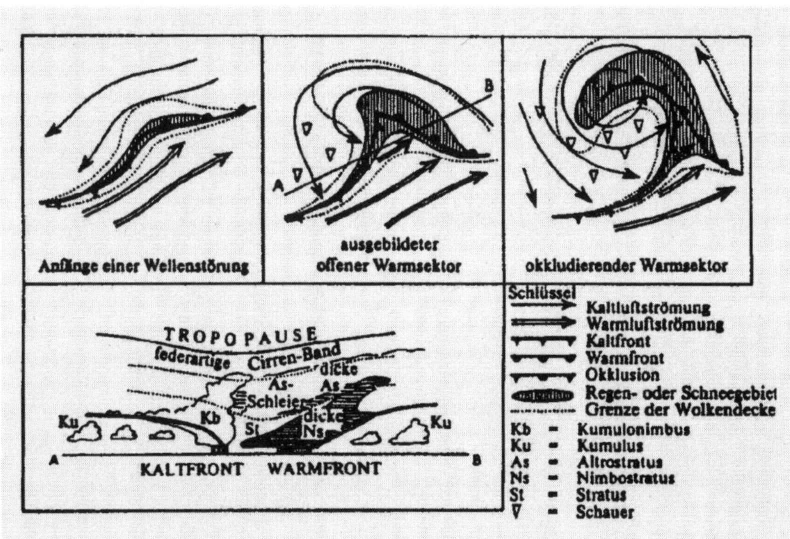

Abb. 15: Drei Existenzstadien einer typischen Zyklone mit den zugehörigen Fronten und einem Längsschnitt durch die Wolkenentwicklung entlang der Linie AB, die die Warmluftstruktur über den Fronten zeigt (dargestellt für die Nordhalbkugel).

und verwirbeln in Tiefdruckgebieten, wobei solange potentielle Energie in kinetische Energie umgesetzt wird, bis die ursprünglichen Temperaturgegensätze soweit ausgeglichen sind, daß das Tief „absterben“ kann. Physikalisch gesprochen ist das dann der Fall, wenn keine Wärmeenergie mehr in Bewegungsenergie umgewandelt werden kann. Dies erklärt auch den Befund, daß die Tiefdrucktätigkeit umso heftiger und intensiver ist, je größer die Temperaturgegensätze beidseits der Westwindzone oder zwischen Äquator und Pol sind.

Sturm- und Orkantiefs treten daher praktisch nur im Winter sowie den Übergangsjahreszeiten – Herbst und Frühling – auf. Im Sommer, wenn die Sonne am nördlichen Wendekreis in 23,5 Grad nördlicher Breite steht, erhält die Nordpolarregion bei 24stündiger Tageslänge mehr elektromagnetische Strahlung als der Äquator mit nur 12 Stunden Taglänge, mit der Folge, daß der Süd-Nord-Temperaturgradient schwächer wird. Die Tiefdrucktätigkeit verlagert sich dann in höhere Breiten und schwächt sich generell ab.

Dieses Wettergeschehen läuft ohne jegliches menschliches Zutun ab. Auch wenn er es wollte, er könnte es nicht beeinflussen, da ihm hierfür die energetischen Mittel fehlen. Der Mensch beeinflußt nicht das Wetter, im Gegenteil, das Wetter spielt mit ihm „Katz und Maus“. Man kann daher auch das „Globalklima“ weder „schützen“ noch sonstwie beeinflussen und schon gar nicht „konstant halten“, wenn man tagtäglich ohnmächtig zusehen muß, daß die Anfangsgröße Wetter macht, was sie will und vom Menschen partout nicht steuerbar ist.

IV. Vom dynamischen Wetter zum statischen Klima

Der Begriff Wetter stammt aus dem Indogermanischen und bedeutet soviel wie Bewegung. Wetter ist also Luft, die in Bewegung ist. Da wir bewegte Luft als Wind empfinden, kann man auch sagen: Wetter ist Wind! Die Frage nach der Entstehung der Winde, ob hierfür ursächlich Temperatur- oder Druckunterschiede verantwortlich sind, ist ein Problem der theoretischen Meteorologie und so wenig entschieden wie die Frage, wer eher da war, das Huhn oder das Ei. Wir begnügen uns hier mit der Feststellung, daß Unterschiede des Luftdruckes aufgrund von Wärmeunterschieden, wiederum hervorgerufen durch verschiedene Strahlungsbedingungen, Bewegungen der Luft hervorrufen.

Dennoch wissen wir alle, daß Wetter noch außerordentlich viel mehr ist. Das Wort Wetter umfaßt ein derart breites Spektrum an Empfindungen, daß es fast unmöglich erscheint, selbst das augenblickliche Wetter zu beschreiben und zu charakterisieren. Jeder Mensch unterliegt zunächst der Einwirkung einzelner meteorologischer Faktoren. Mit den Augen sieht er die wechselnden Farben des Himmels, die diversen Wolkenformationen, den Nebel und Regen, die elektrischen Entladungen oder Blitze. Das Ohr berichtet ihm vom Donner, vom Rauschen der Blätter wie vom Tosen des Sturmes. Die Haut signalisiert ihm den wechselnden Wärmegehalt der Luft, aber auch den Gehalt an Feuchtigkeit. Die Nacht raubt ihm die optischen Eindrücke, doch das Wetter geht weiter!

Das Klima heißt Neigung, welche die Klimapolitik ins horizontale „Gleichgewicht" zu bringen sich vorgenommen hat. Zeichnete man das Leben zwischen Geburt und Tod als Linie nach, dann würde sie ansteigen bis zu einem Punkt, den man als Scheitelpunkt, als Klimakterium, ansehen kann, um dann wieder abzufallen, bis zum Tod. Zwischen werde und stirb gibt es ein Auf und Ab, aber keinen Zustand des Gleichgewichts, denn dies wäre gleichbedeutend mit dem „frühen" Tod!

Doch ist es nicht verwirrend, daß wir das, was wir uns Sterbliche mitten im Leben nie wünschen, das „Gleichgewicht", nun als klimatischen Idealzustand anstreben? Ja, er ist schillernd und schwer zu fassen, der Begriff Klima, zumal wenn man ihn aus seinem hippokratischen Kontext herausreißt. In dieser Urbedeutung hat das „Klima" Eingang in unser Seelenleben gefunden, über ihn drücken wir unverhohlen unsere Neigungen aus. Wenn wir vom Arbeitsklima, vom Arbeitsmarktklima, vom Börsenklima, vom Konjunktur- und Wirtschaftsklima, vom politischen und sozialen Klima, vom Eheklima undsoweiter sprechen. Immer spielt bei der Wertung dieser Dinge in ganz hohem Maße unsere subjektive Neigungsmeinung eine zentrale Rolle. Niemand denkt dabei an das Klima als abhängige Funktion des statistisch gemittelten Wetters.

Die Griechen hätten mit dem Begriff Klima im heutigen Sinne als langjähriges Mittel einzelner Wetterelemente an einem bestimmten Ort auch gar nichts anfangen können, gab es doch noch keinerlei Meßinstrumente – keine Anemometer oder Windmesser, keine Barometer oder Druckmesser, keine Hygrometer oder Feuchtemesser, keine Thermometer oder Temperaturmesser. Eine Verbindung zum Wetter ließe sich konstruieren durch den Bogen vom griechischen Wort „Klima" zum lateinischen Ausdruck „Inklination", der auch Neigung bedeutet.

Es ist schon verwirrend! Nach der griechisch-lateinischen Bedeutung bestimmt das Klima das Wettergeschehen, und zwar über die Neigung der Erdachse um 23,5° und den Wechsel der Jahreszeiten. Wenn im Winter der Nordhalbkugel nördlich des 70. Breitengrades Polarnacht ohne jeglichen Energieinput herrscht, bilden sich besonders große Temperaturgegensätze zum Äquator aus. Damit gekoppelt sind auch größere Druckgegensätze in den mittleren Breiten. Diese bewirken nicht nur eine regere Tiefdrucktätigkeit, die Tiefdruckgebiete selbst sind auch intensiver, die Druckgradienten stärker und folglich die Winde heftiger. Orkantiefs sind daher vornehmlich eine Sache des Winterhalbjahres. Über den Energieinput bestimmt das Klima als Neigung das Wetter.

Doch das „Klima" verkommt zu einem schwer interpretierbaren „Kunstprodukt", wenn man es wie die WMO als „mittleres Wettergeschehen" über eine bestimmte Zeitspanne definiert. Dann ist das Klima nicht mehr die steuernde Größe sondern ein variables Folgeprodukt. Wenn man dieses dann noch seiner Ortsgebundenheit beraubt und in einen überregionalen, kontinentalen oder gar globalen „meltingpot" schmeißt und bis zur Unkenntlichkeit „zermittelt", dann verliert die Bezeichnung „Klima" jeden Sinn. Sinnlos ist der Begriff „Globalklima", verunanschaulicht durch den Begriff „Globaltemperatur“! Doch damit sind wir wieder beim schwarzen Hohlraum. Im Gegensatz zur „schwarzen“ Hohlraumerde haben wir eine „kunterbunte“ riesengroße Erdkugel mit 510 Millionen km^2 Oberfläche und einer Mannigfaltigkeit wie Diversität an Wetterzonen vor uns, die zu beschreiben und klimatisch zu klassifizieren sich die klassische Klimatologie sehr viel Mühe gegeben hat. Es gibt nach genereller Klassifizierung auf der Erdkugel Arktisches Klima, Subtropisches Klima, Tropisches Klima, Wüstenklima, Monsunklima etc. Wir leben in der Westwindzone, in der die Westwinde nicht einmal dominant sind und in der wiederum völlig verschiedene „Klimate“ auftreten. Es macht einen gewaltigen Unterschied, ob man sich auf dem 50. Breitengrad an der Südküste der Britischen Inseln oder an der Südküste der Halbinsel Kamptschatka aufhält. Das „solare Klima“ ist an beiden Orten identisch, doch das „reale Klima“ einmal mehr ozeanisch und ein anderes Mal mehr kontinental.

A. Zahlensalat: Was besagt ein Klimawert?

Viel Scharfsinn wurde darauf verwandt, das Wetter in einer Zahl zu erfassen, doch dieses Unterfangen erwies sich als unmöglich! Man schlage einmal ein Meteorologisches Jahrbuch auf, in dem die gemessenen Wetterelemente exakt niedergelegt sind, und versuche nur einmal, sich von dem vergangenen Wetter eines normalen Tages ein genaues Bild zu machen, es in seinem tatsächlich gewesenen Ablauf zu beschreiben. Auch dies ist unmöglich. Am besten gelingt dieses Unterfangen noch, wenn es sich um einen völlig wolkenlosen Sommer- oder Wintertag gehandelt hat.

Es gibt also keine Maßeinheit für das Wetter, obgleich wir gelernt haben, fast alle seine Bestandteile physikalisch exakt messen zu können. Wenn schon das Wetter selbst anhand der Aufzeichnungen nicht mehr konkret rekonstruierbar, geschweige in einer Zahl faßbar ist, dann gilt dies in noch höherem Maße für das Klima. Um dieses einigermaßen zu beschreiben, bedarf es einer noch weitaus höheren Abstraktionsebene.

Das Klima kann man nicht einmal direkt messen, wie man beispielsweise die Temperatur oder die Windgeschwindigkeit mißt. Das Klima ist eine abgeleitete Größe, ein Mittelungswert, der wiederum von vorgegebenen Konventionen abhängig ist. Der kleinste Baustein für einen Klimawert ist die Tagesmitteltemperatur. Schon diese ist keine erfahrbare, meßbare Größe mehr. Wenn man im Dreiländereck Deutschland, Frankreich, Schweiz eine Wetterhütte aufstellt, mit einem Thermohygrographen versieht und nach Ablauf eines Tages nach deutscher, französischer und schweizerischer Konvention die Tagesmitteltemperatur ausrechnen läßt, so erhält man drei verschiedene Werte, von denen jeder für sich eine „Klimaverwerfung" signalisiert, ganz nach dem individuellen Geschmack.

In Deutschland berechnet man die Tagesmitteltemperatur, indem man den Wert von 7 Uhr, von 14 Uhr und den doppelten von 21 Uhr addiert und die Gesamtsumme durch 4 dividiert. In Frankreich ergibt sich die Tagesmitteltemperatur aus der Addition der Minimum- und Maximumtemperatur, geteilt durch 2. In der Schweiz liest man die Werte um 7 Uhr, um 13 Uhr und um 19 Uhr ab, nimmt den letzten Wert doppelt und teilt die Summe wieder durch 4. Ein und derselbe Tagesgang ergibt drei verschiedene Klimawerte. Diese Unterschiede pflanzen sich fort in den Monatsmitteltemperaturen, in den Jahresmitteltemperaturen und so weiter.

Ein Klimawert ist ein rein statistischer Mittelwert, der sich mit zunehmender Mittelungsdauer immer mehr von der Wirklichkeit entfernt und an Aussagekraft verliert. Eine über eine „Klimanormalperiode" von 30 Jahren gemittelte Temperatur sagt nichts mehr aus über das abwechslungsreiche Wettergeschehen, das ihm während dieser Zeitspanne zugrunde gelegen hat. Das führt zu der zweiten wichtigen Erkenntnis: Ein Klimawert ist nicht nur ein künstlich-unnatürlicher Wert, er ist stets und immer ein die Vergangenheit wiedergebender Wert. Ein Klimawert ist eine leblose, tote Zahl, die weder eigenes Leben noch irgendeine Dynamik in sich trägt. Das Klima ist eine Funktion des Wetters, es ist eine abhängig-statische Größe und keine steuernd-dynamische Größe.

Wer über das Klima spricht, muß stets offen bekennen, daß es sich um eine rein rechnerische Hilfsgröße handelt und auf keinen Fall um einen physikalischen Wert, den man nach Aussage von Prof. Dr. Christian-D. Schönwiese, wie im Falle der „Globaltemperatur", „tatsächlich gemessen" hat. Solch ein „Globalwert" ist ein rein ideologischer, ja

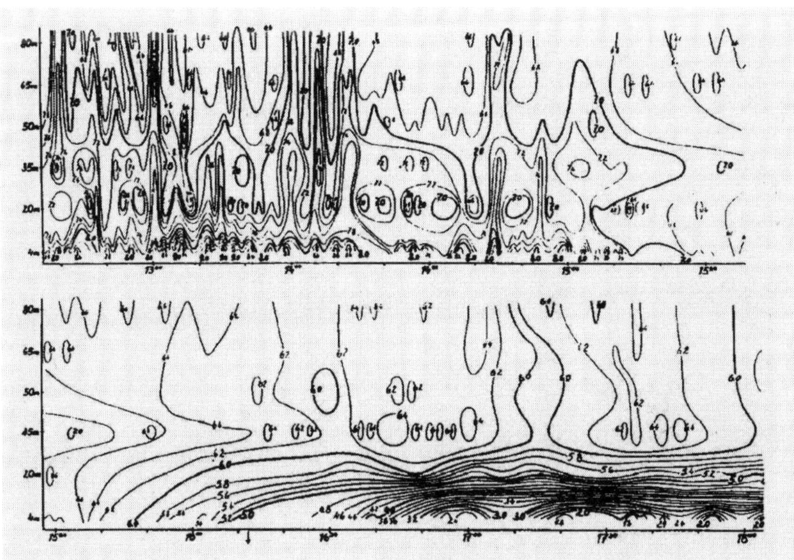

Abb. 16: Isoplethendarstellung nach Augenblickswerten der Temperatur in °C für Höhen zwischen 4 und 80 m, Übergang vom Einstrahlungstyp zum Ausstrahlungstyp nach Fritzsche und Stange, Leipzig, 13. Nov. 1934 [n. Lettau, 1939]. Sehr gut zu erkennen ist die nachmittägliche bodennahe Inversionentstehung.

idiotischer Wert, weil physikalisch unsinnig! Aber auch schon ein normaler „Klimawert" ist völlig uninterpretierbar und unvergleichbar, wenn ihm nicht Zusatzinformationen beigegeben werden wie die maximale und mittlere Schwankungsbreite. Er bewegt sich sozusagen in einem Korridor, dessen statistische Breite von Ort zu Ort und von Region zu Region auf der Erde verschieden ist. Wer all dies verheimlicht und vom Klima als einer aktiv agierenden, meßbaren und auch beeinflußbaren Größe spricht, der handelt wissenschaftlich unredlich, der betreibt nichts als „Klimapolitik".

B. Einheitsbrei: Was besagt eine Durchschnittstemperatur?

Stellen Sie sich vor, sie stehen unter einer Dusche, bei der die Mischbatterie nicht funktioniert. Dann können Sie sich entweder mit einem kalten Kneippguß abhärten oder Sie können ebenso mutig versuchen, mit 60 °C warmem Wasser ein Duschbad zu nehmen. Beides wird wohl kein reines Vergnügen werden, obwohl doch die durchschnittliche Wassertemperatur, funktionierte der Mischer, bei angenehmen 36 °C liegen könnte. Genau dieselbe Aussagekraft mißt ein Eskimo oder ein Pygmäe der sogenannten globalen Jahresmitteltemperatur der Erde zu, die angeblich 15 °C beträgt und „exakt gemessen" wurde. Diese Zahl sagt absolut nichts aus über diversen Klimate auf der Erde, – in Alaska, Amazonien, Australien, Indien, Sibirien, die Sahara, den Südpol oder Europa, das als winziger Erdteil dennoch einen Raum umspannt von Portugal bis Finnland und von Irland bis Griechenland. Doch was stört das den, der auf die „eine Welt" mit dem „einen Klima" ideologisch fixiert ist und sich berufen fühlt, „Klimapolitik" zu betreiben?

Die „Globaltemperatur" ist eine völlig fiktiv-hypothetische Größe ohne naturalen Aussagewert. Die Aussage, die „Globaltemperatur" der Erde beträgt +15 °C, hat denselben Informationswert wie die Aussage, die durchschnittliche Höhe der Kontinente liegt bei 800 Metern über dem Meeresspiegel. Diese „Globalhöhe" bezieht sich erstens wie die „Globaltemperatur" auch nur auf die Kontinente und zweitens ist sie wesentlich „exakter" als die Temperatur ermittelt worden, weil sie nicht aufgrund von 1400 Stationshöhenwerten gemittelt wurde, sondern sicherlich planimetrisch gewichtet wurde. Dennoch sagt der „Globalwert" nichts aus über die tatsächlichen Verhältnisse. Beispielsweise liegt innerhalb des 80. Breitenkreises die mittlere Höhe der Antarktis bei etwa 2300 Meter, zwischen dem 70. und 80. Breitenkreis bei 1400 Meter. Dies eine Beispiel möge genügen, um deutlich werden zu lassen, daß obige „Globalwerte" bestenfalls für die jeweilige Isotherme oder Isohypse gelten und sonst nirgends.

Doch der Mensch hatte sich einmal zum Ziel gesetzt, wenn schon nicht in das unbändige Wetter, so doch in das von ihm rechnerisch erzeugte und damit seiner „Macht" unterworfene „Klima" Konstanz, Ruhe und Berechenbarkeit zu bringen. Im Jahre 1935 versammelten sich die in der 1873 gegründeten Internationalen Meteorologischen Organisation organisierten Staaten und beschlossen demokratisch einvernehmlich, die 30jährige Periode 1901 bis 1930 zur „Klimanormalperiode" zu deklarieren. Sie glaubten fest daran, damit Konstanz in das „Klima" gebracht zu haben und übersahen dabei, daß selbst ein statistischer Mittelwert von 30 Jahren nie „konstant" sein kann, wenn der fluktuierende Anfangswert, das Wetter, erstens nicht konstant ist und sich zweitens menschlicher Einflußnahme und Normgebung entzieht.

Der idealistische Glaube an die „Klimakonstanz" wurde erschüttert, als man daran ging, die zweite „Klimanormalperiode" von 1931 bis 1960 statistisch aufzubereiten. Doch immer noch nicht wurde als einzig logischer Schritt der „Glaube" nun als „Irrglaube" verworfen, nein, man begann wieder zu spekulieren, ob es nicht einen „Störfaktor" geben könnte, der die Idealvorstellung vom „Wetter- und Klimagleichgewicht" torpediert haben könnte. Bei dieser Suche nach möglichen Störfaktoren grub man auch die alte „Eiszeithypothese" des Svante Arrhenius (1859-1927) aus dem Jahre 1896 aus, die es nie zu wissenschaftlicher Reputation gebracht hatte. Arrhenius hatte seiner Klima-Modell-Erde einfach eine „Weltmitteltemperatur" von +15 °C verpaßt, ohne jegliche Begründung.

Ende des Jahres 1995 machte die Universität East Anglia in Großbritannien mit der Meldung Schlagzeilen, daß nach ihren Berechnungen das Jahr 1995 mit einer „Globaltemperatur" von +14,84 °Celsius das wärmste Jahr seit etwa 150 Jahren gewesen sei. Dies wurde noch unterstrichen mit dem Hinweis, daß 1995 das Mittel der 3. „Klimanormalperiode" dieses Jahrhunderts 1961 bis 1990 von +14,44 °C um ganze 0,4 Grad überschritten worden sei. Die intuitive Reaktion dürfte die natürliche Frage sein: Ist es seit 1896 nicht doch kälter geworden, auf dem „Globus"?

Wie Sie inzwischen wissen, berücksichtigt die heutige Weltorganisation für Meteorologie (WMO) in Genf nur die Wetterdaten von 1400 Meßstationen der ungleichmäßig über den Kontinenten verstreut liegenden etwa 10 000 Beobachtungsstationen. Aus diesen wird dann die „Globaltemperatur" als angebliche „Oberflächentemperatur" errechnet. Und diese sei, so errechnete die WMO für 1994, im Vergleich zum Mittelwert, der offiziell nicht existenten „Klimanormalperiode" 1951 bis 1980 um +0,31 °C zu hoch ausgefallen, wobei eine unglaublich exakte, die normale Meßgenauigkeit von etwa 0,3°C übersteigende „Meßungenauigkeit“ von +/- 0,03 °C zugestanden, aber dann kein Bezugswert genannt wird, von dem aus die Abweichung hergeleitet wird. Man kann also den „Klimagleichgewichtsstrich“ nach Belieben und jedes Jahr „neu“ ziehen, je nach den Wünschen der „Klimapolitik“. Die wissenschaftliche Exaktkeit vortäuschende Genauigkeit bis auf 1 hundertstel Grad soll keinem anderen Zweck dienen, als der Öffentlichkeit „Sand in die Augen zu streuen“, damit sie offensichtlich „blind“ alles glauben soll, was ihr vorgesetzt wird und tunlichst von der Tatsache abgelenkt wird, daß an der „Klimafront“ ganz gewaltig geschummelt und gelogen wird.

Was ist nun an diesen „Messungen“ zu beanstanden?

Da wäre zunächst die Tatsache zu nennen, daß man eine Temperatur, die in 2 Metern Höhe in einer „Englischen Hütte“ gemessen wurde, niemals als Bodentemperatur ausgegeben werden kann und darf. Das ist genauso unsinnig, als wenn man in einem Raum die Zimmertemperatur mißt und diese dann als die Temperatur des Heizkörpers ausgibt, oder umgekehrt.

Außerdem bleiben 71 Prozent der Erdoberfläche bei dieser „Messung“ unberücksichtigt, weil auf dem Meer keine festen Meßstationen existieren. Die wenigen ortsfesten Wetterschiffe auf dem Atlantik hat man vor Jahren „eingespart“, zugunsten der Wettersatelliten und dabei vergessen, daß Satelliten zwar vieles messen können, doch keinen Luftdruck, keine Luftfeuchtigkeit, keinen Wind und das schon gar nicht in bestimmten Isobarenflächen. Die gelegentlich und diskontinuierlich eingehenden Wettermeldungen fahrender Handelsschiffe können nicht als Ersatz dienen, sondern eher als manipulative lückenfüllende Spielgröße. Wissenschaft jedoch, die meint, auf diesen fundamentalen Defiziten ein in sich konsistentes Theoriegebäude aufbauen zu können, wird zur Pseudowissenschaft ohne jegliches tragfähiges naturwissenschaftliches Fundament. Sie ist auf „Glauben“ angewiesen und degeneriert zur Ideologie. Weiterhin wird die „wissenschaftliche“ Glaubwürdigkeit einer „Globaltemperatur“ natürlich auch noch dadurch „erhöht“, daß man sie bereits vor Ablauf des Meßjahres sozusagen als Silvesterscherz der staunenden Öffentlichkeit präsentiert, genau so wie im Oktober 1997 schon offiziell bekanntgegeben wurde, daß die Neuverschuldung des Bundes am 31. Dezember 1997 in Deutschland exakt 3,0 Prozent vom Sozialprodukt betragen werde.

Als die Enquete-Kommission „Vorsorge zum Schutz der Erdatmosphäre“ am 2. November 1988 ihren 1. Zwischenbericht vorlegte, erfuhren „Politik und Öffentlichkeit“, daß die „Globaltemperatur“ + 15 °C betrage und im Laufe der letzten 100 Jahre bereits um bedrohliche +0,7 °C angestiegen sei. In dem 1. Zwischenbericht der folgenden Enquete-Kommission „Schutz der Erdatmosphäre“ vom 31. März 1992 war die „Globaltemperatur“ schon auf +15,5 °C angehoben worden, um „besser“ die Notwendigkeit der Verabschiedung der „Klimarahmenkonvention“ bei der UN-Konferenz Umwelt und Entwicklung, die am „Umwelttag“ am 6. Juni 1992 in Rio de Janeiro begann, „begründen“ zu können. Flankierend wurde publizistisch jede sommerliche Wärmeperiode zum „Beweis“ der „Treibhaushypothese“ hochstilisiert. Das Wetter spielte in dem Jahr zufällig sogar mit! Erinnert sei an die Aussage des amerikanischen „Klimaforschers“ James Hansen, der mit dem Brustton der Überzeugung vor dem amerikanischen Senat die Politiker davon zu „überzeugen“ wußte, daß die Trockenheit des Sommers 1988 im Konfluenzgebiet von Mississippi und Missouri „mit 99prozentiger Wahrscheinlichkeit“ durch den „Treibhauseffekt“ verursacht sei. Die politische Wirkung war verheerend! Der damalige Vorsitzende des Senatsausschusses Al Gore interpretierte den heißen Sommer 1988 als „die Kristallnacht des Erwärmungsholocausts“.

Diese vorsätzliche Falschaussage eines Wissenschaftlers mit der Absicht, die Politik irre zu leiten, ist kaum mehr ertragbar und erfüllt streng genommen schon den Tatbestand der „Verletzung der Menschenwürde“, wenn man dazu auch die Zufügung geistigen Schmerzes zählt und die volkswirtschaftlichen Schäden einmal unberücksichtigt läßt. Sie ist eineindeutig Indiz dafür, daß die „Klimaforschung“ den Boden wissenschaftlicher Objektivität und das Bemühen nach physikalisch abgesicherter Erkenntnis total aufgegeben und sich ganz dem Dienst der „Klimapolitik“ untergeordnet hat. Es ist erklärungsbedürftig, warum krampfhaft an dem „Fingerprintnachweis“, daß der Mensch zu 95 Prozent die „treibhausgasinduzierte Klimaänderung“ verursacht habe, festgehalten wird, aber gleichzeitig dennoch gefordert wird, „um das

Klimaänderungssignal nachzuweisen", bloß nicht den Geldhahn zuzudrehen: „Dieses erfordert einen massiven Ausbau der Rechnerkapazität, eine Verbesserung der Modelle und globale kontinuierliche Meßkampagnen."

Hunderte von Millionen, ja mehrere Milliarden Deutsche Mark und harte US-Dollar sind bereits in die „Klimaforschung" fehlinvestiert worden, doch der Ruf nach Geld verstummt nicht. Schlimmer noch, ihm wird trotz ärgster Finanznot an den Hochschulen zur Aufrechterhaltung des Lehrbetriebes ob des geschickt inszenierten gesellschaftspolitischen Druckes immer noch nachgegeben, trotz riesigen Haushaltsdefizites und immenser Staatsverschuldung. Schielt man letztlich politischerseits auf eine neue, munter sprudelnde, alle Ausgaben kompensierende und mit maximaler Rendite ausgestattete „Ökosteuer" oder „Klimaschutzsteuer"?

C. Expertenmeinung: Was Humboldt dazu gesagt hätte

In Anlehnung an den griechisch-römischen Bedeutungsinhalt von „Neigung" definierte Alexander von Humboldt, gleichzeitig als „Vater der Geographie" und auch „Vater der Klimatologie" bezeichnet, den Begriff Klima wie folgt. Seine Letztfassung aus dem Jahre 1832 lautet:

„Der Ausdruck Klima bezeichnet in seinem allgemeinsten Sinne alle Veränderungen in der Atmosphäre, die unsere Organe merklich affizieren: die Temperatur, die Feuchtigkeit, die Veränderungen des barometrischen Druckes, den ruhigen Luftzustand oder die Wirkungen ungleichmäßiger Winde, die Größe der elektrischen Spannung, die Reinheit der Atmosphäre oder ihre Vermengung mit mehr oder minder gasförmigen Exhalationen, endlich den Grad habitueller (= gewohnheitsmäßiger) Durchsichtigkeit und Heiterkeit des Himmels, der nicht bloß wichtig ist für die vermehrte Wärmestrahlung des Bodens, die organische Entwicklung der Gewächse und die Reifung der Früchte, sondern auch für die Gefühle und ganze Seelenstimmung des Menschen."

Aber auch die Humboldtsche Definition ist mit dem neuzeitlichen von der Weltorganisation für Meteorologie geprägten und im Gesetz des Deutschen Wetterdienstes verankerten Klimabegriff keineswegs mehr kompatibel. Wie die Variationsbreite bei der Berechnung der Tagesmitteltemperatur als kleinstem Baustein eines 30jährigen „Klimanormalwertes" demonstriert hat, werden unsere Sinne nicht durch die errechnete Tagesmitteltemperatur von 20 °C affiziert (= gereizt), sondern durch die morgendliche Kühle von 10 °C und die mittägliche Hitze von 30 °C. Nach den Ist-Temperaturen wählen wir unsere Kleidung aus und nicht nach der nachträglich errechneten Mitteltemperatur! Ein Tagesniederschlag von 12 Millimeter kann in 24 Stunden, in 12 Stunden oder aber auch als heftiger Schauer in 30 Minuten niedergegangen sein. Jedes Ereignis affiziert unsere Sinne in ganz anderem Ausmaß. Wenn überhaupt, dann ist der Humboldtsche Klimabegriff nur mit dem heutigen Begriff „Wetter" vereinbar und deckungsgleich. Doch weiter mit Alexander von Humboldt:

> *„Diesem Ideengange folgend, werden wir beweisen, daß die Methode der mittleren Werte nicht ausreicht, um zu erkennen, was ausschließlich der Sonne, insofern ihre Strahlen einen einzelnen Punkt der Erdoberfläche erleuchten, und was zugleich der Sonne und dem Einfluß fremdartiger Ursachen angehöre. Zu diesen Ursachen rechnen wir: das durch die Winde hervorgebrachte Gemisch der Temperaturen verschiedener Breiten; die Nachbarschaft der Meere, die ungeheure Behälter einer wenig veränderlichen Wärme sind; die Neigung, chemische Beschaffenheit, Farbe, Strahlung und Ausdünstung des Bodens; die Richtung der Gebirgsketten, die das Spiel der niedersteigenden Luftströme begünstigen oder Schutz gegen erkältende Winde gewähren; die Gestalt der Länder, ihre Masse und Horizontal-Ausdehnung gegen die Pole hin; die Schneemenge, die sie während des Winters bedeckt; ihre Temperatur-Zunahme und Reverberation (Rückstrahlung) in der Sommerzeit; endlich jene Eismassen, die gleichsam polumgebende Festländer bilden, wandelbar in ihrer Ausdehnung, deren abgesonderte Teile, von den Meeresströmungen fortg*erissen, auf das *Klima der gemäßigten Zone merklich wirken."*

Der Ideen- und Gedankenreichtum von Alexander von Humboldt, sein Bewußtsein für Komplexität und seine offensichtliche Abneigung gegen das Übermaß an Reduktionismus, das den heutigen „Klima-

Modellierern“ eigen ist, sollten wieder zum Maßstab der Klimatologie als angewandter Meteorologie erhoben werden. Alexander von Humboldts Kenntnisstand von 1817 übertrifft bei weitem den der Enquete-Kommissionen des Deutschen Bundestages wie den des Intergovernmental Panel on Climate Change (IPCC), wie folgender Abschnitt belegen möge:

> *„Wenn man, wie es lange schon geschehen, das solare Klima von dem wirklichen (climat solaire et climat reel) unterscheidet, darf man nicht vergessen, daß die örtlichen und vielfältigen Ursachen, die die Einwirkung der Sonne auf einen einzelnen Punkt des Erdkörpers modifizieren, selbst nur Neben-Ursachen, Wirkungen der Bewegung sind, die das erwärmende Gestirn in dem Luftkreis hervorbringt und die sich auf große Entfernung fortpflanzt. Betrachtet man einzeln, wie es in einer rein theoretischen Erörterung nützlich sein würde, die durch die Sonne erzeugte Wärme, welche anderen, störenden Ursachen zugeschrieben wird, so findet man, daß dieser letztere Teil der Gesamtwirkung der Sonne nicht ganz fremd ist. Der Einfluß der kleinen Ursachen wird eben nicht verschwinden, wenn man das mittlere Resultat von einer großen Anzahl Beobachtungen nimmt; denn dieser Einfluß ist nicht auf eine einzelne Gegend beschränkt. Durch die Beweglichkeit des Luftmeeres pflanzt er sich von einem Kontinent zum anderen fort. Überall in den den Polarkreisen nahen Gegenden wird die Strenge der Winter durch das Zurückströmen warmer Luftschichten gemindert, die, sich über die heiße Zone erhebend, den Polen zustreben; überall bewirkt in der gemäßigten Zone die Häufigkeit der westlichen Winde, indem sie die Temperatur einer Breite auf einen anderen Parallelkreis übertragen, wichtige klimatische Veränderungen. Nimmt man ferner Rücksicht auf die Größe der Meere, auf die besondere Gestaltung und Richtungsachsen der Kontinente, sei es in beiden Hemisphären oder östlich und westlich unter den Meridianen von Kanton und Kalifornien, so wird man erkennen, daß, wäre auch die Zahl der Beobachtungen über die mittlere Temperatur unendlich groß, doch keine vollkommene Ausgleichung stattfinden würde.“*

Die von Prof. Dr. Hanno Beck von der Universität Bonn im Jahre 1989 herausgegebenen und kommentierten „Schriften zur Physikalischen Geographie“ von Alexander von Humboldt (1769-1859) sind eine wahre Fundgrube fundamentalen und physikalisch korrekt beschriebenen geographisch-klimatologischen Grundwissens, die zur Pflichtlektüre jedes Geographie- und Meteorologiestudenten erhoben werden müßten. Beck kommentiert:

> *„Wie noch keiner vor ihm war Humboldt nur von empirischen Werten ausgegangen, wie nicht genug betont werden kann. Fremde und eigene Meßwerte ordnete er zu Gruppen. Indem er die Resultate der Messungen in eine Karte eintrug und erstmals die Punkte gleicher mittlerer Jahrestemperatur durch Isolinien verband, konnte er, wiederum erstmals, deren Verteilung unmittelbar darstellen und aus einer unübersichtlichen Fülle von Tabellen anschaulich in Goethes Sinne eine Ordnung herstellen, die eine Einsicht verschaffte.“*

Welch eine Einsicht verschafft eine „Globaltemperatur“? Hierzu noch einmal der geniale Naturforscher Alexander von Humboldt:

> *„Bei der Schilderung des gegenwärtigen Zustandes unserer Kenntnisse über die Wärme-Verteilung habe ich dargetan, wie gefährlich es ist, die aus den Beobachtungen gezogenen Resultate mit denen zu vermengen, welche man aus theoretischen Ideen ableitet. Die Wärme jedwedes Punktes auf dem Erdkörper hängt ab von der Richtung der Sonnenstrahlen und der Dauer ihrer Tätigkeit, von der Höhe des Standortes, von der innerlichen Wärme und der Einstrahlung der Erde in ein Mittel veränderlicher Temperatur, endlich von der Gesamtheit der Ursachen, die selbst Wirkungen sind der Rotation der Erde und der ungleichen Verteilung des Festen und Flüssigen (der Kontinente und der Meere). [...] Ist die Rede von dem organischen Leben der Pflanzen und Tiere, so muß man alle Reize oder äußeren Antriebe prüfen, die ihre Lebenstätigkeiten modifizieren. Die Verhältnisse zwischen den Mittel-Temperaturen der Monate reichen nicht hin, um das Klima bestimmt zu bezeichnen. Sein Einfluß besteht aus der gleichzeitigen Wirksamkeit aller physischen Kräfte; und er hängt gleichmäßig ab von*

der Wärme, der Feuchtigkeit, dem Licht, der elektrischen Spannung der Dünste und dem wechselnden Luftdruck.“

Was wäre eine Wetterkarte ohne Isobaren, ohne Linien gleichen Luftdrucks? Humboldts Denken ist ein Musterbeispiel wahrhaft holistischen, ganzheitlichen und auch synoptischen Denkens. Das analytische Denken ist ihm Mittel zum Zweck und nicht Selbstzweck. Er wäre nie auf die Idee verfallen, das Klima nur auf ein einziges Wetterelement, die Temperatur, zu reduzieren und dann noch alle so gewonnenen geographischen Erkenntnisse wieder zu eliminieren, indem man 1400 Mittel-Temperaturen in einen Rechner wirft und das arithmetische Mittel, genannt „Globaltemperatur“, bildet. Solche Spielereien wären Alexander von Humboldt nie in den Sinn gekommen!

Im Jahre 1817 verband Alexander von Humboldt die von ihm ermittelten Punkte gleicher Temperatur und zeichnete die erste „Isothermenkarte“. Der „Vater der Klimatologie“ machte gleich eine ganz wichtige Entdeckung: Das berechnete „solare Klima“ stimmte mit dem gemittelten „realen Klima“ nicht überein! Die Kugelgestalt der Erde, die völlig irreguläre geographische Verteilung von Kontinenten, Ozeanen, Gebirgsmassiven usw, alles wirkte „störend“ auf den errechneten „Idealzustand“.

Alexander von Humboldt sagte nicht nur im Hinblick auf die „global“ vernachlässigten Ozeane:

„Da die Wasserhülle der Erdoberfläche der Sonnenstrahlung einen dreimal größeren Raum entgegenstellt als die über dem Wasserspiegel erhobenen Länderräume, so ist die genaue Kenntnis der Wärmeverteilung im Ozean für die Theorie der Isothermen imallgemeinen von größter Wichtigkeit [...]. Das Meer erwärmt sich auf seiner Oberfläche weniger als das Land, weil die Sonnenstrahlen, ehe sie ganz erkalten, in e ine größere Tiefe dringen und weil sie durch viel mehr Schichten einer durchsichtigen Flüssigkeit gehen. Das Wasser besitzt eine sehr starke Ausstrahlungskraft, und die Oberfläche des Ozeans würde durch die Ausstrahlung und die Ausdünstung sehr erkalten, wenn nicht, infolge der Beweglichkeit der Moleküle, die das Element des Wassers bilden, die erkalteten Teile, durch ihre eben hierdurch erhöhte Dichtigkeit, sofort in die größeren Tiefen zu dringen streben möchten.“

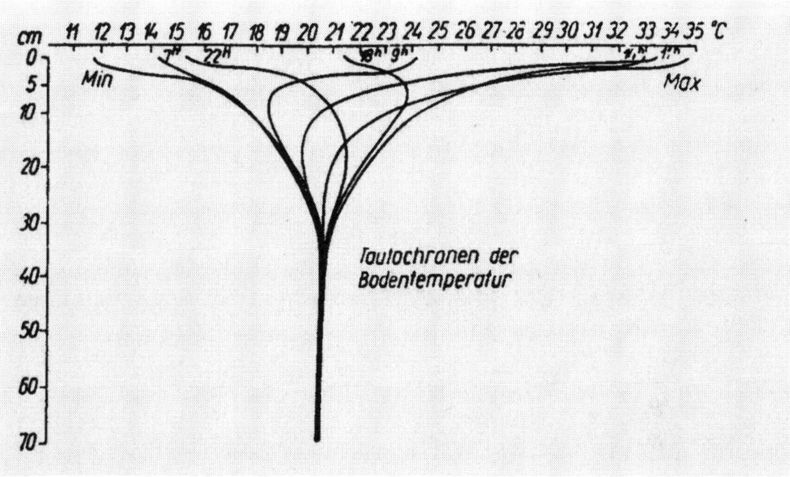

Abb. 17: Tautochronen der Bodentemperatur in der Hortobágy/Ungarn, 2. bis 25. Sept. 1961. Alkaliboden zweiter Klasse [n. Berenyi, 1967]. Das Eindringen der Temperaturwelle in den Boden wurde qualitativ richtig bereits von A. v. Humboldt beschrieben.

Alexander von Humboldt machte sich auch Gedanken darüber, ob die Veränderungen der Mitteltemperaturen, die durch menschliche Veränderungen bei der Umwandlung von Naturlandschaften in die Kultur- und Industrielandschaften provoziert werden, zu Veränderungen der Allgemeinen Zirkulation und damit von Wetter und Klima führen könnten. Er kam zu dem Schluß:

> „*Ich könnte diese Betrachtungen über die absorbierenden und emittierenden Kräfte des Bodens mit einer Untersuchung der Veränderungen schließen, die der Mensch auf der Oberfläche der Kontinente durch das Ausroden von Waldungen und die Modifizierung der Wasserverteilung hervorbringt. Diese Veränderungen sind indes weniger erheblich, als man allgemein annimmt, weil die wichtigsten von den zahllos verschiedenen, zugleich wirkenden Ursachen, von denen der Klimatentypus abhängt, nicht auf kleine Örtlichkeiten beschränkt sind, sondern von dem Verhältnis der gegenseitigen Länderstellung, ihrer Konfiguration, Höhe und dem Vorherrschen gewisser Winde abhängig sind, auf die die Zivilisation keinen merklichen Einfluß ausübt.*“

Alexander von Humboldt empfiehlt sich aus vielerlei Gründen als Pflichtlektüre für die abstrakte moderne numerisch-statistische „Klimaforschung“, wie seine folgenden Gedanken darlegen:

„Es verhält sich mit der Temperatur des Luftkreises und dem Erd-Magnetismus nicht wie mit jenen Erscheinungen, die, auf eine einzige Ursache oder eine Zentralwirkung zurückgeführt, von dem Einfluß störender Verhältnisse befreit werden können, indem man sich an die mittleren Resultate einer großen Anzahl von Beobachtungen hält, in denen diese fremdartigen Wirkungen sich gegenseitig aufheben und zerstören. Die Wärme-Verteilung wie die Neigungen und Abweichungen der Magnetnadel oder die Intensität der magnetischen Erdkräfte werden ihrem Wesen nach bedingt durch Örtlichkeit, Beschaffenheit des Bodens, durch die besondere Eigenschaft der Erdoberfläche, Wärme auszustrahlen. Man muß sich hüten zu eliminieren, was man finden will; [...] Wir wollen die Quantität der Jahreswärme angeben, die jeder Teil des Erdkörpers empfängt, und, was für den Ackerbau und das Wohlsein der Bewohner am wichtigsten ist, die Verteilung dieser Wärmemenge unter die verschiedenen Teile des Jahres; nicht aber, was der Wirkung der Sonne allein, der Höhe des Gestirns über dem Horizont, der Dauer seines Einflusses, d. h. der Größe der halben Tagesbögen, angehört.“

Dies ist ein klares Bekenntnis für eine nutzanwendungsorientierte Forschung – zum Wohle der Bürger! Es ist eine klare Absage an einen globalen Temperaturmittelwert-Fetischismus ohne jeglichen Nutzen – weder für die Wissenschaft noch die Allgemeinheit, geschweige für die praktische Nutzanwendung. Den folgenden Lehrsatz, den ich hier ganz unbescheiden als den „Ersten Hauptsatz von Thüne“ bezeichnen möchte, sollten sich alle Klimaforscher von Rio de Janeiro bis Kioto einmal hinter die Ohren schreiben:

Die Natur mittelt keine Temperatur-Qualitäten, sondern vermischt Wärme-Quantitäten.

V. Es werde Licht! – Philosophische Betrachtungen zum Wetter und zum Klima

Die Klimaforscher machen zur Herleitung des Treibhauseffektes folgende Annahmen. Sie verwinzigen das offene „Ökosystem Erde“ und stecken es in einen finsteren geschlossenen Hohlraum. Die Sonnenstrahlen von 1368W/m² rechnen sie runter auf eine Hohlraumstrahlung von 240 W/m² und erhalten für die eingeschlossene Erde eine Effektivtemperatur von -18 °C Da die Sonne nur „Eiseskälte“ erzeugen kann, müssen Sie eine andere Energiequelle für das Leben erfinden, den „natürlichen Treibhauseffekt“ per „Gegenstrahlung“. Sehen das die Schreiber der Schöpfungsgeschichte auch so?

Das erste Buch Moses beginnt mit der Erschaffung der Welt und erzählt uns deren „Ursprünge“. Es beginnt mit den Worten:

Im Anfang schuf Gott den Himmel und die Erde. Die Erde war wüst und leer, Finsternis lag über der Urflut, und der Geist Gottes schwebte über den Wassern. Da sprach Gott: „Es werde Licht!“ Und es ward Licht. Gott sah, daß das Licht gut war. Da trennte Gott Licht von Finsternis. Gott nannte Licht Tag, die Finsternis aber Nacht. Es ward Abend, es ward Morgen: ein Tag. Dann sprach Gott: „Es entstehe ein festes Gewölbe inmitten der Wasser, und es bilde eine Scheidewand zwischen den Wassern.“ Gott bildete das feste Gewölbe und schied zwischen den Wassern oberhalb und unterhalb des Gewölbes, und es geschah so. Gott nannte das feste Gewölbe Himmel. Es ward Abend, und es ward Morgen: zweiter Tag.

Sodann sprach Gott: „Es werde das Wasser unterhalb des Himmels an einem Ort gesammelt, und das Trockene werde sichtbar!“ Und es geschah so. Gott nannte das Trockene Erde, und das zusammengeflossene Wasser nannte er Meer. Und Gott sah, daß es gut war. Da sprach Gott: „Die Erde lasse Grünes hervorsprießen, samentragende Pflanzen sowie Fruchtbäume, die Früchte bringen nach ihrer Art, in denen Samen ist auf Erden!“ Und es geschah so. Die Erde brachte Grünes hervor, samentragende Pflanzen nach ihrer Art und Bäume, die Früchte bringen, in denen ihr

Same ist nach ihrer Art. Und Gott sah, daß es gut war. Es ward Abend, und es ward Morgen: dritter Tag.

Dann sprach Gott: „Es sollen Leuchten werden am Gewölbe des Himmels, um zu scheiden zwischen Nacht und dem Tag, und sie sollen als Zeichen dienen sowohl für die Festzeiten als auch für die Tage und Jahre! Sie sollen Lichtspender an dem Gewölbe des Himmels sein, um zu leuchten über die Erde!" Und es geschah so. So machte denn Gott die beiden großen Leuchten: die größere, daß sie den Tag beherrsche, die kleinere zur Beherrschung der Nacht und dazu die Sterne. Gott setzte sie als Leuchten über die Erde an das Gewölbe des Himmels, zu beherrschen Tag und Nacht und zu trennen zwischen Licht und Finsternis. Und Gott sah, daß es gut war. Es ward Abend, und es ward Morgen: vierter Tag. [...] Am sechsten Tag schuf Gott den Menschen.

Diese ebenso schlichte wie einleuchtende Darstellung schildert uns die Entstehung, die Genesis der Erde. Die alles entscheidende Aussage sind die drei Worte: „Es werde Licht!" Darin steckt die naturwissenschaftlich unumstößliche Erkenntnis, daß ohne „Licht" ein Leben auf der Erde unmöglich wäre. Und das bedeutet wiederum: Das Ökosystem Erde ist offen! Die Erde muß als Ökosystem „offen" sein, um überhaupt lebensfähig zu sein, denn ohne das Licht der Sonne wäre die Erde nicht nur in totale „Finsternis" gehüllt, die Mutter GAIA wäre an Unterkühlung längst zugrunde gegangen.

Auch der Mythos der australischen Ureinwohner spiegelt exemplarisch die zentrale und elementare Rolle wider, die dem Licht der Sonne beim „Sein und Werden" von Leben beizumessen ist. Der Mythos schildert, daß am Anfang der „Traumzeit" der Himmel wie ein nachtschwarzes Gewebe so dicht über der Erde lag, daß alle Kreaturen sich nur kriechend darunter fortbewegen konnten, bis eines Tages Vögel mit langen Stangen das „Himmelstuch" emporhoben, so daß es auseinanderriß und die Strahlen des ersten Sonnenaufgangs über die Erde fluten konnten.

Ohne Zweifel, die Energie der solaren Strahlung, symbolisiert durch das Licht, liefert den „Treibstoff" für alle fließenden Stoffwechselprozesse, welche die Grundvoraussetzung für jegliches Leben darstellen. Die Erde ist kein „geschlossenes System"! Alle Hypothesen, die auf dieser simplifizierenden Annahme basieren, müssen zu Schlußfolgerungen kommen, die realitätsfern und wirklichkeitsfremd sind. Ein ganz wichtiger Punkt der „Schöpfungsgeschichte“ ist auch die Trennung von Licht und Finsternis, der Hinweis auf den Tag-Nacht-Rhythmus, an den alles höhere Leben adaptiert ist.

Dieser Rhythmus steuert die nächtlichen „Ruhepausen“ zwischen CO_2-Assimilation und O_2-Respiration ebenso wie die meisten sonstigen Wachstumsprozesse und Bewegungsabläufe im Wechsel der Jahreszeiten. In seiner Wirkung auf den Stoffwechsel der meisten Lebewesen bedeutet Licht „Energie und Information“ zugleich. Sie sind deswegen mit entsprechend geeigneten „Empfangsorganen“ ausgestattet. Im Blattwerk der Pflanzen zum Beispiel ist unter anderem das lichtabsorbierende Pigment Chlorophyll konzentriert, das sich in gleicher Form auch in der Zellsubstanz photosynthetisierender Bakterien wiederfindet. Da Informationsgewinnung physikalisch stets von einer Energieübertragung begleitet wird, war darin die spätere evolutionäre Weiterentwicklung der ursprünlichen Licht-“Transformatoren“ zu photo- oder lichtsensitiven Sehorganen oder Augensystemen bereits angelegt.

Die Sonnenenergie ist letztlich für alles verantwortlich, was auf Erden geschieht. Sie heizt die Atmosphäre, die Kontinente und die Meere auf und schafft damit Luftzirkulationen und Meeresströmungen, die rund um den Globus wandern und das wechselhafte „Etwas“ hervorrufen, was wir mit „Wetter“ bezeichnen. Ein Teil der Sonnenenergie wird von den Pflanzen für ihr Wachstum genutzt. Die Pflanzen entnehmen dabei der Atmosphäre Kohlendioxid und reichern sie mit Sauerstoff an. Die Pflanzen dienen den Pflanzenfressern als Nahrung und stehen ganz allgemein am Anfang der Nahrungskette, von der auch wir Menschen als bloße Konsumenten abhängen.

Vor hunderten von Millionen Jahren war das Pflanzenwachstum so üppig, daß sich die verrottenden pflanzlichen Überreste unter dem Druck tonnenschwerer Erdmassen in dicke Kohleflöze und riesige unterirdische Erdöllager verwandelten, die wir nun für unsere Lebenszwecke nutzen. Wir nutzen auch Wind- und Wasserenergie und über Sonnenkollektoren oder die Photovoltaik auch direkt die Energie der Sonne.

Kernenergie macht insofern eine Ausnahme, als irdisches Uran nichts mit unserer Sonne zu tun hat.

Alle unsere Energiequellen stammen daher letztlich von unserer Sonne. Wir benutzen diese Energie, um sie in Wärme und Elektrizität umzuwandeln. Und dabei geht, wie Rudolf Clausius vor mehr als einem Jahrhundert bewies, immer ein gewisser Teil Energie „verloren". Diese Aussage widerspricht dann und nur dann dem 1. Hauptsatz der Wärmelehre oder „Energieerhaltungssatz", wenn man diesen fälschlicherweise auf die Erde als „geschlossenes System" reduziert. Korrekt gilt er nur für das gesamte „Universum" und nicht für ein beliebiges Stückchen daraus. Jedenfalls strahlt die Erde unaufhörlich „Abfallwärme" in Form von unsichtbarer infraroter elektromagnetischer Strahlung in den Weltraum ab. Es ist nutzlose, weil nicht mehr arbeitsfähige Energie. Die nächtliche Abstrahlung ist physikalisch zu schwach, um ein Luftpaket zum Aufsteigen zu animieren und eine Haufenwolke zu erzeugen. Nächtliche Gewitter sind nie strahlungsthermisch ausgelöste Gewitter, es sind dynamisch durch Kaltluftzustrom ausgelöste oder durch freiwerdende latente Wärme bei der Wasserdampfkondensation induzierte Gewitter. Die Sonnenenergie, die auf die Erde trifft, wird „hier" nur „kurze" Zeit festgehalten und genutzt; dann geht auch sie nach und nach in den Weltraum verloren. Eben weil der Erde unaufhörlich riesige Energiemengen „verloren" gehen, bedarf es einer „nie" versiegenden Energiequelle wie der Sonne. „Es werde Licht!" – hoffentlich auch bald im finsteren „Treibhaus".

In den Galaxien des Universums gibt es Milliarden von Sternen, die ihren „nuklearen" Brennstoff verbrauchen und dabei Licht und Wärme in die Finsternis des interstellaren Raumes abstrahlen. Ein Teil dieser Energie verläßt unsere Galaxis und geht ihr völlig verloren. Wir können andere Galaxien am Himmel nur sehen, weil ein Teil ihres Lichts nicht nur über die riesigen Teleskope der Sternwarten auf unsere Netzhaut trifft und optische Reize ausübt. Wenn die Sterne ihren Vorrat an Wasserstoff aufgebraucht haben, dann „sterben" sie. Einige explodieren als Supernovae, schleudern ihr Inneres als heißes Gas in den Raum, wo es seine Energie abstrahlt und auskühlt, woraus sich aber auch wiederum Sterne bilden können. All diese Prozesse können nicht „ewig" andauern, weil immer Brennstoff verbraucht, Energie freigesetzt und zerstreut oder dissipiert wird. Wenn kein Brennstoff mehr da ist, aus dem das Universum noch Energie gewinnen könnte, kommen alle physikalischen Abläufe zu einem Stillstand.

Wärme kann sich von einem Ort zum anderen bewegen, doch insgesamt resultiert daraus nach dem zweiten Hauptsatz der Thermodynamik netto stets eine Zunahme der Entropie, ein Wärmeausgleich. Heiße Objekte kühlen sich ab, kühlere Objekte erwärmen sich, bis alles in den Galaxien – jeder tote Stern, jeder Planet, jeder Felsbrocken, jedes Gasatom – dieselbe Temperatur aufweist. An diesem Punkt, genannt der „Wärmetod", kann nichts mehr ablaufen, denn es gibt unverändert soviel Energie wie am „Anfang", doch keine nutzbare arbeitsfähige Energie mehr. Dies wäre das „Ende". Die Entropie hätte ihren Maximalwert erreicht. Wenn jedes Atom dieselbe Temperatur aufweist, kann es keinen Energietransfer von einem Ort zum anderen mehr geben, und alle physikalischen Prozesse müssten aufhören. Wenn alle Atome im Universum die gleiche Energie besitzen, sind makroskopische Veränderungen nicht länger möglich. Die Atome bewegten sich zwar noch und kollidierten immer noch, doch jede Reaktion würde durch eine gleich starke Gegenreaktion ausgeglichen, denn überall müßte das „Gleichgewicht" erhalten bleiben.

Diese Vision vom unerbittlichen Wärmetod war nicht nur für die Physiker, sondern für alle Menschen des 19. Jahrhunderts außerordentlich beunruhigend. Wenn die Physik eine zunehmende Erschöpfung aller Energiequellen forderte, eine sich ständig und unaufhaltsam verringernde Antriebskraft für physikalische, geologische und biologische Veränderungen, dann müsse auch das Universum eine endliche Vergangenheit haben. Mit „Erleichterung" stellte man fest, daß das Universum offensichtlich noch sehr „jung" war und noch sehr viel Zeit vergehen würde, bis dieses zu einer homogenen und eintönigen Öde erstarrte, und damit auch die „Krone der Schöpfung". Heute hat man dieses „Bild" revidiert und geht von der Hypothese eines expandierenden Universums aus mit der Konsequenz, daß der neue „Wärmetod" kalt ist.

Rudolf Clausius, der den Begriff Entropie geprägt hatte, sah das ganze Universum als ein riesiges thermodynamisches System an. Die zwangsläufige Konsequenz war: Wenn das ganze Universum ein isoliertes, geschlossenes thermodynamisches System ist, und das ist es definitionsgemäß, weil es alles enthält, was überhaupt existiert, dann muß im Laufe der Zeit seine Gesamtentropie zunehmen und seine nutzbare Energie abnehmen. Mit dem Entropiebegriff wurde auch deutlich, daß es keine Maschine mit einem Wirkungsgrad von 100 Prozent geben kann, die Konstruktion eines Perpetuum mobile also unmöglich ist. Kein Naturvorgang ist damit reversibel oder umkehrbar im Sinne eines „Kreislaufprozesses". Alle Naturvorgänge sind irreversibel und damit unumkehrbar! Damit entfällt auch die Hypothese des thermodynamischen oder „ökologischen Gleichgewichts" als grünem „Idealzustand". Diesen aktiv anzustreben, entspräche dem selbstzerstörerischen Bedürfnis nach dem „Wärmetod", sei er kalt oder warm!

Der „Pfeil der Zeit", der die „Richtung" allen irdischen Geschehens angibt, ist unumkehrbar. Alle Naturvorgänge können nur in der einen Richtung ablaufen, aber nicht in der umgekehrten. Um das etwas deutlicher zu machen, stellen wir uns vor, wir sähen einige Szenen des täglichen Lebens im Film. Wir sehen Isaac Newton, wie er unter einem Baum liegt, bis er von einem herabfallenden Apfel getroffen wird und hochschreckt. Der umgekehrte Vorgang, daß der Apfel wieder auf den Baum zurückspringt, würde Lachsalven auslösen. Physikalisch wäre dieser Vorgang gemäß dem Energieerhaltungssatz möglich, denn nach ihm ist ja alle Energie verlustfrei ineinander überführbar; nichts geht verloren. Beim Fall wird Energie der Lage oder potentielle Energie in kinetische oder Bewegungsenergie verwandelt und beim Aufprall in Deformations- wie Wärmeenergie umgewandelt. Nichts in der Natur macht diesen Vorgang rückgängig, was beweist, daß in der Tat Energie „vernichtet" werden kann. Der Begriff „Energie" ist aus dem geläufigeren Begriff „Kraft" abgeleitet worden und ist daher immer mit dem Begriff „Arbeitsfähigkeit" verbunden. Energie ohne Arbeitsfähigkeit ist nicht nutzbar und damit nutzlos. Die Natur trägt also von selber Sorge für die Richtung der Zeit und bestätigt unseren subjektiven Sinn für Vergangenheit und Zukunft.

Die von der Sonne ausgestrahlte Wärmeenergie würde ausreichen, um 700 000 Kubikmeilen eiskalten Wassers zum Sieden zu bringen. Bei 12-stündigem Sonnenschein erhielte – im Mittel – jährlich jeder Punkt der Erde eine Wärmemenge, um eine 10 Meter dicke Eisschicht zu schmelzen. Von der Sonne aus gesehen, erscheint die Erde nur als ein winziger Punkt. Wenn man die Erde als „Scheibe“ erkennen wollte, müßte man schon ein Fernrohr benutzen. Für das unbewaffnete „Sonnenauge“ wäre die Erde nicht größer als ein Pfennig in etwa 150 Meter Entfernung. Daran können wir ermessen, daß nur ein winziger Bruchteil der gesamten Sonnenenergie die Erde erreicht. Trotz alledem ist der irdische Anteil so gewaltig, daß er alles Leben auf der Erde ermöglicht.

Lange hat man gerätselt, woher die Sonne diese riesigen Energiemengen nimmt, um diesen gewaltigen Strom an Strahlungsenergie auszusenden, und das für viele Milliarden von Jahren. Um diese ausgestrahlte Wärme zu entwickeln, müßte jedes Jahr eine dreieinhalb Meilen dicke Kohlenschicht auf der Sonne verbrennen. Wäre die Sonne ein „Ofen“ mit einer Temperatur von 5700 Grad Kelvin, so hätte sie einen Kohlebedarf von 3,4 x 10^{26} Kilogramm pro Jahr bei einer Verbrennungswärme von 8000 Kilokalorien pro Kilogramm Kohle. Es müßte ein ganzer Mond aus Kohle alle 2 Stunden oder je eine Kohle-Erde alle 6 Tage verheizt werden, wäre die Sonne ein „vollkommener Ofen“ oder „idealer schwarzer Körper“ im Sinne der Physik mit einer Leistung von 1,3 Kilowatt pro Quadratmeter oder etwa 1,95 cal pro cm^2 und Minute.

Die hohe Temperatur der Sonnenoberfläche ermöglicht diesen riesigen Strahlungsstrom. Man nennt diese Art Wärmestrahlung auch Temperaturstrahlung. Darunter versteht man die elektromagnetische Strahlungsenergie, die ein Körper ausschließlich durch seinen Wärmezustand erzeugt. Im Gegensatz zur Wärmeleitung besteht die Temperaturstrahlung nicht nur, solange die Temperatur des Körpers höher als die Umgebung ist. Die Temperaturstrahlung ist unabhängig von der Temperatur der Umgebung. Auch wenn ein Körper kälter ist als die Umgebung, strahlt er eine Temperaturstrahlung aus. Je nach der Körpertemperatur handelt es sich also um Strahlung in den Gebieten des ultravioletten, des sichtbaren und des infraroten, früher sagte man ultraroten, elektromagnetischen Spektrums.

Die Energie der Temperaturstrahlung, die ein Körper abgibt oder empfängt, erkennt man am einfachsten mit Hilfe einer empfindlichen Thermosäule. Die Energieabgabe steigt mit der Temperatur des Körpers sehr steil an. Der menschliche Körper gibt infolge seiner Temperatur von 37 Grad Celsius ebenfalls Strahlungsenergie ab. Mit jedem

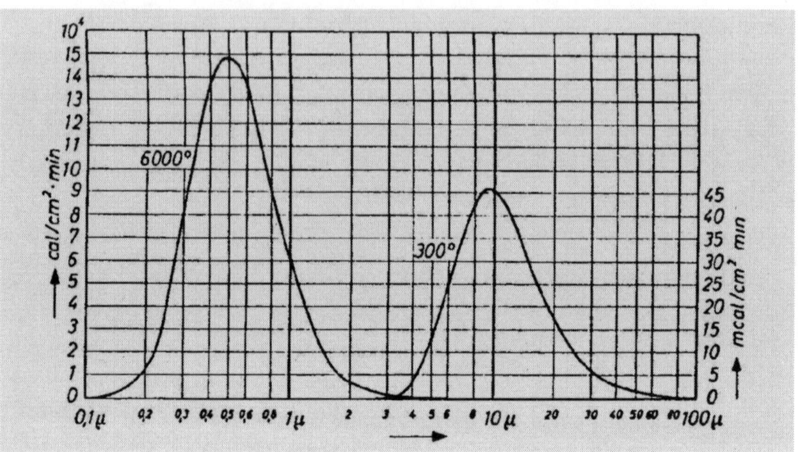

Abb. 18: [n. Defant/Defant, 1958]. Auch diese Darstellung widerlegt die IPCC-Hypothese von der Gleichwertigkeit der Input- und Output-Strahlungsströme

Quadratzentimeter unserer Körperoberfläche strahlen wir etwa fünf Hunderttausendstel Pferdestärke ab. Die Leistung eine Pferdestärke liegt vor, wenn in der Zeit von 1 Sekunde die Arbeit von 75 Meterkilogramm ausgeführt wird. Im Vergleich dazu strahlt ein Haufen glühender Holzkohle etwa eine Leistung von zwei Hundertstel Pferdestärke aus. Dies ist ein erheblicher Wärmestrom, wie jeder Grillspezialist weiß, dessen Hände dieser intensiven Hitzequelle zu nahe gekommen sind.

Die Temperatur der Sonne beträgt nahezu 6000 Grad Kelvin, sie strahlt von jedem Quadratzentimeter ihrer Oberfläche etwa eine Pferdestärke aus.

Wenn man ein weißglühendes Stück Eisen aus dem Feuer zieht, dann dauert es nur den Bruchteil einer Minute, bis es sich bereits merklich abgekühlt hat und nicht mehr glüht. Die Abstrahlung von Wärmeenergie führt zu einem raschen Temperaturabfall, das Eisen wird kirschrot und nach wenigen Minuten glüht es überhaupt nicht mehr. Wie kommt es nun, daß sich die Sonne überhaupt nicht abkühlt, obwohl sie doch ihre Wärmeenergie in einem so ungeheuren Umfang abgibt? Im Innern der Sonne muß hinter den dichten Schalen heißer Gase eine Energiequelle von phantastischer Produktivität verborgen sein. Es war ein großer Erfolg von Physikern und Astronomen, daß es ihnen gelang, sich bis in den Kern der Sonne „hineinzurechnen“ und das Geheimnis der Quelle aller Sonnenenergie zu lüften.

Die Sonnenmasse ist etwa so groß wie 330000 Erdkugeln, und der größte Teil dieser gewaltigen Masse besteht aus den leichten Gasen Wasserstoff und Helium. Die Sonnenmasse wird von der Gravitation beieinandergehalten, so daß im Innern ein ungeheurer Druck herrscht. Äußerer Druck und innerer Druck halten sich dabei die Balance. Man kann dies mit einem Auto veranschaulichen, das auch durch den Luftdruck in den Reifen „getragen“ wird. Die Tragfähigkeit kann man erhöhen, indem man einerseits den Luftdruck und damit die Luftdichte im Reifen erhöht oder andererseits die Lufttemperatur im Reifen steigert. Anhand dieses anschaulichen Beispiels gelang es, die innere Struktur der Sonne aufzuklären. Die Sonne scheint demnach schalenförmig aufgebaut, wobei im Sonnenkern eine Temperatur von annähernd 20 Millionen Grad Celsius anzunehmen ist. Das interessanteste Ergebnis hierbei ist, daß Wasserstoff bei diesen hohen Temperaturen zu „brennen“ beginnt. Bei einem „Atombrand“ verschmelzen die Wasserstoffatome, und es bilden sich schwerere Atome. Jedesmal wenn sich zwei Wasserstoffatome so verbinden, geben sie einen Strahlungsblitz von großer Energie ab. Die Asche dieses „Atomfeuers“ ist das Helium. Heute weiß man, daß die Sonne ein atomarer „Fusionsreaktor“ ist, in dem ständig Wasserstoff zu Helium verschmilzt.

Es war Albert Einstein (1879-1955), der im Jahre 1905 nachwies, daß Materie eigentlich hochkonzentrierte Energie ist. Seine berühmte Gleichung lautet $E = m c^2$ und besagt, daß die Energie proportional ist der Masse mal der Geschwindigkeit zum Quadrat. Wenn man die ganze Energie, die in einem Gramm Materie steckt, befreien könnte, wäre die gewonnene Energie der Wärme gleichwertig, die beim Verbrennen von etwa 200 000 Tonnen Kohle entstände. Dazu wäre es allerdings nötig, die gesamte Masse des Gramms vollständig in Strahlungsenergie zu verwandeln. Wenn sich in der gewaltigen Hitze des Sonnenkerns Wasserstoff in Helium verwandelt, geht aber nur ein kleiner Teil der Masse des Wasserstoffs in Strahlungsenergie über. Verwandelt man 1000 Kilogramm Wasserstoff in Helium, so wiegt die gesamte Heliumasche nur 992 Kilogramm. Es resultiert somit ein Massendefekt von acht Kilogramm. Diesen kann man in die Einstein-Formel einsetzen und erhält die Strahlungsenergie, die bei diesem Fusionsprozeß entsteht. Masse repräsentiert mithin eine Art „eingefrorene" Energie – eine Vorstellung, der Einstein selbst anfangs kein Vertrauen schenken wollte, wie die nachstehenden Zeilen aus einem Brief an seinen Freund Habicht erkennen lassen:

> *„Eine Konsequenz der elektrodynamischen Arbeit ist mir noch in den Sinn gekommen. Das Relativitätsprinzip in Zusammenhang mit den Maxwellschen Grundgleichungen verlangt nämlich, daß die Masse direkt ein Maß für die im Körper enthaltene Energie ist, das Licht überträgt Masse. [...] Die Überlegung ist lustig und bestechend; aber ob der Herrgott nicht darüber lacht und mich an der Nase herumgeführt hat, das kann ich nicht wissen."*

Diese gläubige Bescheidenheit Albert Einsteins kontrastiert mit der inquisotorischen Selbstsicherheit, mit der heute der informierten Öffentlichkeit und Politik gegenüber von einer kleinen aber tonangebenden Gruppe von Umwelt-Wissenschaftlern „Hypothesen" vertreten werden, die alle längst seit knapp 100 Jahren nachweislich widerlegt sind. Daß der „Herrgott" Einstein nicht an der Nase herumgeführt hatte, wurde der Welt offenbar, als am 6. August 1945 die erste Atombombe über Hiroshima gezündet wurde und ihre energetische Zerstörungskraft in unmenschlicher Weise demonstrierte.

Vor der Formulierung der speziellen Relativitätstheorie wurde die „Erhaltung der Masse" und die „Erhaltung der Energie" stets gesondert behandelt. Die Relativitätstheorie fügte beide Begriffe zu einem einheitlichen Ganzen zusammen, das besagt, daß die Erhaltung der Gesamtenergie der Erhaltung der Masse äquivalent ist. Wasser muß also schwerer werden, wenn man es erwärmt. Wird beispielsweise 1 Gramm Wasser von 14,5 °C auf 15,5 °C erwärmt, so nimmt es eine Energiemenge von 1 cal bzw. 4,18 Joule auf. Bei der Erwärmung von 1 Tonne Wasser von 20 °C auf 100 °C ergibt sich entsprechend eine Energiemenge von $106 \times 80 \times 4{,}18 = 3{,}34\ 10^8$ Joule. Diese Energiemenge entspricht einer Masse $m = E / c^2 = 3{,}7\ 10^{-9}$ kg. Das heiße Wasser ist um diesen Betrag schwerer geworden. Dieser Betrag ist allerdings so gering, daß er experimentell kaum nachgewiesen werden kann. Jedenfalls folgt aus der Invarianz der Energie die Invarianz der Masse, was bedeutet, daß Masse und Energie einander gleichwertig sind. Sie bilden gleichsam eine einzige Invariante, die sogenannte Massenenergie. Energie ist also in Masse überführbar und umgekehrt. Es ist daher legitim und zunächst „moralisch“ nicht verwerflich, wenn sich der Mensch diese Nutzung der in den Atomen gespeicherten Energie für friedliche Zwecke und seine Bedürfnisse nutzbar zu machen versucht, natürlich stets unter Abwägung aller Nebenerscheinungen und Folgen. Bei der Kernfusion auf der Sonne wird „sekündlich“ eine Masse von 4,22 10^{12} Gramm „verstrahlt“; dies summiert sich auf eine Masse von 133 10^{12} Tonnen pro Jahr. Die Masse der Erde beträgt im Vergleich dazu 5,974 10^{12} Tonnen.

In jeder Sekunde „verbrennt“ die Sonne 600 Millionen Tonnen Wasserstoff; aber fast die gesamte Masse bleibt ihr in der Form von Helium erhalten. Nur etwa 5 Millionen Tonnen, die in Strahlung verwandelt und in den Weltraum abgestrahlt werden, gehen der Sonne in jeder Sekunde wirklich verloren. Aber die Masse der Sonne ist so riesengroß, daß sie seit ihrer „Geburt“ nur etwa 1,5 Prozent ihrer Gesamtmasse aufgebraucht hat. Die Sonne besitzt also noch genügend Wasserstoffvorräte, um ihren Strahlungsbetrieb noch für Milliarden von Jahren aufrechterhalten und uns stets abwechslungsreiches Wetter bescheren zu können. Damit erübrigt sich für uns kurzlebige Erdenbewohner auch jegliche Angst vor dem irgendwie gearteten „Wärmetod“.

Die Sonne als unser Zentralgestirn ist von der Erde im Mittel 149 500 000 Kilometer entfernt, sie hat eine Masse von 1,99 x 10^{33} Gramm und eine Oberflächentemperatur von ungefähr 6000 °Celsius. Die Gesamtausstrahlung beträgt 9,1 x 10^{25} cal/sec = 3,8 x 10^{33} erg/sec, was, wie nochmals wiederholt sei, nach der Beziehung $E = m c^2$ einer Masse von 4,22 x 10^{12}g/sec oder 133 x 10^{12} Tonnen Energie im Jahr entspricht. Zum Vergleich: die Erde hat eine Masse von 5,97 x 10^{27} und der Mond von 7,35 x 10^{25} Gramm.

Die Sonne gibt ihre Strahlung als „elektromagnetische Energie“ ab. Nur durch ihre Fähigkeit, sich durch das Zusammenspiel oszillierender elektrischer und magnetischer Felder auch im luftleeren oder materiefreien Raum ausbreiten zu können, gelangen diese bis zur Erde. Elektromagnetische Wellen laufen alle mit derselben konstanten Geschwindigkeit durch den „leeren“ Raum, mit Lichtgeschwindigkeit von 300 000 Kilometern pro Sekunde. Außer dem sichtbaren Licht sendet die Sonne

Abb. 19: Primitive Vorstellung des Weltgebäudes mit der Erde als Scheibe um 1400. Schon damals bewegte den Menschen die Angst, er könne ins Nichts fallen.

unsichtbare Gammastrahlen, Röntgenstrahlen, ultraviolettes Licht, infrarotes Licht und auch Radiowellen aus. Die Radiowellen sind übrigens die einzige unsichtbare Strahlung, die nicht durch die Erdatmosphäre absorbiert wird. Deswegen erkundet man den Weltraum mit Hife von riesigen Radioteleskopen.

Wichtig ist, daß Licht nicht „altert" und deshalb ewig leuchten kann, wenn und solange der Raum, den der Lichtstrahl durchquert, „leer" ist und der Lichtstrahl nicht auf Atome oder Elektronen stößt, die ihn verschlucken. Einmal ausgesandtes Licht kann seine Botschaft oder Information bis ans Ende der Welt bringen. Dies ist auch der Grund dafür, daß wir schon längst erloschene Sterne auch nach Jahrtausenden immer noch sehen können.

Wie die Sonne von der Erde aus als eine flache „Scheibe" erscheint, so ist es auch umgekehrt. Diese naive sinnliche Anschauung der Naturvölker ist auch heute noch nicht ausgestorben und wirkt sowohl bei den „Klimaforschern“ als auch bei „Greenpeace“ fort, die im Jahre 1996 eine keineswegs rein ironisch gemeinte Werbekampagne einleiteten mit dem Satz: „Die Erde ist eine Scheibe“! Diese Vorstellung war im Altertum als Homerisches Weltbild weit verbreitet und ist heute im Internet-Zeitalter, wenn auch „nur“ als im Unterbewußtsein wirkmächtiger „Werbegag“, in Gebrauch. Die Installations-Software für Windows 95 & Windows 3.1x trägt den Werbespruch „Die Erde ist doch eine Scheibe“!

Aber schon die Schule der Pythagoräer lehrte um 550 v. Chr. die Kugelgestalt der Erde, für die Aristoteles (384-322 v. Chr.) um 350 v. Chr. gute Beweise erbrachte. Schon früher hatte Thales von Milet (624-546 v. Chr.) die Kugelgestalt von Sonne, Erde und Mond bewiesen und durch die spektakuläre Vorraussage der Sonnenfinsternis vom 28. Mai 585 v. Chr. nachdrücklich bestätigt. Doch dann kam Herakleitos von Ephesos (550-480 v. Chr.) und warf alles wieder um. Er behauptete einfach, daß die Sonne so groß sei, wie sie uns scheine; sie habe die Breite eines menschlichen Fußes.

Dieses simple und leicht verstehbare „Bild“ von der Sonne siegte und warf alle „schlauen Theorien“ in das große Faß der Vergeßlichkeit und Denkfaulheit. Die einfache emotio siegte über die schwierige ratio, und daran konnte auch der „Beweisversuch“ des Aristoteles nichts mehr ändern!

Der heutigen Auffassung des Universums kam im Altertum die Lehre des Aristarchos von Samoa (um 320-250 v. Chr.) am nächsten, er bekräftigte, daß sich die Erde um ihre eigene Achse drehe und erklärte, daß die Sonne den Mittelpunkt unseres Planetensystems bilde. Seine Auffassung wurde aber von der damaligen „scientific community“ verworfen und ihr Urheber der „Gottlosigkeit“ geziehen, weil er die Erde als den von den Göttern gewählten Wohnort für den Menschen aus der Mitte des Universums verbannte. Insbesondere Hipparchos (um 190-125 v. Chr.) bekämpfte die wissenschaftliche Lehre des Aristarchos mit „wissenschaftlichen“ Argumenten. So konnte es geschehen, daß sich das geozentrische ptolemäische Weltbild für viele Jahrhunderte etablierte. Sein Schöpfer Claudius Ptolemäus (um 100-180 n. Chr.) ging mit seinem Hauptwerk Almagest, „Das größte System“, in die Weltgeschichte ein. Die Zeit der Entstehung des ptolemäischen Weltbildes war zugleich der Beginn des Verfalls der hellenistischen Kultur, – zufällig?

Erst am Ausgang des Mittelalters um die Wende vom 11. zum 12. Jahrhundert wurden die überkommenen Vorstellungen über das Universum allmählich obsolet. Besonders Roger Bacon (1214-1292) wurde nicht müde, eindringlich zu fordern, daß alle theoretischen naturwissenschaftlichen Überlegungen und Theorien grundsätzlich der experimentellen Bestätigung bedürfen. Der Ablösung des geozentrischen durch das heliozentrische Weltbild ebnete Kardinal Nikolaus von Cues (1401-1464) den Weg. Er kam zu der Erkenntnis, daß der Kosmos eine Kugel darstellt, deren Mittelpunkt überall und deren Umkreis nirgends zu finden sei. Die entscheidende Wende brachte jedoch erst das 16. Jahrhundert. Nikolaus Kopernikus (1473-1543) konnte in seinem Hauptwerk „De revolutionibus orbium coelestium“, das kurz vor seinem Tod 1543 veröffentlicht wurde, zeigen, daß nicht die Erde, sondern die Sonne den Mittelpunkt des Sonnensystems repräsentiert. Zu den heftigsten Widersachern von Kopernikus gehörte der Astronom Tycho Brahe (1546-1601). Die entscheidende Verbesserung des „kopernikanischen Weltbildes“ und damit dessen Festigung gelang erst Johannes Kepler (1551-1630), der den Planetenbewegungen anstelle kreisförmiger Bahnen Ellipsenbahnen zuschrieb. Die drei Gesetze, die seinen Namen tragen, stellen bis auf den heutigen Tag unangefochten die Grundlagen der Newtonschen Himmelsmechanik dar, werden aber von der „Klimaforschung“ mit ihrer „Solarkonstante“ schlicht ignoriert.

Unabhängig von allen theoretisch-intellektuell gelehrten Disputen – ob „Scheibe“ oder „Kugel“ – ging man in der Praxis voran, nämlich pragmatisch. Hierbei war die Seefahrt der große Vorreiter. Martin Behaim (1459-1507) aus Nürnberg baute im Jahre 1490 den ersten Globus, und Kolumbus wollte unbedingt, wider allen Widerstand, auf dem Seewege nach Indien segeln. Im Jahre 1492 landete er bei diesem Vorhaben auf den „Westindischen Inseln“ und „entdeckte“ damit Amerika. Die erste Erdumsegelung führte einige Jahrzehnte danach die Flotte Magellans in den Jahren 1520 bis 1522 durch, mehr als 20 Jahre bevor Nikolaus Kopernikus sein epochales Werk veröffentlichte und der „Scheibenvorstellung“ ein endgültiges Ende zu bereiten meinte. Doch der Mensch wäre kein Mensch, wenn er nur von der „ratio“ beseelt wäre.

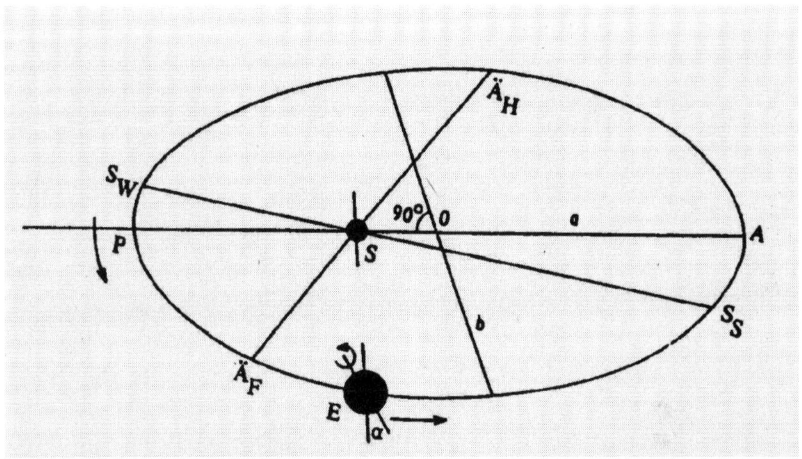

Abb. 20: Die Erdumlaufbahn und die Elemente, die langfristigen zyklischen Schwankungen unterliegen. In der Skizze wird die Umlaufbahn aus einem schiefen Winkel außerhalb ihrer Ebene gesehen: Folglich erscheint der Winkel zwischen der großen und der kleinen Achse der Ellipse, a und b, der Perspektive wegen nicht rechtwinklig. Die Sonne S befindet sich im Zentrum der Ellipse, und das Verhältnis von ihrer Entfernung vom Zentrum der Ellipse OS zum Punkt SP gibt die Exzentrizität e = OS/SP an. Durch die Sonne S und die Erde E verlaufen kurze Linien, die auf der Ebene der Umlaufbahn (der „Ekliptik") senkrecht stehen. Der Winkel Alpha zwischen dieser vertikalen Linie und der Erdachse wird Schiefe der Ekliptik genannt. Die derzeitige jahreszeitliche Lage der Erde auf ihrer Umlaufbahn zum Zeitpunkt der Wintersonnenwende, S., und der Sommersonnenwende, S., der Beginn des Äquinoktiums im Frühjahr, $Ä_F$ und im Herbst, $Ä_H$ sind in die Skizze eingezeichnet. Die beiden anderen markierten Punkte geben den sonnennächsten Punkt, Perihel (P), bzw. den sonnenfernsten Punkt, Aphel (A), auf der Erdumlaufbahn an. Die jahreszeitlichen Punkte (durch zwei Linien, die immer rechtwinklig zueinander stehen, verbunden) verschieben sich auf der Umlaufbahn, so daß sich die Jahreszeiten mit der größten und der geringsten Sonnennähe langsam verlagern. Die Punkte brauchen ca. 20 000 Jahre, um die Bahn einmal vollständig zu umkreisen. Die Wintersonnenwende S. entfernt sich zur Zeit langsam vom Punkt P.

Für das Wettergeschehen auf der Erde sind die Kugelgestalt von Sonne und Erde sowie die Rotationsbewegungen zueinander von ganz elementarer Bedeutung. Die Erde dreht sich aufgrund der Eigenrotation im 24-Stunden-Rhythmus in dem Dauerscheinwerferlicht der Sonne, wodurch der Wechsel zwischen Licht und Finsternis hervorgerufen wird. Sodann bewegt sich die Erde mit einer Geschwindigkeit von 30 Kilometer pro Sekunde oder 0,01 Prozent der Lichtgeschwindigkeit einmal jährlich um die Sonne, wobei die Ekliptikebene gegen die Äquatorebene um knapp 23,5 Grad geneigt ist. Die Sonne durchschreitet somit atronomisch am 21. März den „Frühlingspunkt“, erreicht am 21. Juni in 23,5 Grad nördlicher Breite das „Sommersolstitium“, um am 21. September den „Herbstpunkt“ zu passieren und am 21. Dezember das Wintersolstitium zu erreichen. Diese Umlaufbahn hat einen immensen Einfluß auf die tägliche astronomische und tatsächliche Sonnenscheindauer, einem der wichtigsten Wetterelemente überhaupt. Im Hochsommer der Nordhalbkugel, wenn die Erdachse ihren Nordpol der Sonne um 23,5 Grad zuneigt, herrscht nördlich 66 Grad geographischer Breite 24stündige Tageshelle. Gleichzeitig liegen der Südpol und ein Bereich von 23,5 Grad um ihn herum in dauernder Finsternis.

Während dort, wo die Sonne im Zenit steht, die Sonnenscheindauer bei unverändert 12 Stunden bleibt, beträgt sie im Sommer bei 40 Grad nördlicher Breite 15 Stunden, in 54 Grad 17 Stunden und in 62 Grad 20 Stunden. In 40 Grad, 54 Grad und 62 Grad südlicher Breite scheint die Sonne dann 9 beziehungsweise 7 und 5 Stunden pro Tag.

Es ist interessant, daß die Achsenneigung von 23,5 Grad, die Ekliptikschiefe, einen geradezu idealen Wert für die möglichst gleichmäßige Verteilung der Sonnenstrahlung über die ganze Erde hat. Jeder andere Winkel würde zu einer Vergrößerung der Temperaturgegensätze zwischen den Polen und dem Äquator führen mit entsprechenden direkten Konsequenzen für die allgemeine Zirkulation und indirekten Auswirkungen auf die Intensitäten der Tief- und Hochdruckgebiete.

In der „Klimaforschung“ wird auch stets mit der mittleren Entfernung der Erde von der Sonne von 150 Millionen Kilometern gerechnet und dementsprechend auch mit der „Solarkonstante“ von 1368 oder 1373 Watt pro Quadratmeter operiert. Dabei wird völlig außerachtgelassen, daß die Bahn der Erde um die Sonne nicht kreisförmig ist, sondern gemäß dem 2. Keplerschen Gesetz einer Ellipse entspricht, in deren einem Brennpunkt die Sonne steht. Die Exzentrizität beträgt nur ein Sechzigstel der mittleren Entfernung, was aber dennoch dazu führt, daß die gegenseitige Entfernung Sonne – Erde am 1. Januar im Perihel nur 147 Millionen Kilometer beträgt, am 1. Juli im Aphel dagegen 152 Millionen Kilometer.

Diese Entfernungsdifferenz von etwa 5 Millionen Kilometern führt zu einer ganz natürlichen Schwankung der „Solarkonstante“ von etwa plus/minus 3,5 Prozent. Im Perihel steigt die „Solarkonstante“ auf 1416 W/m2 und im Aphel sinkt sie auf 1320 W/m^2. Der Sommer der Nordhalbkugel fällt also mit der geringsten Bestrahlung zusammen und der Winter mit dem höchsten Energieinput. Parallel mit der Temperaturabnahme vom Sommer zum Winter nimmt also die „Solarkonstante“ um täglich 0,5 W/m^2 zu, um vom Winter zum Sommer bei zunehmender Erwärmung der Nordhalbkugel um täglich 0,5 W/m^2 wieder abzunehmen.

Aber diese von den „Klimaforschern“ ignorierte Tatsache ergibt gerade erst das wechselnde Klima, die variierende Neigung der Sonnenstrahlen. Betrachtet man einmal die Beziehung zwischen der Sonnenhöhe und der Wegstrecke, die die elektromagnetischen Strahlen durch die Atmosphäre durchlaufen müssen, so zeigt sich, daß die Wegstrecke der Sonnenstrahlen durch die Atmosphäre sich mit der Sonnenhöhe ändert. Mit der Entfernung vom Zenit nimmt mit sinkender Sonne die Wegstrecke erst langsam, dann aber immer schneller zu. Setzt man die Wegstrecke bei 90 Grad Sonnenhöhe gleich 1, dann verlängert sich die Wegstrecke bei 60 Grad auf das 1,154fache, bei 40 Grad auf das 1,553fache, bei 30 Grad auf das 1,995fache, bei 20 Grad auf das 2,904fache, bei 10 Grad auf das 5,6fache und bei 0 Grad auf das 35,4fache. Wenn die Sonne untergeht, hat sie den 35fachen Weg durch die Atmosphäre zurückzulegen im Vergleich zum mittäglichen Zenit. Die dabei eintretende Schwächung der Sonnenstrahlung zeigt sich uns täglich an der Farbänderung der Sonne. Morgens geht die Sonne „blutrot“ und „groß“ am Horizont auf, ist am Mittag „grellweiß“ und „klein“, um dann am Abend wieder „glutrot“ am Horizont zu verschwinden.

Verfolgt man die geradlinig zur Erde gelangenden Sonnenstrahlen, so kann die Abnahme ihrer Intensität mit fortschreitendem Eindringen in die Atmosphäre mittels der Bouguer-Lambertschen Formel berechnet werden. Diese Extinktionsformel gilt jedoch nur unter der Voraussetzung, daß die Atmosphäre ein homogenes Medium vollkommen „elastischer Moleküle“ ist. Aber gerade diese Vorausetzung trifft ebensowenig zu wie die Annahme konstanter Dichte. Denn gerade die Dichte der Luft nimmt von „oben nach unten" aus dem Blickwinkel eines Sonnenstrahls sehr stark zu. Mit diesem Hinweis sollte einmal mehr gezeigt werden, wie stark „Modellannahmen" von der Wirklichkeit abweichen können. Mit idealisierenden Annahmen kann man theoretisch operieren, man sollte sich, diese Warnung kann nicht oft genug wiederholt werden, aber strikt davor hüten, Modell-Ergebnisse einfach auf die komplexe Realität übertragen zu wollen. Die letztendlich auf den Erdboden auftreffende Sonnenstrahlung ist eine von der Atmosphäre filtrierte und damit gefilterte Strahlung, bei der Strahlen mit großer Durchdringungsfähigkeit mit zunehmender Schichtdicke und größerer Luftdichte das relative Übergewicht bekommen. Die Atmosphäre läßt praktisch durch ihr „Strahlungsfenster" nur die Sonnenstrahlung durch, die dem offenen Ökosystem Erde bekömmlich sind. Um den wahren Verhältnissen näher zu kommen, müßte man für jede einzelne Spektrallinie bei verschiedenen Sonnenhöhen deren Intensität bestimmen und daraus die Gesamtintensität abschätzen, doch wer macht schon solch eine wenig einträgliche Sisyphusarbeit? Jedenfalls scheint die neigungsbedingte Strahlungsextinktion so wirkungsvoll zu sein, daß sie den erhöhten Strahlungsgenuß im Winter völlig überkompensiert.

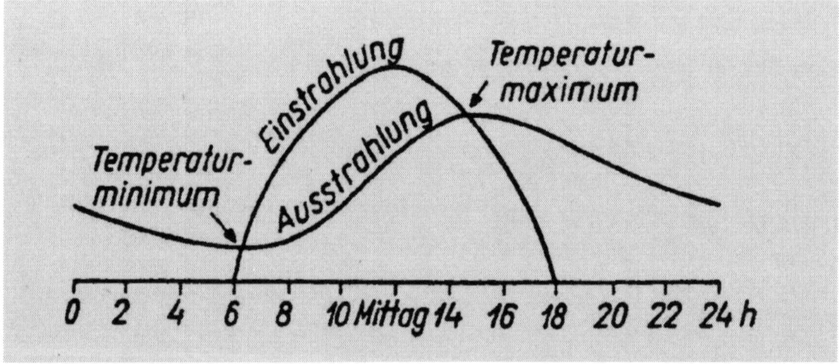

Abb. 21: Qualitativer Zusammenhang zwischen den morgendlichen und nachmittäglichen Temperaturextremen, der effektiven Einstrahlung wie der effektiven Ausstrahlung. Die Abbildung bezieht sich auf die Oberfläche. Hängt die Einstrahlung von der Tages- und Jahreszeit ab, so die Ausstrahlung von der Erdoberflächentemperatur.

In der numerischen „Klimaforschung“ ignoriert man jedoch jegliche Komplexität und hantiert mit allersimpelsten Modellen, mit großem Erfolg und entsprechender politischer Resonanz. Die „Klimapolitik“ honoriert dieses Entgegenkommen der „Wissenschaft“ entsprechend großzügig.

A. Die Sonne – unsere Licht- und Wärmequelle

Als Ludwig Boltzmann (1844-1906) die experimentellen Befunde von Josef Stefan (1835-1893), daß in einem perfekt isolierten Hohlzylinder die Temperatur in 4. Potenz der Strahlungs- oder Heizleistung (W/m^2) proportional ist, theoretisch bestätigte, hatte er absolut nicht im Sinne, diese für den mikroskopisch-atomaren Bereich gewonnen Erkenntnisse auf den makroskopisch-planetaren Bereich kritiklos zu übertragen und anzuwenden.

Wenn auch die Planetenbewegungen herangezogen wurden, um sich Erstvorstellungen von den inneren Strukturen von Atomen zu machen und den „Atom-Modellen“ optische Gestalt zu verleihen, um deren Aufbau dem menschlichen Auge zu versinnbildlichen, so zeigt zumindest die Geschichte der Fortentwicklung und Perfektionierung der atomaren Modellvorstellungen, daß man immer wieder den Mut aufgebracht hat, neue Modelle zu entwerfen und zu akzeptieren, so daß von der ursprünglichen Vision von Niels Bohr (1885-1951) nicht viel übrig geblieben ist. Ebenso wenig kann man umgekehrt vorgehen und einfach in primitivster Approximation die „Schwarzkörpergesetze“ auf das Sonnensystem im ganzen wie die Erde im speziellen übertragen.

Die Sonne ist für die Erde – Es werde Licht! – der wichtigste Himmelskörper, denn ohne ihre energetische Großzügigkeit gäbe es kein Leben auf unserem Planeten. Wer einmal die Möglichkeit hatte, eine totale Sonnenfinsternis zu beobachten, der wird an ihrem Beginn für wenige Sekunden gesehen haben, wie am Sonnenrand „Flammen“ emporschießen, „Spieße“ aus heißen Gasen, die bis in Höhen von 100 000 Kilometern vorstoßen, riesige „Spritzer“, die mit Überschallgeschwindigkeit auffliegen. Wenn dann die totale Abdeckung erreicht ist, tritt ein faszinierendes Phänomen hervor. Um die Sonne leuchtet ein Strahlenkranz, der wie ein „Flaum“ weit in den Raum herausreicht, eine Erscheinung so hell wie der Vollmond. Diese Corona ist nur während einer Sonnenfinsternis zu sehen. Sie wird sonst immer von der Helligkeit des Sonnenballs überstrahlt. Das überaus dünne Sonnengas reicht manchmal bis über die Erdbahn hinaus. Unser Planet bewegt sich dann in den äußersten Sonnengas-Schleiern. Diese verursachen die wunderbaren Nordlicht-Erscheinungen. Dennoch klassifiziert die Astrophysik unsere Sonne nur als einen Stern durchschnittlicher Größe und durchschnittlicher Leuchtkraft. Sie steht zwischen den Roten Riesen, die hundert- bis tausendfach größere Leuchtkraft entwickeln, und den Weißen Zwergen, die der Erde vergleichbar klein sind, aber außerordentlich kompakt und daher heiß sind. Ein Würfel von 1 cm Kantenlänge aus der Materie eines Weißen Zwerges würde 500 kg wiegen.

Seit den Tagen von Galileo Galilei haben die Astronomen die Tiefen des Kosmos wieder und wieder auszuloten versucht. Mit irdischem Wegmaß gemessen ergaben sich Zahlen, die nur noch Mathematiker benennen können. Nachdem es Ole Römer (1644-1710) im Jahr 1676 gelungen war, die Lichtgeschwindigkeit zu messen, führte man ein bis dahin unbekanntes kosmisches Entfernungsmaß ein, das Lichtjahr, das sich auch heute noch unserer direkten Vorstellungskraft entzieht. Es gibt die Strecke an, die ein Lichtstrahl in einem Jahr zurücklegt. Die Lichtgeschwindigkeit beträgt 300 000 Kilometer pro Sekunde! Die Maßeinheit für das Universum, das Lichtjahr, ergibt sich daraus: in einem Jahr legt das Licht 365 mal 24 mal 60 mal 60 mal 300 000 = 10 Billionen Kilometer zurück. Eine Kilometer-Zahl mit 13 Nullen! Wahrlich ein ungeheures Maß, das sich unserer anschaulichen Vorstellungskraft entziehen muß. Ein Lichtstrahl benötigt somit nur ungefähr 8 Minuten, um von der Sonne zur Erde zu gelangen. Die Erde ist also den Vorgängen auf der Sonne ziemlich direkt ausgesetzt. Zur nächsten Nachbarsonne Alpha Centauri sind es 4 Lichtjahre. Der Durchmesser der großen Spiralnebel, die wie unsere Milchstraße Milliarden von Sonnen umfassen, beträgt 100 000 Lichtjahre. Und diese 100 000 Lichtjahre abermals verhunderttausendfacht ergeben 10 Milliarden Lichtjahre. Das – so meint die Wissenschaft heute erkennen zu können – ist in etwa der Radius des Universums. Nur auf das ganze Universum bezieht sich der Energieerhaltungssatz, der erste Hauptsatz der Thermodynamik.

Am Beispiel der Erörterung der Natur des Lichts hatten wir gesehen, daß es zur vollständigen Erfassung seiner Erscheinung notwendig ist, nebeneinander verschiedene Modelle – die Korpuskularhypothese von Newton (1642-1727) und die Wellenhypothese von Huygens (1629-1695) – zu verwenden, die für das menschliche Anschauungsvermögen nicht miteinander vereinbar scheinen. Wir müssen uns daher mit der Tatsache abfinden, daß das Licht weder eindeutig eine Wellenbewegung noch ein Strom von Korpuskeln ist, sondern etwas, das sich der anschaulichen Beschreibung durch den menschlichen Geist entzieht und sich bisweilen so verhält wie eine Welle und ein anderes Mal wie eine Korpuskel. Der geniale Max Planck hat diese konträren Auffassungen durch den „Welle-Teilchen-Dualismus" in Einklang gebracht. Licht ist also beides, Welle und Korpuskel zugleich!

Diese Zusammenhänge hat Ludwig Boltzmann im Jahre 1905 in kurzer und prägnanter Form wie folgt beschrieben:

> *„Man hat die Sonne als die Energiequelle, nicht nur des tierischen und pflanzlichen Lebens und der meteorologischen Prozesse, sondern überhaupt aller irdischen Arbeitsprozesse mit Ausnahme der Meermühlen von Agrostoli gepriesen. Helmholtz hat gezeigt, daß auch die den Steinkohlen entstammende Wärme nur aufgespeicherte Sonnenwärme ist, aber ich weiß nicht, ob man mit genügender Klarheit darauf hingewiesen hat, warum uns gerade diese Energiequelle von so großem Nutzen ist. In den Körpern der Erdoberfläche, die uns unmittelbar zur Hand sind, ist ja ein Energievorrat aufgespeichert, von dessen Größe wir gar keinen Begriff haben. Wenn die Wärme, die der Niagarafall alleine produziert, schon hinreichen würde, einen erheblichen Teil aller unserer Maschinen zu betreiben, welchen unerschöpflichen Vorrat an Energie hätten wir dann, wenn wir imstande wären, alle in den uns umgebenden Körpern enthaltene Wärme in Arbeit zu verwandeln. Allein dies gelingt eben nicht, weil die in ihnen vorhandene Energie, soweit nicht durch Einwirkung der Sonne Temperaturungleichheiten entstehen, schon nahezu in der wahrscheinlichsten Weise verteilt ist und daher jeder Versuch, sie in anderer unseren Zwecken mehr entsprechender Weise zu verteilen, scheitert. Dagegen herrscht zwischen Sonne und Erde eine kolossale Temperatur-*

differenz; zwischen diesen beiden Körpern ist daher die Energie durchaus nicht den Wahrscheinlichkeitsgesetzen gemäß verteilt. Der in dem Streben nach größerer Wahrscheinlichkeit begründete Temperaturausgleich zwischen beiden Körpern dauert wegen ihrer enormen Entfernung und Größe Jahrmillionen. Die Zwischenformen, die die Sonnenenergie annimmt, bis sie zur Erdtemperatur herabsinkt, können ziemlich unwahrscheinliche Energieformen sein, wir können den Wärmeübergang von der Sonne zur Erde leicht zu Arbeitsleistungen benützen, wie den vom Wasser des Dampfkessels zum Kühlwasser. Der allgemeine Daseinskampf der Lebenswesen ist daher nicht ein Kampf um die Grundstoffe. Die Grundstoffe aller Organismen sind in Luft, Wasser und Erdboden im Überflüsse vorhanden – auch nicht um Energie, die in Form von Wärme leider unverwandelbar in jedem Körper reichlich enthalten ist, sondern ein Kampf um die Entropie, die durch den Übergang der Energie von der heißen Sonne zur kalten Erde disponibel wird. Diesen Übergang möglichst auszunutzen, breiten die Pflanzen die unermeßliche Fläche ihrer Blätter aus und zwingen die Sonnenenergie in noch unerforschter Weise, ehe sie auf das Temperaturniveau der Erde herabsinkt, chemische Synthesen auszuführen, von denen man in unseren Laboratorien noch keine Ahnung hat. Die Produkte dieser chemischen Küche bilden das „Kampfobjekt für die Tierwelt.“

Ludwig Boltzmann hat der Grundhypothese, daß auf der Erde so etwas wie ein „Strahlungsgleichgewicht“ auch nur im gedanklichen Ansatz bestehen könnte, eine eineindeutig klare und physikalisch unwiderlegbare Absage erteilt. Heute wissen wir, daß die Sonne etwa 10 Milliarden und die Erde knapp 5 Milliarden Jahre alt sind, und daß es seit Existenz der Erde „Strahlungsgleichgewicht“ nie gegeben hat und nie geben wird, ja dieser Hypothese sogar jegliche physikalische Basis fehlt, solange die Strahlungsquelle Sonne nicht endgültig erlischt. Damit fällt das zentrale Paradigma der „politorientierten“ Klimaforschung in ein unendlich tiefes „schwarzes Loch“! Dennoch wird von den Protagonisten der „Klimakatastrophe“ und des „Treibhauseffektes“ dieses Paradoxon „Strahlungsgleichgewücht“ weiterhin so verbissen verteidigt, wie eine hungrige Löwin mit Jungen ihre Beute mit Zähnen und Klauen verteidigt.

In dem „Klima-Treibhaus“ herrscht kein lebensfrohes Treiben und keine „reiche Vegetation“ erregt in unseren Augen ein „instinktartiges Wohlgefallen“, wie sich der Arzt Robert Mayer und Entdecker des „mechanischen Wärmeäquivalents“ ausdrückte. Dabei, und das weiß jeder Biologe, Chemiker und Physiker und im Prinzip jeder Abiturient auf Erden, daß alles Leben von dem Differenzbetrag zwischen eingestrahlter und ausgestrahlter Energie abhängt. Dieser ist ganz gewaltig, wenn man sich vor Augen führt, daß zwischen beiden Energieströmen der Sonne und der Erde ein enormer Wellenlängenunterschied besteht. Die ausgestrahlte Energie hat bei einer angenommenen Erdoberflächentemperatur von +15 °C ihr Wellenlängenmaximum bei 10 Mikrometern, was der zwanzigfachen Wellenlänge der eingestrahlten Sonnenenergie entspricht. Dagegen liegt bei 6000 °C das Wellenlängenmaximum im sichtbaren Bereich bei 0,5 Mikrometern. Wenn man sich vorstellt, wieviel Energie man aufwenden muß, um ein Stück Eisen bis zur Rotglut und weiter zur Weißglut zu erhitzen, kann man sich eine Vorstellung von der „Gleichheit“ der Energieströme machen.

B. Platon/Aristoteles – oder der Mensch ist ein ambivalentes Wesen

Unsere menschliche Wahrnehmung kann nie Unendliches umspannen, sondern ist immer an konkrete Empfindungen geknüpft. Zu unserem Wahrnehmungsrepertoire gehören drei Bestandstücke der uns umgebenden anschaulichen Welt. Es sind dies der „Raum“, die „Zeit“ und die „Kausalität“. Wie der Raum die Ordnung der Dinge ihrer Lage nach, und die Zeit die Ordnung der Dinge ihrer Folge nach ist, so ist die Kausalität die Ordnung der Dinge ihrer Ursache nach. Als solche ist die Kausalität durchaus nichts Abstraktes, sondern wie Raum und Zeit ein Bestandstück des Komplexes der empirischen Realität. Die Unmöglichkeit, die Anschauung der Außenwelt ihrer Entstehung nach zu erklären, ohne daß man die Kausalität zu Rate zieht, zeigt deutlich und unwidersprechlich, daß die Kausalität selber nicht aus der Anschauung der Außenwelt geschöpft sein kann, sondern a priori im „Intellekt“ liegen muß. Dies liegt auch in der Konstitution unseres Organismus begründet, der mit „Sinnesorganen“ für die Reizaufnahme ausgestattet ist. Unsere Sinneszellen sind die Transformatoren, die die auf den Organismus einwirkenden Reize in Nervenerregung umwandeln und sozusagen die „Eingangspforten“ zum Nervensystem darstellen.

Die Sinnesorgane sind in ihrer Leistung aber begrenzt. Sie vermitteln ihrem Träger keineswegs alle auf ihn einwirkenden Reize, sondern nur einen bestimmten Ausschnitt davon. Der Mensch kann zum Beispiel infrarotes und ultraviolettes Licht nicht sehen und allzu tiefe und hohe Töne nicht hören. Vielfach werden die Erregungen auch nicht an dem Ort des Empfindens „gespürt“, sondern in die Umwelt projiziert. So empfinden wir die Lichtwellen nicht auf der Netzhaut und die Schallwellen nicht im Ohr, sondern wir legen den empfangenen Reiz an den Ort, von wo er ausging und auf uns zukam.

Die rein physikalische Interpretation des „Kausalitätsprinzips“ wird aufgrund physiologischer Vorgaben hinfällig. Wir müssen es relativieren. In erkenntnistheoretisch erweiterter und für die gesamten Naturerscheinungen gültiger Form muß das „Gesetz der Kausalität“ wie folgt kompliziert werden: Jede Veränderung an der Materie heißt Wirkung und findet nur statt, nachdem ihr eine Veränderung, genannt Ursache, vorhergegangen ist, auf welche die Wirkung regelmäßig und unausbleiblich, das heißt notwendigerweise erfolgt. Doch nun kommt die Relativierung: Dieselbe Ursache hat stets dieselbe Wirkung, hingegen kann dieselbe Wirkung aus verschiedenen Ursachen erfolgen. Hieraus folgt, daß die Schlußfolgerung von der Wirkung auf die Ursache problematisch, der von der Ursache auf die Wirkung sicher ist. Ersteres ist der Weg der Hypothese, letzteres der Weg des Experiments. Es war die Quantentheorie von Max Planck, die das Weltbild der Physik von Grund auf umgestaltet und die Grundanschauungen der klassischen Physik relativiert hat. Bleibt festzuhalten: Das mikrokosmische Geschehen ist nicht objektivierbar.

Weiter: Das mikrokosmische Geschehen verläuft nicht streng determiniert. Es folgt statistischen Gesetzen!

Wenn man rückblickend in einem Klimatagebuch die Eintragung verzeichnet findet: 20. Juli 1997, Isny/Allgäu 25 Millimeter Tagesniederschlag, dann steht das „Faktum“ als gemessener Summenwert fest. Doch ohne schriftliche Interpretationshilfe kann man weder etwas über die Ursache sagen, ob die 25 Liter pro Quadratmeter auf einen halbstündigen Gewitterguß oder einen 24stündigen Landregen oder weitere Kombinationen „ursächlich“ zurückzuführen sind. Je nach der Art des Niederschlags in „Zeit“ und „Intensität“ ist auch die Wirkung in der Natur, auf Vegetation und Boden, eine andere. Sie kann wiederum von Ort zu Ort je nach Hangneigung, Bodenart, Humusgehalt, Bewuchs erheblich variieren. Man sollte sich also stets vor allzu simplizistischen Erklärungsmustern hüten und sich stets an der Komplexität allen Naturgeschehens orientieren, auch wenn die Antwort nicht den Kriterien „flott und einfach“ genügt. Eine überlegte und die Komplexität berücksichtigende Antwort ist aber auf jeden Fall richtiger, wenn auch langsamer.

Um die Natur der Dinge dieser Welt zu erforschen, können wir grundsätzlich zwei Standpunkte einnehmen: den transzendentalen und den empirischen. Die beiden Betrachtungsweisen gehen von der erfahrbaren Wahrnehmung aus, beschreiten aber grundverschiedene Wege, den transzendentalen der Metaphysik beziehungsweise den empirischen der Physik. Diese zwei Standpunkte, die Natur zu erforschen, führen zurück auf Platon (427-347 v. Chr.), der den Menschen als zweigeteiltes Wesen ansah, das gleichzeitig in zwei Welten lebe, der Ideenwelt und der Sinnenwelt. Während Platon mit seinem Höhlengleichnis zu vermitteln versucht, daß die Ideenwelt absolute Priorität habe, weil sie die Urbilder liefert, die wir mittels der Vernunft erkennen sollen, vertrat Aristoteles (384-322 v. Chr.) einen völlig anderen Standpunkt. Aristoteles war Empiriker und der Meinung, daß der Mensch zwar eine angeborene Vernunft habe, diese aber leer sei, solange wir mit unseren Sinnen nichts empfinden und wahrnehmen. Aristoteles unterscheidet zwischen Stoff und Form, und jede Veränderung in der Natur ist ihm zufolge eine bloße Umformung des Stoffes von der Möglichkeit zur Wirklichkeit.

Aber noch einmal zurück zu Platon, weil seine Ideenlehre ein „Törchen“ zum Verständnis des Geheimnisses von der Fiktion der anthropogen verursachten „Klimakatastrophe“ öffnet. Unter Ideen verstand Platon ewige Urbilder, die unveränderlich hinter den schattenhaften Erscheinungen der Dingwelt stehen. Was wir mit den Sinnen erfassen, ist nur Schein, eine Art „Projektion“ aus dem Reich der Ideen, der eigentlichen Wirklichkeit. Dieser höheren Welt entstammt auch die unsterbliche Seele. Alles Erkennen des Menschen ist darum nur eine Erinnerung der Seele an das, was sie im Reich der Ideen geschaut hat. Die höchste unter den Ideen aber ist die Gerechtigkeit, die zu verwirklichen Aufgabe des Staates ist. Platon kann man als Begründer des Idealismus ansehen, Aristoteles als den des Realismus.

Diese offensichtlich von Natur aus im Menschen angelegte Polarität macht ihn sowohl in seinem Denken wie auch seinem Handeln zu einem ambivalenten Wesen. Dieser Dualismus in unseren Denkstrukturen beginnt schon beim Verständnis von uns selbst: Wir sehen uns als Kombination materieller Körper und immaterieller Geist, bestehend aus Leib und Seele. Wir fühlen uns als Optimisten oder Pessimisten, als Idealisten oder Realisten, als Egoisten oder Altruisten. Wir sind ein Individuum, aber zugleich auch ein auf Gemeinschaft zentriertes und angewiesenes Wesen. Je nach unserer Wertvorstellung tendieren wir mehr zum Individualismus oder zum Kollektivismus und daraus abgeleitet mehr zum Liberalismus oder zum Sozialismus. Dem rationalen Verhalten stellen wir das irrationale Verhalten gegenüber. Wir Menschen pendeln ständig zwischen zwei „Welten", der physischen oder metaphysischen oder der „Ideenwelt" und der „Sinnenwelt".

Es scheint heutzutage so, daß zumindest in der veröffentlichten Meinung, wenn auch weitgehend unausgesprochen, Platon gegenüber Aristoteles die Präferenz genießt. Der Standpunkt von Platon, daß all das, was wir in der Natur sehen, ein Reflex aus der Welt der Ideen ist, hat natürlich etwas anziehend Faszinierendes. Diese Sichtweise verleiht eine vordergründige geistige Autonomie und entspricht dem allgemeinen Wunsch nach „Selbstbestimmung", „Selbstverwirklichung", „Selbstbefreiung", „Emanzipation" und „Gleichheit". Das autonome Individuum lebt „leichter" in dem mythischen Weltbild, dem Platon verhaftet war, zumal danach jedem Mensch bei der Geburt in die Wiege bereits eine vollkommen fertige „Vernunft" hineingelegt wurde. Doch damit nicht genug: Sicheres Wissen können wir nur von dem haben, was wir mit der Vernunft erkennen und diese ist bei allen Menschen dieselbe! Dieser platonische Glaube an die ewige und unveränderliche Vernunft, die bei allen Menschen dieselbe ist, das kommt der Wunschvorstellung nach der „Gleichheit" aller Menschen sehr nahe. Es müssen zwecks Erreichung dieses „Idealzustandes" nur noch die gesellschaftspolitischen Rahmenbedingungen entsprechend geändert werden.

Das Gegensatzpaar, hier Platon dort Aristoteles, ist leibhaftiger Ausdruck der Vorstellung des Menschen als zweigeteiltem Wesen. Beide Denkrichtungen führen zu völlig anderen Konzeptionen von dieser Welt und der Stellung des Menschen in der Welt. Sie führen auch zu konträren oder divergierenden Handlungsempfehlungen. Die Tradition aristotelischen Denkens, die sich über Hobbes und Locke bis hin zu Rousseau, Kant und Carl Schmitt verfolgen läßt, zeichnete sich dadurch aus, daß alle politiktheoretischen Ansätze methodologisch pragmatisch vorgingen, indem sie anhand bestimmter realitätsbezogener Annahmen über die menschliche Natur abstrakte Prinzipien für eine ideale Verfassung ableiteten. Platon dagegen kann als der antike Ideengeber für utopische Gesellschaftsmodelle angesehen werden.

C. Utopische Gesellschaftsentwürfe der Neuzeit

Das utopische Denken der „Moderne" oder Neuzeit wird allgemein mit der Veröffentlichung von Thomas Morus (1478-1535) Werk „Utopia" im Jahre 1516 gleichgesetzt. Bis zum Ende des 18. Jahrhunderts hatte diese klassische Utopietradition – wie bei Platon – den Status eines Ideals, ohne den doktrinären Anspruch auf Totalrevision der soziopolitischen Wirklichkeit zu erheben. Dieses Verlangen kam erst kurz vor der Französischen Revolution im Jahre 1789 auf und wurde dann im 19. Jahrhundert das entscheidende Moment politischen Gestaltungsdrangs. Die Geburtsstunde des neuen intentionalen Utopiebegriffs setzte mit Gustav Landauer (1870-1919) und seinem 1907 veröffentlichten Buch „Die Revolution" ein. Von Ernst Blochs „Geist der Utopie" aus dem Jahre 1917 und Karl Mannheims „Ideologie und Utopie" von 1929 wurde dieser Utopieansatz „schulemachend" umgestaltet. Damit wurde auch der Utopiebegriff an den Marxismus und seinem Ideengebäude angenähert.

Joachim Fest schildert Ernst Bloch (1885-1977) als einen authentischen Erben der fanatisierten Wiedertäufer des 16. Jahrhunderts. Wie für die mittelalterlichen Sozialrevolutionäre auch, so sei für Bloch die Überzeugung zentral, „daß die Welt zu ihrer Umgestaltung erst durch eine Katastrophe hindurch müsse, durch ein apokalyptisches Fegefeuer, das die Verworfenen austilgen und den Guten die Erlösung bringen werde".

Bloch forderte den radikalen „Umbau der Natur". Deren rücksichtslose Unterwerfung durch Naturwissenschaft und Technik mit dem Ziel der Befriedigung der menschlichen Bedürfnisse habe sich Bloch zufolge „am Großartigsten" in der Sowjetunion vollzogen.

> *„Hier kulminiert das mit den ersten Ackerbauern begonnene Geschäft der Rodung ins bisher Unvorstellbare, Pflanzen, Ströme, Klima sehen sich verändert, noch die Tundra wird zu Getreideland umgeschaffen. Die Sowjetunion befördert daher in riesigem Maße die Gesichtsbildung der Kulturlandschaft, zu der die Erde fähig ist und in der sie seit ihrer ersten Bebauung sich ausbreitet. Geographie ohne und vor dem Menschen gibt es in bewohnten Gebieten nicht mehr, doch gerade deshalb hört sie selber nicht auf, um für die Geschichte umfassend zu sein – als Schauplatz wie Rahmen."*

Bloch vertrat auch die Auffassung, daß die Kernenergie allein von der sozialistischen Sowjetunion – zum Heile der Menschheit – entwickelt werden könne. Wie ambivalent Bloch je nach Perspektive des Betrachters interpretiert werden kann, zeigt Iring Fetscher, nach dessen Meinung Bloch durchaus als „Vordenker einer ökologischen Wende" gelten könne.

Ernst Bloch (1885-1977) war auch einer der geistigen Väter der neomarxistischen Studentenrevolte, die in der zu einem festen Begriff gewordenen „68er Kulturrevolution" kulminierte. Die Rebellion der Studenten führte zur „Außerparlamentarischen Opposition", kurz „Apo", die von Peter Cornelius Mayer-Tasch als Vorreiter der „Bürgerinitiativbewegung" anzusehen ist. Das intellektuelle Instrumentarium für diese Bewegungen lieferte vornehmlich die „Frankfurter Schule" um Max Horkheimer, Theodor Adorno und Herbert Marcuse. Insbesondere durch die „Große Koalition" von der Mitwirkung wie konkreten Beteiligung an der politischen Macht ausgegrenzt, forderten die Außerparlamentarische Opposition wie die Bürgerinitiativbewegung vor allem „Partizipation". Der Beweggrund sei die unbefriedigende sozio- und politikökologische Gesamtsituation. Man artikulierte ein generelles Unbehagen am Status quo und schürte Unzufriedenheit, die man gerne diffus und pauschal aus der jedermann zugänglichen und damit subjektiv beliebig interpretierbaren Umwelterfahrung des Alltags herleitete. Dieses Unbehagen leitete man wiederum aus dem utopischen Wunsch ab, das Dasein zu vereinfachen, indem man alle „Entfremdungen" aufzuheben und die Einheit von Mensch und Natur wiederherzustellen gedenke. Bei dieser Argumentation spielt der platonische Vernunftbegriff eine ganz elementare Rolle. Da alle Menschen mit derselben Vernunft ausgestattet sind, kann diese nicht länger „Privileg der Herrschenden" sein. Hieraus leitet sich die Forderung nach Mitsprache, Partizipation, nach Basisdemokratie ab. Nicht mehr das Wissen ist gefragt, Basis ist die „Vernunft", die aus der jedermann zugänglichen Alltagserfahrung herrührt. Und diese ist nach Platon bei allen Menschen dieselbe. Diese Art „Vernunft" sollte auch Einzug in die Universitäten halten, den „Mief aus den Talaren" ebenso wie das „elitäre Denken" vertreiben, und sie sollte über die „Sozialpflichtigkeit des Wissenschaftlers" zur „Vergesellschaftung der Wissenschaften" führen.

Der Idealismus von Platon wie der Utopismus der „Frankfurter Schule" bestimmten und bestimmen weitgehend das „intellektuelle Klima". Das Abheben in die „Ideenwelt" des Großteils einer akademischen Generation, die zudem zu dem „Marsch in die Institutionen" aufgerufen wurde und ihn auch erfolgreich schaffte, blieb nicht ohne gesamtgesellschaftliche Auswirkungen. Der wichtigste Transmissionsriemen für ihre Ideen waren dabei die „Medien", die als „4. Gewalt" im Staate längst die klassische Gewaltenteilung in Legislative, Judikative und Exekutive haben weitgehend obsolet werden lassen. Wer sich nur vergegenwärtigt, daß unsere Sprache eine „Bildersprache" ist und wir demzufolge auch stets in „Bildern" denken, der kann ermessen, welch ungeheure Macht die Medien – Presse, Rundfunk, Fernsehen – auszuüben in der Lage sind. Insbesondere die visuellen Medien, deren Bildsequenzen als elektromagnetische Wellen über unsere Augen und deren Worte als akustische Wellen über unsere Ohren einen ungeschützten Zugang zu unserer Seele haben, können Tag und Nacht sowohl physiologisch als auch psychologisch auf uns einwirken, sowohl bewußt aber mehr noch unbewußt.

Nachdem die Erde durch den Befehl des Herrn, „Es werde Licht!", aus der Finsternis gerissen und als offenes Ökosystem lebensfähig geworden ist, sind wir Menschen allegorisch dazu bestimmt und verdammt, das „Licht der Welt“ zu erblicken. Die elementare und zentrale Bedeutung unseres Seh-Sinnes hat Johann Wolfgang von Goethe meisterhaft in Worte gekleidet:

„Wär' nicht das Auge sonnenhaft,

Wie könnt' die Sonne es erblicken?

Läg' nicht in uns des Gottes eigne Kraft,

Wie könnt' uns Göttliches entzücken?“

Das Sehen ist mithin die wesentlichste Form der Weltaneignung. Wir sehen die Welt als Bild und machen uns ein Abbild von der Wirklichkeit. Dabei sollten wir uns aber stets bewußt sein und auch bleiben, daß unsere Abbilder oder Modelle die Komplexität der Wirklichkeit nie gänzlich erfassen werden können. Es bleibt eine „Unschärfe“! Selbst das schönste Paßfoto bleibt eine Momentaufnahme, die zwar einen optischen Erst-Eindruck von einer Person gibt, aber über diese Person und ihre Charaktereigenschaften nur extrem wenig aussagt. Selbst wo der Seh-Sinn nicht aktiviert wird, beispielsweise beim abstrakten Denken, dominiert das Visuelle metaphorisch – etwa im Begriff „Theorie“, der von „horan“ kommt, was wiederum nichts anderes heißt als „sehen“. Bilder können positiv wie negativ, objektiv wie subjektiv zur Unterrichtung und Information aber auch zur Manipulation und Desinformation gebraucht und mißbraucht werden. Bilder sind in der Lage, die Köpfe und Seelen der Menschen zu verwüsten. Bilder durchdringen alle Schranken von Geist und Vernunft, sie haben hypnotische Gewalt. Wir sind ihnen ausgeliefert, weil sie das eigentliche Substrat unserer Welt- und Realitätserfahrung bilden. Dem Augenzeugen wird bei Gericht bei widersprüchlichen Aussagen absolute Priorität eingeräumt, weil die okulare Wahrnehmung als die unmittelbarste angesehen wird.

Es gibt aber auch die „Einbildung“, die von der „Ideenwelt“ gesteuert wird. Deren Produkte sind „virtuelle Bilder“, die aber eine ebenso große Suggestionskraft ausüben können wie die echten Bilder. Sie sind aber weitaus gefährlicher als die reinen „Traumbilder“ oder „Phantasiebilder“ konventionellen Ursprungs, weil sie den modernen „Computergehirnen“ entspringen und ob ihrer Perfektheit „Echtheit“ oder „virtuelle Realität“ vortäuschen können.

D. Unser Kopf ist voller widersprüchlicher Weltbilder

Alle unsere gedanklichen „Weltbilder“ entstehen sozusagen im Kopf. Dies gilt auch für das „Bild der Wissenschaft“, korrekter die zahlreichen und vielfach in sich widersprüchlichen „Bilder“ der Wissenschaften. Wie schon seit mehr als zweitausend Jahren ist der Mensch immer noch auf der Suche nach der Naturerklärung. Viele winzige Schleier hat er schon gelüftet, doch die Natur läßt sich nur sehr zögernd und widerspenstig ihre „Geheimnisse“, Gesetzmäßigkeiten und Funktionsmechanismen entlocken. Am eklatantesten und für jedermann nachprüfbar und bisweilen „naß“ spürbar ist dies bei dem Versuch, unseren alltäglichen Begleiter, das Wetter, vorherzusagen. Es ist eine Illusion zu meinen, man könnte jemals das Wetter exakt vorhersagen. Dies gelingt häufig nicht einmal für 24 Stunden! Wir müssen uns mit der Vorhersage einer „Eintreffwahrscheinlichkeit“ begnügen, mit einer vielfach unbefriedigenden statistischen Aussage, wobei immer über gewisse geographische Räume und Zeiten gemittelt werden muß. Dies führt dann zu Formulierungen wie tagsüber „heiter bis wolkig“, am Abend und in der Nacht von Westen her Eintrübung und nachfolgend Regen. Nach nächtlichen Tiefstwerten um 10 Grad sollen dann die Temperaturen am Mittag auf 22 bis 26 Grad ansteigen. Wenn dies mit dieser „Genauigkeit“ eintrifft, dann war die Vorhersage „exakt“.

Wenn diese Prognose tatsächlich auch so eintrifft, dann können wir Meteorologen stolz sein. Doch selbst diese „statistische Aussage“ oder Wahrscheinlichkeitsprognose mißlingt in vielen Fällen. Eine exakte Vorhersage des tatsächlichen Wetterablaufs über einem bestimmten Ort mit dem stets wechselnden Himmelsbild, des genauen Temperaturverlaufs, des mit den Wolken rasch wechselnden Sonnenscheins, des Niederschlagsverlaufs in seiner zeitlichen und räumlichen Intensität, das bleibt ein „utopischer“ Wunschtraum. Natürlich versucht man speziell für Flughäfen „Punktvorhersagen“, doch dann setzt man erheblich mehr technische Hilfsmittel wie Radar ein und, vor allem, man erhöht die Beobachtungsintervalle und reduziert gleichzeitig die Prognosedauer auf 6 bis 12 Stunden. Es gibt ihn nicht, den „Laplaceschen Dämon“, in der synoptischen Meteorologie. Dieser behauptet, daß nichts unsicher wäre und Zukunft wie Vergangenheit offen vor uns lägen, wenn es eine

„Intelligenz“ gäbe, die die Position aller Stoffpartikel oder Moleküle in der Atmosphäre zu einem gewissen Zeitpunkt exakt kennen würde. Zumindest wir Menschen besitzen diese „Intelligenz“ nicht und daran werden auch die größten elektronischen Gehirne nichts ändern.

Die Aussage, Weltbilder entstehen im Kopf, sollte uns stets bewußt machen, daß es meist nicht unser eigener Kopf ist, der ein Weltbild produziert hat. In der Regel werden uns die Weltbilder fertig präsentiert und konsumfertig serviert. Unsere Bereitschaft zur Akzeptanz der „Bildernahrung“ orientiert sich in sehr vielen Fällen nicht an der Gediegenheit, der Seriosität, der Objektivität, ihrem Wahrheitsgehalt, sondern allzu häufig an ganz banalen Dingen wie Eingängigkeit, Schönheit, Plausibilität und schmackhafter Präsentation. Die tiefenpsychologische Dimension spielt eine ganz herausragende Rolle, die werbetechnische Verarbeitung und Verpackung ist das Rezept für den Erfolg eines Weltbildes. Dies wissen wir alle sehr genau, und trotzdem müssen wir ehrlich eingestehen, daß eine gute Werbung uns immer wieder „reinlegt“.

E. Die Naturwissenschaften auf der Suche nach verständlichen Erklärungen

Bei dem allgemeinen Bilderchaos sollten wir wenigstens von den reinen Naturwissenschaften Exaktheit, Klarheit, Objektivität, Reproduzierbarkeit verlangen. Speziell von der „Physik“ logisch konsistentes Denken fordern sowie die Offenlegung aller Approximationen, die den Modellen zugrunde liegen, damit die Ergebnisse jederzeit von neutraler Seite wiederholbar und nachprüfbar, mithin verifizierbar oder falsifizierbar sind. Dies ist bei physikalischen und chemischen Versuchen im Labor in der Regel möglich, doch das riesige Labor „Erde plus Atmosphäre“ erlaubt dieses Vorgehen leider nicht. Hier gibt es von Natur aus keinen zweiten Versuch, denn über allem Naturgeschehen waltet unerbittlich der „Zeitpfeil“. Alle Naturvorgänge sind irreversibel, nichts ist umkehrbar! Eine Fehlvorhersage ist nicht rückgängig zu machen, sie kann bestenfalls beim nächsten Termin korrigiert werden.

Von wo das menschliche Erkenntnisvermögen ausgeht und wo es letztendlich landet, das hat Pierre Teilhard de Chardin (1881-1955) in seinem Buch „Der Mensch im Kosmos“ (1953) sehr deutlich und ernüchternd beschrieben:

„Ganz unbewußt gingen Physiker und andere Naturforscher zunächst so vor, als senke sich ihr Blick aus weiter Ferne auf eine Welt, die ihr Bewußtsein zu durchdringen vermöchte, ohne ihren Wirkungen ausgesetzt zu sein, oder sie zu beeinflussen. Sie gelangen erst jetzt zu der Einsicht, daß selbst ihre objektivsten Beobachtungen von anfänglich aufgegriffenen Annahmen durchsetzt sind, ebenso wie von Denkformen uns Denkgewohnheiten, die im Verlauf der Forschungsgeschichte gebildet wurden. Objekt und Subjekt vermischen sich und verwandeln sich gegenseitig im Akt des Erkennens. Deshalb findet der Mensch sich darin wieder und betrachtet sich selbst in allem, was er sieht, ob er will oder nicht.“

Ob als Geschöpf oder Zufallsprodukt der Evolution, der Mensch muß sich stets bewußt sein und bleiben, daß er erst die irdische Bühne betreten hat, als der Befehl „Es werde Licht!“ bereits Milliarden von Jahren zurücklag und die Biosphäre so „gut“ und wohldurchdacht aufbereitet war, daß er leben und überleben konnte. Die Frage nach dem, was vor seinem Eintritt in die Wirklichkeit geschehen ist, das mag rudimentär rekonstruierbar sein, doch auf die neugierige Frage nach dem „Warum“, hierauf wird der Mensch wohl nie mehr als hypothetische und vorläufige Antworten finden.

Wie an der gegensätzlichen Auffassung von Platon und Aristoteles gezeigt, ist der Mensch zu einer dualistischen Sehweise „verdammt“, eben aufgrund seines ambivalenten Erkenntnisvermögens. Heute „wissen“ wir natürlich, daß sichtbares Licht lediglich ein kleiner Teil des elektromagnetischen Spektrums ist, nämlich der Teil, der den Wellen entspricht, deren Wellenlängen in dem vom menschlichen Auge erfaßbaren Bereich liegen und ungefähr die Oktav zwischen 0,4 bis 0,7 Mikrometer abdecken. Soweit bekannt, können sich elektromagnetische Wellen mit jeglicher Wellenlänge und der dazugehörigen Frequenz mit Lichtgeschwindigkeit geradlinig ausbreiten. Dies gilt gleichermaßen für Wellen im Kilohertz-Bereich, die von Radiosendern ausgestrahlt werden, bis hin zu den Röntgenstrahlen oder den harten Gammastrahlen der kosmischen Höhenstrahlung.

Viele Jahrhunderte war es ein zentraler philosophischer wie theologischer Glaubenssatz, daß sich die ganze Welt, von der Bewegung fallender Körper bis zur Existenz Gottes, letztlich allein durch Nachdenken verstehen lasse. Man meinte, daß die Natur gemäß ganz bestimmten Prinzipien funktioniere, und versuchte, diese Prinzipien zu ergründen und daraus alle Naturerscheinungen abzuleiten. Empirische Tests oder experimentelle Untersuchungen, die zeigen konnten, ob die Welt sich wirklich „theoriegemäß" verhielt, lagen in ihrer Wertschätzung weit abgeschlagen auf hinteren Rängen. Die durchaus revolutionäre Idee hinter den modernen Naturwissenschaften – der Wissenschaft von Nikolaus Kopernikus, Johannes Kepler, Galileo Galilei und Isaac Newton – lag in der Neubewertung empirisch oder meßtechnisch gewonnener Fakten. Der fundamentale Glaube, daß Theorien einfach und harmonisch sein sollten, wurde beibehalten, doch die Ansicht, daß man diese Theorien allein durch Nachdenken entwickeln könne, wurde aufgegeben. Auch die Philosophen, ausgehend von John Locke, begannen die entscheidende Bedeutung empirischer Fakten zu erkennen und die „Macht der Fakten" zu respektieren als „Tatsachen", die sich nicht mittels einer Methode reinen Denkens ableiten ließen. Den enormen Erfolg der Naturwissenschaften in den letzten drei Jahrhunderten verdanken wir dem Aufkommen einer grundsätzlich pragmatischen Philosophie. Die moderne mathemathisch-physikalische Wissenschaft entstand nicht über Nacht. Als ein passendes Geburtsdatum kann jedoch die Veröffentlichung von Isaac Newtons „Plilosophiae naturalis principia mathematica", den „Mathematischen Prinzipien der Naturphilosophie", im Jahre 1687 angesehen werden.

Isaac Newton hatte 1687 mit seinen mathematischen „Prinzipien der Naturlehre" den Grundstein für das moderne Verständnis der Natur gelegt. Seine drei Gesetze der Mechanik – das Trägheitsgesetz, das Bewegungsgesetz, das Wirkungs- und Gegenwirkungsgesetz – wurden zusammen mit seiner Gravitationstheorie auf immer kompliziertere Planetenbewegungen angewandt und bewährten sich in erstaunlicher Weise. Auch viele Erfolge in der Mechanik nährten die Überzeugung, daß man mit Newtons Theorien schon im Besitz des wirklichen Gesetzesinstrumentariums der Natur sei. Zwar blieb es eine Sache der Beobachtung, des Experiments und der Erfahrung, die in der Materie wirkenden Kräfte quantitativ zu bestimmen, aber wenn diese einmal bekannt sind, dann, so war die Überzeugung, liefern die Bewegungsgesetze alle Veränderungen in der Natur. Man interpretierte die Welt als eine Maschine, eine Uhr, für die Newton die Gesetzesstruktur entdeckt habe. Das entscheidende Charakteristikum einer Uhr ist ihre deterministische Verfassung. Das Uhrwerk „Welt“ besteht aus allen Teilchen des Universums, die jeweils unter der Krafteinwirkung aller anderen Körper stehen. Kennt man die Massen und Entfernungen dieser Objekte, ist die beschleunigende Wirkung festgelegt. Wenn man dann noch die Anfangsgeschwindigkeiten und Orte eines speziellen Körpers wie einer Mars- oder Jupitersonde kennt, ist der weitere Bewegungsablauf völlig determiniert und exakt steuerbar.

Der klassische Determinismus, der auf der Vorstellung beruhte, daß die gleiche Ursache auch stets die gleiche Wirkung erzielt, wurde erst in den letzten Jahrzehnten relativiert, als man entdeckte, daß auch klassische deterministische Systeme chaotische Zustandsentwicklungen besitzen können. Davor war man überzeugt, daß mangelnde Vorhersagbarkeit immer dann auftritt, wenn viele Teilsysteme in einer schwer durchschaubaren Weise wechselwirken oder die Anfangsbedingungen nicht exakt genug bekannt seien. Neu und unerwartet zeigte sich fehlende Zukunftsberechenbarkeit auch in ganz einfachen Systemen mit ganz wenigen „Freiheitsgraden“. Die Abweichung vom Determinismus ist grundsätzlicher Art und nicht nur eine überwindbare praktische Schwierigkeit, denn selbst eine Steigerung der Genauigkeit in den Anfangsbedingungen bringt nur eine begrenzte Verbesserung in der Zukunftsberechenbarkeit mit sich.

Man hat kalkuliert, daß die maximal je erreichbare Grenze für die Wettervorhersage bei etwa 14 Tagen liegt. Danach ist jede Prognose ein Spielball des Zufalls. Darüber hinaus das „Klima“ als mittleres Wettergeschehen über einen bestimmten Zeitraum, also selbst ein statistisches Produkt, „deterministisch“ für 100 Jahre prognostizieren zu wollen, ist wissenschaftliche Scharlatanerie, eine numerische Szenarienspielerei ohne jeglichen praktischen Wert. Natürlich ist die Verführung hierzu sehr groß, die Verantwortung praktisch Null, weil bei Nichteintreffen nach 100 Jahren die Rechenschaftspflicht entfallen ist und persönliche Regreßansprüche an den „Wissenschaftler“ obsolet geworden sind.

Naturwissenschaft läßt sich nicht allein von Grundprinzipien ohne empirischen Inhalt ableiten, aber auch das schöpferische Element ist sehr wesentlich. Bei der sorgfältigen Untersuchung der Fakten kristallisiert sich zunächst im „Kopf“ des Wissenschaftlers noch unscharf die Form einer theoretischen Möglichkeit, einer Hypothese heraus, nach welchen Prinzipien etwas fuktionieren und ablaufen könnte. Mit dieser ersten Vermutung nimmt der Prozeß von empirischen Untersuchungen, experimentellen Tests und ständigen Verfeinerungen seinen Lauf. Weitere Hypothesen können entstehen, die das wissenschaftliche Gerüst weiterbauen, stabilisieren, tragfähig und kritikfest machen sollen.

Bei all dem muß es eine Art „Gleichgewicht“ geben, eine Balance zwischen Fakten und Theorie. Anhand der Behauptung von Nikolaus Kopernikus, – die Sonne steht im Mittelpunkt des Sonnensystems, und die Planeten umkreisen sie –, zeigt sich deutlich, wie die Wissenschaft auf den zwei Beinen Theorie und Beobachtungsdaten voranschreitet. Sein Entwurf sollte ursprünglich eigentlich das Ptolemäische System vervollkommnen, bei dem die Erde im Mittelpunkt stand und von der Sonne samt den Planeten in Epizyklen oder Kreisen „umkreist“ wird. Kopernikus wollte im Grunde dieses höchst komplizierte System schlicht vereinfachen. Wenn die Sonne im Zentrum stand und die Planeten sich um sie bewegten, würde das ganze System einfacher und träfe vielleicht eher zu. Doch das Festhalten an der Idee der Kreisbewegung führte dazu, daß das Kopernikanische System die beobachteten Bewegungen der Himmelskörper weniger gut wiedergab als das höchstkomplizierte Ptolemäische System. Doch sein Modell war einfach, elegant, nicht ohne intellektuellen Reiz und, was wichtiger war, ausbaufähig. Darauf aufbauend zeigte wenige Jahre später Johannes Kepler, daß das kopernikanische Modell des Sonnensystems die beobachteten Bewegungen der Himmelskörper dann exakt wiedergab, wenn man nur anstelle kreisförmiger Bahnen elliptische Umlaufbahnen benutzte. Damit war der endgültige Triumpf des Kopernikanischen Systems besiegelt. Und damit war automatisch auch die „Solarkonstante“ keine „Konstante“ mehr, sondern eine Funktion der wechselnden Erd-Sonne-Entfernung.

Abb. 22: Der Frauenburger Domherr und Entdecker des „heliozentrischen Weltbildes“ Nikolaus Kopernikus (1473 – 1543).

Vorausgesetzt, man kann Experimente vorführen, dann wird sich die Wissenschaft auch weiterhin auf diesem traditionellen erkenntnistheoretischen „Zickzackkurs“ vorwärtsbewegen. Letztlich müssen Theorien brauchbar und in sich logisch konsistent sein. Dann ist es in diesem Sinne völlig gleichgültig, ob man sie mittels scharfsinniger Einsichten oder durch blinden Zufall findet. Eine Theorie kann bisweilen auf sehr geheimnisvolle und unerklärliche Weise zustandekommen, doch einmal formuliert, ist sie Gegenstand minutiöser rationaler Analysen und Prüfungen. Das Experiment unterscheidet Theorien, die funktionieren, von Hypothesen, die dies eben noch nicht tun und darauf warten, irgendwann in den Rang einer Theorie oder gar Gesetzmäßigkeit gehoben zu werden. Doch je raffinierter die Hypothesen werden und je interpretationsbedürftiger die Fakten, die sie zu erklären versuchen, desto mehr Zeit nimmt dieser Ausleseprozeß in Anspruch. Das setzt aber voraus, daß man Theorien wirklich testen kann. In einem idealistischen Erkenntnismodell, wie es von Platon vertreten wurde, steht der menschliche Geist mit seiner präfixierten „Vernunft" im Mittelpunkt der Dinge, nicht räumlich, aber gedanklich. Deshalb kann man bei der heutigen metaphysisch-transzendentalen Wende durchaus mit Bernulf Kanitschweider, gemäß seinem Buch „Von der mechanistischen Welt zum kreativen Universum" von 1993 von einer „antikopernikanischen Gegenrevolution" sprechen. Karl Popper hat diese gegenrevolutionäre Wendung in folgende Worte gefaßt:

> *„Kopernikus nahm der Menschheit ihre zentrale Position in der Welt. Kants Kopernikanische Wendung ist eine Wiedergutmachung dieser Position. Denn Kant beweist uns nicht nur, daß unsere räumliche Stellung in der Welt irrelevant ist, sondern zeigt uns auch, daß sich in gewissem Sinne, unsere Welt um uns dreht. Denn wir sind es ja, die, wenigstens zum Teil, die Ordnung erzeugen, die wir in der Welt finden. Wir sind es, die unser Wissen von der Welt erschaffen."*

Ebenso wie der Königsberger Aufklärungsphilosoph Immanuel Kant (1724-1804) betont Karl Popper natürlich, daß wir nur die Erzeuger des Wissens sind, nicht aber die Welt selbst entstehen lassen. Ähnlich hatte sich ja auch Pierre Teilhard de Chardin ausgedrückt.

Karl Popper ist Exponent des „kritischen Rationalismus". Er vertritt die Auffassung: Es gibt keine absolute Gewißheit, es gibt nur Wahrscheinlichkeiten im Leben; Leben ist lernen; Leben heißt, aus Fehlern lernen; jede Erkenntnis, auch die menschliche, hat hypothetischen Charakter! Nach Popper ist demzufolge die „Falsifizierbarkeit" das eigentliche Unterscheidungsmerkmal zwischen Wissenschaft und Pseudowissenschaft. Die „Klimatologie“ im Sinne eines Alexander von Humboldt ist eine deskriptive Wissenschaft im Rahmen der Geographie, doch die numerische „Klimaforschung“ ist eine Pseudowissenschaft. Sie entzieht sich der Falsifizierbarkeit aufgrund ihres statistischen Unterbaus. Die moderne „Klimaforschung“ bestätigt in exemplarischer Weise, daß „Theorien“ unsere eigenen Erfindungen, unsere eigenen Ideen sind. Sie sind selbstgemachte Instrumente des Denkens. Die Idee von der Erde als „Treibhaus“ ist somit ein anthropogenes Konstrukt, das zwar permanent mit der Realität, dem Wetter, in Konflikt gerät, aber als „Idee“ dennoch äußerst wirkmächtig ist und die internationale „Klimapolitik“ beherrscht.

Karl Popper diagnostizierte sehr treffend, daß die Wissenschaftler keineswegs darauf aus seien, ihre eigenen Hypothesen zu falsifizieren. Im Gegenteil, sie verteidigen ihr Paradigma mit fundamentalistischer Inbrunst und verfolgen Kritiker mit geradezu inquisitorischer Härte. Schließlich ist die „Klimaforschung“ ein Milliardengeschäft!

Die moderne „Klimaforschung“, wie sie sowohl den Enquete-Berichten als auch dem IPCC zugrundeliegt, ist keine exakte Naturforschung, insbesondere weder Physik noch Meteorologie. Exakte Naturwissenschaft stellt nicht nur die Tatsachen in der äußeren Welt fest, sondern sucht sie auch in sinnvoller Weise miteinander zu verknüpfen. So gewonnene Aussagen sind „Naturgesetze“, die häufig in mathematischer Form als Funktionen dargestellt werden. Ein „Naturgesetz“ unterscheidet sich aber von einem „mathematischen Gesetz“ dadurch, daß es auf Erfahrung beruht und jenes nicht. Max Planck drückte 1926 in einem Vortrag diese Gedanken so aus:

> *„Ein physikalisches Gesetz ist jeder Satz, der einen festen, unverbrüchlich gültigen Zusammmenhang zwischen meßbaren Größen ausspricht, einen Zusammenhang, der es gestattet, eine dieser Größen zu berechnen, wenn die übrigen durch Messung bekannt sind. Der Inhalt der physikalischen Gesetze läßt sich nicht durch reines Nachdenken erschließen, sondern es gibt hierfür keinen anderen Weg als den, sich vor allem an die Natur zu wenden, in ihr möglichst zahlreiche und vielseitige Erfahrungen zu sammeln, dieselben miteinander in Vergleich zu bringen und zu möglichst einfachen und weittragenden Sätzen zu verallgemeinern.“*

Die moderne numerische „Klimaforschung“ erfüllt keines dieser Kriterien, und sie kann es aus ganz prinzipiellen Erwägungen heraus auch nicht, weil das „Klima“ keine meßbare Größe ist, mag auch Professor Dr. Christian-Dietrich Schönwiese in allen seinen Schriften gebetsmühlenartig immer wieder behaupten, die „Globaltemperatur“ sei „tatsächlich gemessen“.

F. Der kleine Wetter-David gegen den großen Klima-Goliath!

Ist es angesichts dieser erdrückend dominanten wissenschaftlichen wie politischen Meinungslage überhaupt opportun und ratsam, so habe ich mich sehr häufig gefragt, eine kritische Hinterfragung und Überprüfung der physikalischen Wirkmechanismen der „Klima-Modelle“ zu fordern? Aus rein subjektiven Opportunitäts- und Zweckmäßigkeitserwägungen heraus müßte man diesen Wunsch strikt verwerfen, schon um nicht „politically incorrect“ zu erscheinen und „alte Freunde“ zu verprellen. Mir wurde auch energisch davon abgeraten! Es gibt jedoch eine Menge grundsätzlicher physikalischer Gesetzmäßigkeiten, die nicht nur die „Treibhaushypothese“ prinzipiell für unhaltbar erscheinen lassen und aus wissenschaftsethischen Gründen nicht verschwiegen werden dürfen. Auch die Physik arbeitet mit „Bildern“ und Modellhypothesen, die nie die Wirklichkeit in ihrer Komplexität widerzuspiegeln in der Lage sind, sondern nur partiell „stimmen“. Auch für die Naturwissenschaften gilt, „Weltbilder entstehen im Kopf“ und prägen das jeweils gängige und gültige „Bild der Wissenschaften“.

Es gibt jedoch auch für jedermann nachvollziehbare handfeste pragmatische Argumente, die fragen lassen: Warum zeigt das Wetter als wirklich meßbarer, registrierbarer, erfahrbarer und spürbarer Naturvorgang nirgendwo auf dem Globus den theoretisch behaupteten „Treibhauseffekt“? Wenn die Allgemeine Zirkulation mit den unterschiedlichen die diversen Klimate der Erde begründenden Wetterregimen so völlig unabhängig von dem „ubiquitären“ CO_2-Wert auf dem Mauna Loa in Hawaii agiert und das Wetter überall auf der Welt stets „machen kann, was es will“, wie kann man dann eine Disziplinierung des Wetters durch CO_2-Reduktionsbeschlüsse erwarten, die zudem politisch ausgehandelt werden und weniger industrialisierten Staaten gar CO_2-Erhöhungen erlauben? Warum wird einerseits die völlige „Transformation der Industriegesellschaften“, gar die „Suffizienzrevolution“ gefordert, andererseits jedoch Industrialisierung und Modernisierung geradezu unterstützt? Diese nur angedeuteten Diskrepanzen sind ein Indiz dafür, daß die Verkünder der „Klimakatastrophe“ selbst nicht an die Möglichkeit der „Klimasteuerung“ durch den „Treibhauseffekt“ glauben, sondern vorrangig eigene pekuniäre Wünsche und politische Ziele im „Kopf“ haben. Sie wissen nur zu gut, daß allein aufgrund der internationalen WMO-Konvention das „Klima“ kein eigenständig agierender physikalischer Naturvorgang ist, sondern als Abstraktum einen „Wert“ darstellt, der stets nur statistisch ermittelbar ist und das vergangene „mittlere Wettergeschehen“ mit all seinen Extremen über einem bestimmten Ort und eine bestimmte Zeitspanne „repräsentieren“ soll.

Die Diskussion über die Hypothese der industriegesellschaftlich verursachten globalen „Klimakatastrophe“ darf nicht nur rein naturwissenschaftlich, das heißt meteorologisch-physikalisch, geführt werden, sondern muß auch das geistige und gesellschaftspolitische Umfeld berücksichtigen und in Erwägung ziehen. Es gilt, die diversen und teils völlig konträren „Interessen“, seien sie wissenschaftlicher, politischer und wirtschaftlicher Provenienz, analysierend offenzulegen, um die „beeindruckende Einhelligkeit“ bei dem „Glauben“ an den ideologischen Charakter tragenden „Treibhauseffekt“ zu verstehen, der bei der UN-Konferenz Umwelt und Entwicklung im Jahre 1992 in Rio de Janeiro zur Unterzeichnung der „Klimarahmenkonvention“ geführt hat und an dem solange festgehalten werden soll, bis völkerrechtlich verbindliche und damit von Nichtregierungsorganisationen wie WWF oder GREENPEACE einklagbare CO_2-Reduktionsbeschlüsse gefaßt sind.

Das Wetter wird dadurch – wo auch immer in der Welt (!) – nicht weniger arktisch, tropisch, wüstenhaft oder westwindig-wechselhaft sein. Die Fluktuation des Wetters wird auch künftig die Veränderlichkeit des „Klimamittelwertes“ bestimmen, der noch nie in der bekannten Klimageschichte „konstant“ war. Doch darauf kommt es den ideologisch fixierten Klima-Akteuren nicht an. Es sind „Gesellschaftsrevolutionäre“, die eine andere „Gesellschaft“ wollen oder reine „Lobbyisten“, die stets die „Nase im richtigen Konjunkturwind“, genannt „Subventionen“, zu haben sich bemühen. Wenn der Wind nicht genügend Windenergie bringt, dann müssen dies die staatlich-steuerlichen Subventionen tun oder die staatlich festgesetzten Stromeinspeisungspreise.

Eine der zentralen Figuren im „Klimaroulette“ ist der Physiker Professor Dr. Hartmut Graßl, der als „Forscher, Priester und Politiker“ eine steile Klimakarriere gemacht hat und zeitweise von Genf aus das „Weltklimaforschungsprogramm“ der Vereinten Nationen koordinierte. Anläßlich des „22. Umwelt Forums“ am 23. November 1995 in Dresden forderte er im Beisein des damaligen Ministerpräsidenten des Freistaates Sachsen, Professor Dr. Kurt Biedenkopf, nicht nur den Einstieg in den Ausstieg aus den fossilen Brennstoffen, sondern auch die zügige Modifikation oder Transformation der Industriegesellschaften in reine Solargesellschaften. Vor den versammelten hochkarätigen Repräsentanten aus Politik, Wirtschaft, Verbänden und Wissenschaft erklärte Hartmut Graßl:

> *„Wir müssen bedenken, daß wir bis zum Jahr 1750 eine Solargesellschaft waren, völlig abhängig von der Energieversorgung durch die Sonne. Wörtlich: „Die Afrikaner leben heute noch zum überwiegenden Teil von der Sonne, also über Brennholz oder die direkte Wärme. Wir können das lernen.“.*

Das Protokoll vermerkt: (Zuruf: Richtig!)!

G. Politische Korrektheit – die zeitgemäße Form der Inquisition

Das berühmteste Beispiel für die Ahndung eines Verstoßes gegen die Regeln der politischen beziehungsweise weltanschaulich richtigen Korrektheit ist das Urteil der Heiligen Inquisition vom 22. Juni 1633 und dessen Begründung:

> *„Die Aussage, daß die Erde sich nicht im Mittelpunkt der Erde befindet und dort unbeweglich verharrt, sondern daß sie sich bewegt, auch daß sie eine tägliche Bewegung vollführt, ist ebenso absurd wie philosophisch falsch und stellt theologisch zumindest einen Irrtum im Glauben dar.“*

Galileo Galilei hatte eine Tatsachenbehauptung aufgestellt, die als erwiesenermaßen falsch hingestellt wurde. Es wurde sogar die tägliche Erfahrung dafür ins Feld geführt, daß sie falsch sein mußte, denn jeder sehe doch, wie die Sonne aufgehe! Die Behauptung war „offensichtlich" falsch, sozusagen erwiesenermaßen unwahr. Sie widerspreche auch der Heiligen Schrift und sei zudem zutiefst beleidigend für alle, die wie Papst Urban VIII. glaubten, diese Schrift sei direkt aus dem Munde Gottes diktiert, sie sei Offenbarungswissen. Sie sei außerdem für die Masse der Bevölkerung tief beunruhigend und beleidige ihre Gefühle, zerstöre sie doch das gewohnte Weltbild.

Mag sich auch die „Warnung vor der drohenden Klimakatastrophe" nach mehr als 10 Jahren tief im Unterbewußtsein festgesetzt haben, so daß sie besonders bei der Generation der jetzt Zwanzigjährigen dank des hohen Niveaus der naturkundlichen wie physikalisch-chemisichen schulischen Ausbildung als zum festen Grundsatz „naturwissenschaftlichen Wissens" gehörig angesehen wird und kritischer Hinterfragung entzogen ist, so wäre es doch unverantwortlich und ethisch verwerflich, wenn man nicht auf die grundsätzlichen statischen Schwachstellen des „Treibhausgebäudes" und der daraus abgeleiteten katastrophalen Klima-Konsequenzen hinweisen würde. Mag der vielgenannte Professor

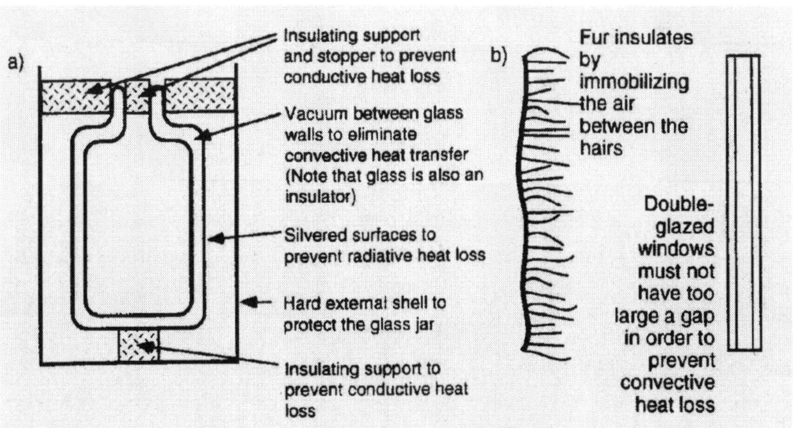

Abb. 23: Schematischer Aufbau einer Thermoskanne (a) sowie des Schutzes vor Wärmeverlusten durch ein Haarkleid wie der Doppelverglasung (b) [Kaye, B. H., 1996].

Dr. Christian-Dietrich Schönwiese sich auch im SPIEGEL vom 15. Dezember 1997 auch entrüstend äußern:

> *„Leider steht der Quatsch von den schmelzenden Polkappen sogar schon in den Schulbüchern",*

so sollte er bei seinen verbal starken Rückzugsgefechten aus der eifrigst von ihm mitpropagierten „Klimakatastrophe" sich immer wieder selbst fragen, durch wessen Propaganda dieser „Quatsch" überhaupt erst in die Lehrergehirne und dann in die Schulbücher gekommen ist. Schließlich steht sein Name mit Hartmut Graßl unter der „Warnung vor drohenden weltweiten Klimaänderungen durch den Menschen", die im Frühjahr 1987 gemeinsam von der DPG e.V. und der DMG e.V. herausgegeben wurde und die inhaltlich identisch ist mit der Warnung des Arbeitskreises „Energie" der DPG e.V. vom 22. Januar 1986.

Bei dem Gedanken „Klimaschutz" wird man zwangsläufig an Francis Bacon erinnert, der die Instrumentalisierung der Natur durch den Menschen zum Credo erhoben hatte. Nach Bacon komme es darauf an, die menschliche Herrschaft über die Natur „bis an die Grenze des überhaupt Möglichen" voranzutreiben. Francis Bacon, der Autor von „Neu-Atlantis", formulierte das Ziel der Wissenschaft wie folgt:

> Man müsse *„die Natur auf die Folter spannen, bis sie ihre Geheimnisse preisgibt"; man solle sie „auf ihren Irrwegen mit Hunden hetzen, sie sich gefügig und zur Sklavin machen". Denn „wenn wir die Gesetze der Natur erkennen können, werden wir ihr Beherrscher sein, so wie wir jetzt ihre Sklaven sind; die Wissenschaft ist der Weg nach Utopia. Doch wie verschlungen ist dieser Weg, wie mühsam und dunkel, wie leicht verliert man sich in Abzweigungen, die nicht zum Licht, sondern ins Chaos führen".*

Francis Bacon ist trotz seines 1605 publizierten völlig utopischen Entwurfs für das „beste Gemeinwesen" doch soweit Realist geblieben, daß er die extremen Schwierigkeiten naturwissenschaftlicher Erkenntnisfindung richtig einschätzte und die „Bifurkationen" aufzeigte, die zu ergründen sich die heutige „Chaosforschung" zum Ziel gesetzt hat. Das augenfälligste Beispiel für ein System, daß sich prinzipiell der numerischen Vorhersagbarkeit entzieht, ist das Wetter. Jeder rechnerische Prognoseversuch endet zwangsläufig und unvermeidbar nach wenigen

Tagen sowohl im deterministischen wie stochastischen Chaos. Damit entzieht sich auch das „Klima“ mit seinen rein statistisch ermittelten und Quasipermanenz wie Quasistationarität, also räumliche wie zeitliche Dauerhaftigkeit vortäuschenden Luftdruck- und Temperaturfeldern automatisch und grundsätzlich der Vorhersagbarkeit. Daran ändern auch zwangsläufige Chaos überwinde manipulative „Flußkorrekturen“ während des 100jährigen Rechenvorgangs nicht. Die Behauptung, man könne realistischerweise das „Klima“ für 100 und mehr Jahre „exakt“ prognostizieren, wenn man stets neuere, größere und schnellere Super-Computer hat, ist nicht nur im Reich der Utopie anzusiedeln, sie grenzt an wissenschaftlichen Betrug.

Rekapitulierend bleibt festzuhalten, daß die Natur kein „Klima“ kennt, und es sich dabei um eine rein menschlich erdachte Hilfsgröße handelt. Dessen muß man sich stets bewußt sein, wenn man „Klimawerte“ richtig interpretieren und für planerische Zwecke anwenden will. Was die Natur produziert, ist Wetter und zwar in unendlicher Folge. Das Wetter läuft sozusagen wie ein Film vor unseren Augen ab. Dieser Film begann einmal vor Milliarden von Jahren und wird ununterbrochen für Milliarden von Jahren weiterlaufen, ohne Unterbrechung und die Möglichkeit, ihn anzuhalten oder gar rückzuspulen. Über dem gesamten Naturgeschehen herrscht der „Zeitpfeil“. Kein Naturvorgang ist daher reversibel oder umkehrbar. Alles ist irreversibel, unumkehrbar! Dies ist die Kernaussage des Zweiten Hauptsatzes der Thermodynamik, des Entropiesatzes, der den menschlich verständlichen „Mythos von der ewigen Wiederkehr“ naturgesetzlich entzaubert. Jede Energie, einmal freigesetzt, unterliegt der Dissipation, bis zum „Wärmetod“ des Universums.

Die Kombination der statistisch-statischen und vergangenes Wettergeschehen repräsentieren sollenden Größe „Klima“, einem leblosen Zahlenwert, mit einem Impulsbegriff, wie es das Wort „Katastrophe“ ausdrückt, mit dem wir Menschen plötzliche und unerwartete Schicksalsschläge beschreiben, zu dem Begriffsungetüm „Klimakatastrophe“, zu kombinieren, ist wissenschaftlich nicht vertretbar. Dies schließt leider nicht aus, daß solch ein „Wortungetüm“ gerade in einer audiovisuellen Konsumgesellschaft eine so enorme Breitenwirkung entfaltet, daß es die ihm zugedachten politischen Zwecke bestens erfüllt, – zumindest bis zum nächsten „Paradigmenwechsel“ in Wissenschaft und Politik. „Aktiv das Klima schützen“, diese politische Losung ist nichts anderes als der Aufruf zur „Transformation der Industriegesellschaft“ hin zu einer „Solargesellschaft“, wie sie der Physiker Professor Dr. Hartmut Graßl zu fordern nicht müde wird.

VI. Der Treibhaus-Effekt – ein physikalisches Paradoxon!

An dieser Stelle sollten wir kurz innehalten und einmal im Lexikon nachschauen, was man unter „Treibhaus“ versteht. Der Neue Brockhaus von 1960 enthält folgende Stichworte: „das Treibbeet, Mistbeet, Frühbeet; das Treibhaus, heizbares Pflanzenhaus; die Treibhauspflanze, nur unter Schutz gedeihende Pflanze; bildlich: dem Ernst des Lebens nicht gewachsener Mensch“. Das Moderne Lexikon aus dem Bertelsmann Lexikon-Institut von 1972 schreibt:

„Treibhauseffekt; die Eigenschaft eines Glashauses, die Wärmestrahlung der Sonne hereinzulassen, aber wenig Wärme nach außen abzugeben. Dadurch ist die Temperatur in einem Treibhaus verhältnismäßig hoch. Auch eine Kohlendioxid enthaltende Atmosphäre zeigt einen starken Treibhauseffekt (z. B. auf dem Planeten Venus).“

Der Neue Readers Digest Brockhaus von 1973 schreibt:

„Gewächshaus, Glashaus für empfindliche Pflanzen, zur Frühererzeugung von Blüten, Früchten (Treibhaus). Man unterscheidet Warmhaus (20° bis 25°C) für Tropenpflanzen; temperiertes Haus (15° bis 17°C) zur Sämlings-, Stecklingsanzucht; Kalthaus (6° bis 10°C) als Winterschutz für südländische Gewächse.“

James Lovelock beantwortet die Frage Wie funktioniert das Treibhaus? in seinem Buch „GAIA – Die Erde ist ein Lebewesen“ von 1992 wie folgt:

„Haben Sie jemals jene Überraschung erlebt, als sie an einem kalten, aber sonnigen Tag ein Treibhaus betraten? Die Luft im Innern ist ziemlich warm, selbst ohne Heizung, und reicht für das Pflanzenwachstum aus. Die Erde ist einem Treibhaus ähnlich. Der Weltraum draußen ist sehr kalt, doch auf der Erdoberfläche ist es abgesehen von winterlichen Gebieten warm genug für das Pflanzenwachstum. Wie geht das nun vor sich?

Im Innern des Treibhauses, dessen Wände aus Glas bestehen, ist es wärmer als draußen, weil fast die gesamte Wärmeenergie des

Sonnenlichts sich im sichtbaren Bereich des Spektrums befindet. Es klingt überraschend, aber Licht ist Wärme. Das Licht dringt nämlich mit Leichtigkeit durch die Glasscheiben. Im Innern wird es von den grünen Pflanzen und dem dunklen Boden absorbiert. Sie erwärmen sich dabei und auch die umgebende Luft, die dauernd in Bewegung ist. Sie verlieren jedoch auch Wärme durch Abstrahlung. Sie geben aber kein Licht ab, weil sie nicht warm genug sind, sondern langwellige Strahlen im Infrarotbereich. Diese Strahlung wird von den Glasscheiben absorbiert und kann das Treibhaus folglich nicht verlassen. Mit zunehmender Erwärmung verliert das Treibhaus Wärme durch Kontakt mit der kalten Außenluft (Konvektion) und durch Abstrahlung von Infrarotwellen. Schließlich stellt sich ein Gleichgewicht zwischen Wärmeempfang und Wärmeabgabe ein. Die Luft im Innern des Treibhauses bleibt dabei aber beträchtlich wärmer als die Außenluft. Wenn allerdings jemand die Türe offenläßt, wird dieser Effekt schnell wieder zunichte gemacht, und das Treibhaus kühlt ab."

Es ist außerordentlich schwierig, dieses Wirrwarr von Wahrheiten, Halbwahrheiten, Scheinwahrheiten, Widersprüchlichkeiten und eklatanten Fehlern zu entwirren, um zu dem Kern akzeptabler und physikalisch konsistenter Fakten vorzudringen. Völlig unstrittig ist die Feststellung von James Lovelock, daß alles „heizen" umsonst ist, wenn jemand die Tür offenläßt oder einfach das Glasdach aufklappt. Als „Physiker" wissen wir inzwischen, daß allein der Vergleich von „Kohlendioxid" mit einem „Glasdach" vollkommen unzulässig ist!

Glas ist ein fester Körper und als Scheibe eine starre Wand, die keinen Wind und auch keine Luft durchläßt. Kohlendioxid dagegen ist ein Gas, das jeden ihm zur Verfügung stehenden Raum ausfüllt, vom Winde verweht wird und nur selektiv auf exakt ausgemessenen und wohl bekannten Spektrallinien „Wärmestrahlung" ganz bestimmter Temperatur absorbieren und nur auf denselben wieder emittieren kann.

Würde man ein Glasdach zu konstruieren versuchen, das einerseits alle Wärmestrahlen aus dem gesamten Spektralbereich vom sichtbaren Licht (0,4 gm) bis zum fernen Infrarot (50 gm) absorbieren könnte, und würde man andererseits in Filigranarbeit versuchen, in dem Glasdach alles „Glas" herauszuschneiden und nur die Absorptionslinien der vom

Bundesumweltministerium aufgezählten sogenannten Spurengase – des Kohlendioxids (CO_2), des Methans (CH_4), des Distickstoffoxids (N_2O), des Ozons (O_3) und selbst auch des Wasserdampfs (H_2O) – übriglassen, würde man die Absorptionslinien zur besseren Wahrnehmung zudem noch bunt anmalen, dann würden wir mit Erschrecken feststellen, daß das „Glasdach" völlig lückenhaft und praktisch nicht mehr vorhanden ist. Ein solches „Treibhaus" würden wir als völlig utopisch und untauglich zurückweisen, den Konstrukteur der Scharlatanerie bezichtigen und ohne Honorar wieder nach Hause schicken.

James Lovelock und alle „Treibhaus-Befürworter" sind Opfer ihres allzu reduktionistischen Denkens, einer offensichtlich aus ideologischen Gründen vorgefaßten „Meinung". Das wichtigste am „Gewächshaus" ist die Umhüllung, denn darin soll ja die Luft als „Gasgemisch" wie in jedem klimatisierten Raum auch „eingeschlossen" werden. „Gas" ist nicht die landläufig gebrauchte Bezeichnung für eine bestimmte chemische Substanz, sondern der Name für einen Aggregatzustand: die drei wichtigsten Aggregatzustände der Stoffe sind „fest", „flüssig" und „gasförmig". Das Litergewicht der Gase ist sehr viel kleiner als dasjenige von festen oder flüssigen Stoffen. 1 Liter Wasserdampf ist bei 100 °C etwa 1700mal leichter als ein Liter flüssiges Wasser. Gase erfüllen nach kurzer Zeit jeden beliebigen Raum gleichmäßig dicht, den man ihnen zur Verfügung stellt. Gase dehnen sich beim Erwärmen annähernd gleichmäßig aus, und zwar beträgt die Volumzunahme bei Erwärmung um je 1 °C etwa 1/273 des Ausgangsvolumens.

Diese und andere Beobachtungstatsachen haben zur Aufstellung der auch noch heute anerkannten kinetischen Gastheorie geführt. Diese von Daniel Bernouilli (1738) begründete und von König (1854), Clausius (1857), Maxwell und Boltzmann und anderen weitergeführte Theorie gibt ein einleuchtendes, experimentell und mathematisch wohlbegründetes Bild vom Wesen der Gase. Sie nimmt an, daß alle Gase aus mehr oder weniger schnellen, regellos wie die „Bienen eines Bienenschwarms" durcheinanderfliegenden Molekülen beziehungsweise Atomen bestehen. Wenn wir 1 Liter Sauerstoffgas von 0 °C und 760 mm Druck mit den Augen einer „allwissenden Gottheit" betrachten könnten, würden wir ungefähr 27 000 Trillionen Sauerstoffmoleküle sehen, von denen jedes (von den schweren Isotopen $O^{17/18}$ abgesehen) etwa 0,000 000 000 000 000 000 053 Milligramm wiegt und einen Durchmesser von 0,000 000 034 Zentimeter hat. Unter diesen Sauerstoffmolekülen gibt es trägere und flinkere, im Durchschnitt haben sie bei 0 °C eine Sekundengeschwindigkeit von 425 Metern. In jeder Sekunde kommt es dabei im Durchschnitt zu 5 bis 100 Milliarden Zusammenstößen. Ihr mittlerer Abstand beträgt nur 0,000 0001 Millimeter.

Der Druck, den ein Gas auf seine Umgebung ausübt, ist nach der kinetischen Gastheorie einfach die Summe der auf die Wände aufprallenden Molekülstöße. Preßt man ein Gas zusammen, so werden mehr Moleküle auf das Quadratzentimeter Begrenzungsfläche stoßen, infolgedessen steigt der Druck. Erwärmt man ein Gas, so steigt die Durchschnittsgeschwindigkeit der Moleküle, die Wucht ihres Aufpralls erhöht sich und der Druck auf die Wände oder Glasscheiben des Gasbehälters oder Gewächshauses nimmt zu. Es ist einleuchtend, daß ein Gewächshaus ohne Glasscheiben halt kein Gewächshaus mehr ist. Das gilt in noch höherem Maße für ein „Treibhaus“, denn wie wollte man sonst mit dem Entweichen der Moleküle das Entweichen von „Wärme“ verhindern?

A. Zurück in die Eiszeit – eine Klimakatastrophe nach der anderen

Mit dem Begriff Katastrophe wird im menschlichen Alltag gemeinhin etwas plötzlich und unerwartet über uns hereinbrechendes Unglück, etwas unfaßbar Schreckliches verstanden, dem wir fassungslos und ohnmächtig gegenüberstehen. Katastrophen sind Massenkarambolagen auf Autobahnen bei Nebel, Glatteis oder Aquaplaning, die Explosion eines Tanklastzuges, Eisenbahnentgleisungen, Flugzeugabstürze, Terroranschläge. Eine Katastrophe kann aber auch der jähe infarktbedingte Verlust eines geliebten Ehepartners sein oder auch der jähe Verlust eines sicher gewähnten Arbeitsplatzes. Jedesmal verbinden wir mit dem Begriff Katastrophe sozusagen ein „Impulsereignis“, das uns ohne jede Vorwarnung, unvorhergesehen und unvorhersehbar sowie ohne Chance auf Abwehr trifft. Ob unserer Hilflosigkeit sind wir vielfach geneigt, hinter den Katastrophen das Walten der Macht des Schicksals zu vermuten. Haben wir Glück im Unglück gehabt, so danken wir unserem Schutzengel!

Katastrophen begleiten den Menschen seit Urzeiten. Sie sind Bestandteil des Lebens und nicht erst Produkte unserer technischen Zivilisation. Jeder Krieg ist eine Katastrophe, der häufig noch weitere, größere Katastrophen nach sich zieht wie Elend, Hunger, Verschleppung, Vertreibung, Zwangsarbeit, den Tod durch Seuchen oder Unterernährung. Wenn auch bei diesem Beispiel der Faktor „unerwartet" nicht ganz zutrifft, so sicher doch für die meisten Menschen der des Unausweichlichen. Ausweichen kann der Mensch auch nicht den meisten Naturkatastrophen. Wenn ein Blitz eine Scheune in Brand setzt, einen Wanderer erschlägt, dann sind auch dies Katastrophen. Selbst trotz rechtzeitiger Warnung sind ein Hurrikan über Florida, eine Sturmflut in der Deutschen Bucht mit brechenden Deichen, ein ganze Wälder umknickender Orkan, eine Dächer abhebende und Bäume umstürzende Trombe oder Windhose, ein Vernichtungsschneisen hinterlassender Tornado, ein Hochwasser an Mosel, Oder, Rhein oder Neckar immer eine „Katastrophe" für die direkt Betroffenen und Geschädigten.

Diese Beispiele sind alles singuläre Ereignisse, die es schon immer gegeben hat und immer geben wird. Den perfekten Schutz vor Wetterkatastrophen wird es nie geben. Der „Seher" Nostradamus aus dem 16. Jahrhundert hat den „Weltuntergang" für das Ende des Jahres 1999 datiert. Nichts hindert die moderne Welt daran, sich mythische Bilder von der Zukunft zu machen. Selbst heute gibt es immer mehr Menschen, die an die Personifizierung Satans glauben, an eine Erlösung der Welt durch ihren Untergang. In der Vergangenheit wurden solche Leute als „Spinner" oder „Outsider" abgetan, doch heute sprießen solche sektiererisch-esoterischen Bewegungen wie „Pilze aus dem Boden", sozusagen als Nervenkitzel für intellektuelle Saturiert-heit.

Wir wissen auch aus der geologischen wie paläoklimatologischen Forschung, daß das, was wir „Klima" nennen, noch nie in der Erdgeschichte über längere Zeit konstant war. Eine unaufhörliche Veränderung, ein steter Wechsel kennzeichnet die Klimageschichte. Das liegt einfach daran, daß alle Naturvorgänge wie das „Wetter" unumkehrbar, irreversibel sind. Sie unterliegen dem unerbittlichen „Zeitpfeil", der die

Sehnsucht nach der zyklischen „Wiederkehr“ zum Mythos degradiert. Kann das „Klima“ in seinem steten Wandel überhaupt „katastrophal“ sein? Nein! Die nachträgliche statistische Erkenntnis, daß die Erwärmungsphase im nordatlantischen Raum insbesondere den Wikingern zugute kam und sie zum „Ausschweifen“ führte, kann man wohl kaum als „Katastrophe“ bezeichnen. Jedenfalls führte ihr seefahrerisches Können und ihr Erkundungsdrang um das Jahr 860 zur Entdeckung von Island (Eisland) und 120 Jahre später um 980 zur Entdeckung von Grönland (Grünland), Neufundland und Labrador. Auf Grönland wurden Siedlungen angelegt, die ihre Existenz dem „Klimaoptimum des Hochmittelalters“ verdankten. Als dann im 13. Jahrhundert diese günstige Epoche aus welchen, aber auf jeden Fall unerklärlichen (!) „Gründen“, zu Ende ging, da ging es auch auf Grönland mit den Wikingern zu Ende. Danach folgte, ebenfalls aus nicht bekannten Gründen eine Periode, die wir pauschal „Kleine Eiszeit“ nennen und die mit Unterbrechungen von etwa 1400 bis 1850 angedauert hat.

Diesen Sachverhalt konstatiert auch die Enquete-Kommission, indem sie schreibt:

> *„Im Verlauf der Klimageschichte hat sich die globale Durchschnittstemperatur seit der Würm-Eiszeit, die vor etwa 15 000 Jahren endete, von etwa 10 °C auf 16 °C vor 6000 Jahren erhöht. Seitdem war sie mehr oder weniger großen Schwankungen unterworfen. Etwa 1000 n. Chr. herrschte eine warme Periode; anschließend erfolgte zwischen den Jahren 1400 und 1850 die kleine Eiszeit. Seitdem ist die Temperatur ständig gestiegen. Mittlerweile ist es schon fast so warm wie zur Zeit des Klimaoptimums vor 6000 Jahren. In der Klimageschichte lassen sich auch abrupte Klimaänderungen nachweisen. Vorwiegend während der letzten Eiszeit änderte sich die Temperatur etwa alle 2000 bis 3000 Jahre um 3 °C bis 5 °C in einem Zeitraum von weniger als 100 Jahren. Die Klimaänderungen der Vergangenheit werden vor allem auf Änderungen der Erdbahnparameter (Präzession des sonnennächsten Punktes der Erdbahn, Exzentrizität der Erdbahn, Inklination der Erdachse), auf Vulkanausbrüche, die Kontinentalverschiebungen und nichtlineare Wechselwirkungen zwischen Atmosphäre, Ozean und Eisschild zurückgeführt.“*

Soweit die „Erkenntnisse“ der Enquete-Kommission, welche die Erkenntnis aufzwingen, daß man außer einer bloßen Beschreibung paläoklimatischer Befunde und spekulativen Vermutungen absolut nichts weiß. Diese willkürliche Aufzählung aller möglichen und auf den konkreten Ablauf nicht anwendbarer „Ursachen“ gleicht dem Bau Potemkinscher Dörfer oder dem Werfen von Nebelkerzen, um „Wissen“ vorzutäuschen und den totalen Erklärungsnotstand nicht allzu offenkundig werden zu lassen.

B. Das Wetter macht seit Urzeiten was es will

Die bekannte und rekonstruierte Klimageschichte gibt nicht den geringsten Hinweis, der die Hypothese der ursächlichen Steuerung der Temperatur der Erde in Bodennähe durch den CO_2-Gehalt der Luft irgendwie stützen oder bestätigen könnte. Im Gegenteil, diese Hypothese wird von der Natur selbst immer und immer wieder widerlegt, zuletzt durch die Abkühlung in der Zeit zwischen 1940 und 1975 bei gleichzeitig steilem Anstieg des angeblich „ubiquitären“ und global „repräsentativen“ Kohlendioxidgehaltes an den Hängen des Vulkankegels Mauna Loa in Hawaii. In den siebziger Jahren wurden die Schreckensvisionen einer nahenden „Eiszeit“ drohend an die Wand gemalt, bevor sich Anfang der achtziger Jahre die Treibhaus-Fiktion mehrheitlich durchsetzte, insbesondere dank die „wissenschaftlichen“ Flankenschutzes durch den Arbeitskreis „Energie“ der DPG.

Faktum ist, daß es zwar zahlreiche mutmaßende oder rätselratende Hypothesen gibt, um den Ablauf der Klimageschichte deskriptiv erklärend nachzuvollziehen, doch keine einigermaßen befriedigende und wirklich schlüssige Theorie. Für die 100 000jährigen Eiszeit- und Zwischeneiszeitzyklen hat zumindest die angedeutete Hypothese der zyklisch variierenden Erdbahnparameter von Milankovitch (1930) die bisher höchste Plausibilität. Faktum ist und bleibt, daß man absolut nicht weiß, wieso es zur hochmittelalterlichen Erwärmungsphase, zur anschließenden Abkühlungsphase und zum neuerlichen Anstieg der „Mitteltemperaturen“ ab etwa 1850 gekommen ist. Dasselbe gilt natürlich auch für das Klimaoptimum zur Römerzeit wie das noch nicht erreichte Wärmeoptimum im Holozän vor etwa 6000 Jahren, als der „Ötzi“ lebte und die Alpengipfel erklomm.

Für die Klimaschwankungen der letzten 1000 Jahre vor etwa 1860 wird aber eine mögliche rekonstruierbare „Ursache“ kategorisch ausgeschlossen. Mit der „Warnung vor der drohenden Klimakatastrophe“ durch die DPG am 22. Januar 1986 erklärte diese klar und unmißverständlich:

> *„Der Kohlendioxidgehalt der Atmosphäre betrug gegen Ende der letzten Eiszeit vor ca. 15000 Jahren 180 bis 200 ppm und stieg bis zur nachfolgenden Warmzeit vor ca. 5000 Jahren auf 280 bis 300 ppm an. Weiter wissen wir, daß er in den tausend Jahren von ca. 900 bis 1860 konstant geblieben ist bei ca. 270 ppm.“*

Wenn man also genau weiß, daß nachgewiesenermaßen der Kohlendioxidgehalt über 1000 Jahre konstant geblieben ist, aber das Klima in dieser Zeit ebenso nachgewiesenermaßen absolut nicht kostant war, sondern ein ständiges unerklärliches Auf und Ab zeigte, dann entbehrt die Hypothese der CO_2-bedingten Erwärmung jeglicher Grundlage, führt sich selbst ad absurdum und ist folglich in das Reich der Fabeln zu verweisen.

Wenn die Enquete-Kommission sagt: „Die Temperatur der Erde in Bodennähe steigt in jüngster Zeit immer stärker an, in den vergangenen 100 Jahren allein um 0,6 °C mit weiter steigender Tendenz“, um dann hinzufügen,

> *„Vergleicht man diese Erwärmung mit dem globalen Temperaturanstieg nach der vergangenen Eiszeit vor 15 000 bis 50 000 Jahren von etwa 5 °C, so wird seine Dramatik deutlich“,*

dann grenzt dies schon an bewußte Irreführung nicht nur des Deutschen Bundestages als Legislative, sondern auch des gesamten Volkes als eigentlichem „demokratischen Souverän“, der seine Repräsentanten sicher nicht mit dem Mandat ausgestattet hat, die „Naturgesetze auf den Kopf“ zu stellen, um anschließend zwecks Beseitigung einer imaginären Gefahr höhere Mineralölsteuern entrichten zu dürfen. Von diesem Vorwurf befreit auch nicht der Verantwortung abwälzende Zusatz:

> *„Die Klimatologen sind sich darüber einig, daß die Ursache dieses Temperaturanstiegs der Anstieg der atmosphärischen Konzen-*

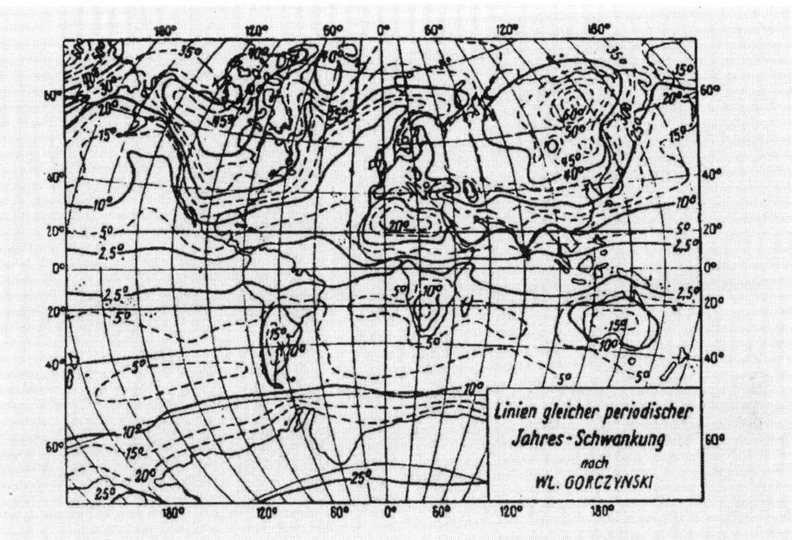

Abb. 24: Jahresschwankungen der Temperatur, die das unterschiedliche thermische Verhalten der Kontinente und Ozeane deutlich illustrieren [Schwarzbach, M., 1993].

> *tration bestimmter klimawirksamer Spurengase, allen voran das Kohlendioxid, ist".*

Von einer Einigung oder Einigkeit unter den „Klimatologen" ist nichts bekannt. Die Professoren Dr. Flohn, Dr. Schönwiese und Dr. Graßl, bei denen sich der Vorsitzende Bernd Schmidbauer, CDU – MdB, im Vorwort namentlich „für ihre Beiträge im Verlauf der Beratungen für unseren Zwischenbericht" bedankt, sind erstens nicht „repräsentativ" für alle „Klimatologen", zweitens ist Professor Dr. Hartmut Graßl, auch wenn er zwischenzeitlich das „Weltklimaprogramm" der Vereinten Nationen koordinierte, als Physiker nachweislich kein Klimatologe, geschweige denn Meteorologe.

C. Der Treibhauseffekt – Ein Perpetuum mobile der dritten Art

Angenommen, die Erde hätte keine Atmosphäre und ansonsten die gleichen Oberflächeneigenschaften wie der Mond, dann gäbe es kein Wetter und die Temperatur der Erdoberfläche wäre einzig und allein von der Dauer der direkten Sonneneinstrahlung abhängig. Es würde tagsüber nicht so heiß wie auf dem Mond, und nachts würde es sich auch nicht so stark abkühlen, weil die Erde sich wesentlich schneller um ihre Achse dreht als der Mond.

Trifft man noch ein paar weitere, simplifizierende Hohlraumannahmen, so läßt sich die durchschnittliche „Globaltemperatur" der Erde berechnen, die sich im sogenannten „Strahlungsgleichgewicht" einstellen würde. In der wetterunabhängigen „Klimaforschung" wird dieser Wert mit -18 °C beziffert und kategorisch als die „Temperatur" der Erde bezeichnet, wenn keinerlei „Treibhausgase" inclusive „Wassergas" in der Atmosphäre vorhanden wären. Dieser Zahl wird die ebenfalls berechnete und sehr lückenhafte „Globaltemperatur" von +15 °C gegenübergestellt, und die Differenz wird von der staatlich subventionierten „Klimaforschung" als der „natürliche Treibhauseffekt" verkauft. Es wird die kuriose Behauptung aufgestellt, daß die „Treibhausgase" inklusive der 0,035 Prozent Kohlendioxid in der Erdatmosphäre soviel Wärme absorbieren und dann auf den Erdboden gegen- oder zurückstrahlten, daß sich die „Globaltemperatur" des Planeten Erde um 33 °C erhöhe. Dies sei der „natürliche Treibhauseffekt", ohne den Leben auf der Erde nicht möglich wäre. Ohne ihn stürbe die Erde den „treibhausgaslosen" Kältetod.

Das ist natürlich vollkommener Unfug. Wenn die tatsächliche Temperatur auf der Erde höher liegt als die berechnete „Strahlungsgleichgewichtstemperatur" oder „Effektivtemperatur", so liegt das an der fürchterlich primitiven Berechnung und auch daran, daß die Weltmeere eine riesige Wärmespeicherkapazität aufweisen und demzufolge in der Winterzeit ein riesiges Wärmereservoir darstellen. Jeder Klimatologe kennt den ursächlich hierauf zurückzuführenden Unterschied zwischen maritimen und kontinentalen Klimaten. Außerdem absorbiert die Biospähre durch den Photosyntheseprozess chemisch gewaltige Energiemengen in der Biomasse sowie dem Humus, die ebensowenig in der globalen Wärmebilanz auftauchen. All diese Faktoren wurden von den Klimaforschern schlicht „vergessen“, oder aber mit vorsätzlicher Absicht ignoriert.

Um diese Absicht nicht durchscheinen zu lassen, lenkt man den Blick geschickt ab und verweist auf die im Jahre 1896 von dem Chemiker Svante Arrhenius aufgestellte „Eiszeithypothese“. Mit dem deutlichen Hinweis, daß Arrhenius am 10. Dezember 1903 mit dem „Chemie-Nobelpreis“ ausgezeichnet wurde, entzieht man dessen „Treibhaushypothese“ irdischer kleinbürgerlicher „unwissenschaftlicher“ Kritik. Arrhenius hatte ein in seinen Augen „neues Prinzip“ entdeckt. Er postulierte, daß die konvex elektromagnetisch Wärme abstrahlende und +15 °C warme Erde „modellhaft“ in etwa 6 km Höhe von einer Kohlensäureschicht umgeben sei. Diese CO_2-Schicht, die die Wärmestrahlen von der Erde absorbiere und teils konkav zur Erde zurückstrahle, teils konvex in den Weltraum selbst abstrahle, habe eine Temperatur von -16 °C. Das „neue Prinzip“ lautete nun, daß bei Erhöhung des CO_2-Gehaltes der Kohlensäureschicht deren Temperatur sinke und folglich „kausal“ die Erdoberflächentemperatur der Erde ansteigen müsse. Bei der Entstehung der „Eiszeiten“ sei es umgekehrt, daß eine Abnahme des Kohlendioxidgehaltes eine Erwärmung in 6 km Höhe verursache und eine Abkühlung am Erdboden. Exakt dieser Argumentation bediente sich der Arbeitskreis „Energie“ der DPG bei Präsentation seiner „Warnung vor der drohenden Klimakatastrophe“ am 22. Januar 1986!

Nach dem zweiten Hauptsatz der Thermodynamik ist es aber ausgeschlossen, daß bespielsweise ein kälterer Körper sich abkühlt und seine Energie strahlend auf einen wärmeren Körper überträgt, so daß der kalte Körper noch kälter und der warme Körper noch wärmer wird. So etwas ist in der Natur noch nie beobachtet worden und widerspricht dem 2. Hauptsatz der Wärmelehre der besagt, daß freiwillig Wärme nur von warm nach kalt, aber nie umgekehrt fließen kann. Dieser Satz gilt erst recht auch, wenn sich nicht zwei strahlende „schwarze Körper“ gegenüberstehen, sondern ein strahlender fester und flüssiger Körper wie die Erde, die von einer Gashülle umgeben ist, die nur selektiv Wärmestrahlung absorbieren kann und ein weit geöffnetes „Strahlungsfenster“ besitzt.

Die „Klimaforscher“ bleiben penetrant bei ihrer publizistisch-politisch mehrheitlich akzeptierten Behauptung, daß eine -18 °C kalte Kohlendioxidschicht in etwa 6 km Höhe nicht nur einen „Wärmeschutz“ für die darunter befindliche, gut + 15 °C warme Erde darstelle, sondern nach dem Physikprofessor Dr. Reiner Kümmel von der Universität Würzburg, der von 1996 bis 1998 den Vorsitz im Arbeitskreis „Energie“ der DPG (Deutsche Physikalische Gesellschft) innehat, die Atmosphäre als Gashülle den Charakter eines „wärmenden Strahlungsmantels“ habe. Die „Strahlung“ werde „kräftiger“, wenn man den CO_2-Gehalt des „Mantels“ erhöhe, rufe den „anthropogenen Zusatztreibhauseffekt“ hervor und beschwöre die „Klimakatastrophe“ herauf. Deswegen müßten die Industrienationen zu völkerrechtlich verbindlichen „Reduktionsnormen“ durch Druck der NGO’s gezwungen werden.

Der so konstruierte „Treibhauseffekt“ stellt eine physikalische Unmöglichkeit dar, ein Perpetuum mobile der zweiten Art. Wie das funktionieren soll, kann man sich leicht anhand einer Thermosflasche klarmachen, in der sich heißer Kaffee befindet. Die doppelte Wandung der Thermoskanne umschließt ein Vakuum, das die Wärmeleitung durch Molekülstöße möglichst unterbindet. Außerdem ist die Thermoskanne innen silbrig beschichtet, um ein Maximum an Strahlungsreflexion zu erzielen. Man tut also alles Menschenmögliche, und trotzdem wird der Kaffee kalt! Ganz ohne diese raffinierte Konstruktion kommen die „Klima-Experten“ daher und behaupten, daß der Kaffee „wärmer“ wird, wenn man, überspitzt formuliert, die ganze Thermosflasche in ein Eisbad wirft. Dies ist die Kernaussage, mit der der „Treibhauseffekt“, ob natürlich oder anthropogen, begründet wird!

Zur Interpretation des 2. Hauptsatzes und zur Unmöglichkeit eines Perpetuum mobile der 2. Art sei als absolut unverdächtiger Zeuge Max Planck herangezogen. Er schrieb 1943 in einem Aufsatz „Zur Geschichte der Auffindung des Wirkungsquantums“:

„Während aber der erste Hauptsatz, der Satz von der Erhaltung der Energie, einen sehr einfachen und leicht faßlichen Sinn besitzt und daher keinen Anlaß zu besonderen Erläuterungen darbietet, bedarf das richtige Verständnis des zweiten Hauptsatzes eines genauen Studiums. Ich lernte diesen Satz in meinem letzten Studi-

enjahr (1878) durch die Lektüre der Schriften von R. Clausius kennen, die mich ohnedies durch die ausgezeichnete Klarheit und Überzeugungskraft der Sprache besonders anzogen. Clausius leitete den Beweis seines zweiten Hauptsatzes aus der Hypothese ab, daß „die Wärme nicht von selbst aus einem kälteren in einen wärmeren Körper übergeht". Diese Hypothese bedarf einer besonderen Erläuterung. Denn mit ihr soll nicht nur ausgedrückt werden, daß die Wärme nicht direkt aus einem kälteren in einen wärmeren Körper übergeht, sondern auch, daß es auf keinerlei Weise möglich ist, Wärme aus einem kälteren Körper in einen wärmeren zu schaffen, etwa durch einen passend ersonnen Kreisprozeß, ohne daß in der Natur irgendeine sonstige, als Kompensation dienende Veränderung eintritt, welche die Eigenschaft hat, daß sie nicht rückgängig gemacht werden kann, ohne eine andere bleibende Veränderung zurückzulassen. Nur wenn man diese weitgehende Behauptung der Hypothese zur Voraussetzung macht, ist es möglich, den allgemeinen Beweis des zweiten Hauptsatzes zu führen." Max Planck formulierte dann den Satz wie folgt: „Der Prozeß der Wärmeleitung läßt sich auf keinerlei Weise vollständig rückgängig machen."

Wie in der real existierenden gasgefüllten Atmosphäre, in der die Temperatur mit der Höhe in der Troposphäre im Mittel um 0,65 °C pro 100 Meter Höhenzunahme abnimmt, es also einen von der Erde zum Weltraum weggerichteten Temperaturgradienten gibt, Wärme von Kalt nach Warm fließen soll, diese moderne „Treibhaushypothese" gilt es erst noch zu „beweisen"! Mit dem Treibhauseffekt haben die Klimaforscher nun ihr „Perpetuum mobile der dritten Art" konstruiert, bei dem das Kohlendioxid die Rolle des „eiskalten Heizstrahlers" übernimmt.

D. Physikalische Grundlagen der Temperatur-Strahlung

Alles strahlt! Jeder Körper strahlt Wärme aus, es sei denn, seine Molekülbewegung käme am absoluten Temperatur-Nullpunkt zum völligen Stillstand. Ein Eisblock von -18 °C oder 255 °K strahlt durchaus eine beachtliche Wärmemenge von 240Watt/m^2 aus. Ein Schiffbrüchiger, der im + 15 °C oder 288 °K „warmen" Wasser wegen Unterkühlung „erfroren" ist, strahlt als an die Wassertemperatur adaptierte Leiche dagegen eine beachtliche Wärme von 390Watt/m^2 aus. Diese Werte kann jeder leicht überprüfen, er braucht nur die Temperaturen in die Stefan-Boltzmann Gleichung einzusetzen, die in diesem Kapitel erläutert wird. Den Rest macht der Taschenrechner.

Das, was jeder Körper proportional seiner Temperatur ausstrahlt, ist stets elektromagnetische Strahlung. Diese Strahlung hört auch dann nicht auf, wenn zwei sich „anstrahlende" Körper irgendwann die gleiche Temperatur angenommen haben. Beide Körper strahlen sich dann gegenseitig mit gleicher Intensität an. Der Wärmeverlust des einen entspricht dem Wärmegewinn des anderen und umgekehrt. Man spricht dann von einem „thermischen Gleichgewicht" oder „thermodynamischen Gleichgewicht". Gewinn und Verlust bilanzieren sich hundertprozentig, insbesondere bei Körpern, die nach Kirchhoff die Bedingung „idealer schwarzer Körper" erfüllen.

Wenn ein heißer Körper Wärme an einen kalten Körper abstrahlt, so wird der heiße Körper dabei kälter und der kalte wird wärmer, die Temperaturen gleichen sich aneinander an. Der heiße Körper überträgt Wärme an den kalten, solange noch eine Temperaturdifferenz besteht. Dabei darf man aber nicht übersehen, daß auch der kalte Körper Wärme an den warmen Körper abstrahlt. Genauso wie der tiefgefrorene „Ötzi" Wärme an seine Umgebung abstrahlt, so strahlen unentwegt die Erde oder der Mond „Wärme" im infraroten Strahlungsspektrum Richtung Sonne. Nur unter dem Strich strahlt die Erde weniger Energie an die Sonne ab, als sie von ihr empfängt. Die Wärmestrahlung der Erde kann also niemals dazu führen, daß die glühendheiße Sonne wärmer wird, einzig und allein auf Kosten einer Erdabkühlung. Das wäre eine physikalische Novität, eine Unmöglichkeit, die ja Ihnen bereits als Perpetuum mobile der zweiten Art geläufig ist.

Die Temperaturstrahlung ist eine Form der Energie. Diese Strahlungsenergie wird dem strahlenden Körper entzogen. Man kann also definieren: Strahlungsleistung ist die ausgestrahlte Energie geteilt durch die benötigte Zeit. Die Maßeinheit heißt Watt. Das Emissionsvermögen ist dann die Strahlungsleistung pro strahlender Fläche oder Watt/m^2 bzw.

Watt/cm^2. Wird dem Temperaturstrahler die abgestrahlte Energie nicht dauernd kompensatorisch ersetzt, so führt das zu seiner Abkühlung.

Die Temperaturstrahlung ist „in der Regel" eine unsichtbare Strahlung und aktiviert unseren Wärmesinn erst bei höheren, die eigene Körpertemperatur übersteigenden Werten. Man spürt sie nach heißen Sommertagen in den Städten, wenn man am Abend nach einem Parkspaziergang an Hauswänden vorbeigeht, die tagsüber von der Sonnenstrahlung stark erhitzt worden sind. Wir spüren die Wandtemperatur „strahlend" und empfinden dies als „Genuß". Die hohe Wärmeabsorptions- und -speicherfähigkeit der Bebauung ist Ursache des städtischen „Wärmeinseleffektes", der überwiegend ja ein Schön- oder Strahlungswetterphänomen ist und sich bei regnerischem und windigen Wetter „so nicht" auszubilden vermag.

Feste Körper wie Eisen beginnen erst bei einer Temperatur von etwa 500 °C eine sichtbare Strahlung auszusenden. Dieses Licht erscheint grau. Bei weiterer Erhitzung des Eisens geht die Grauglut zunächst in Rotglut, dann Gelbglut und schließlich bei noch höherer Temperatur in Weißglut über. Das zeigt uns, daß mit steigender Temperatur neben den Temperaturstrahlen in zunehmendem Maße Licht von immer kürzerer Wellenlänge ausgestrahlt wird. Wehe daher auch, wenn man einen Menschen bis zur „Weißglut" gereizt hat. Man kann sich dann ganz schön die Finger „verbrennen". Das unterstreicht, daß die Temperaturstrahlen von derselben physikalischen Natur sind wie die sichtbaren Lichtstrahlen und sich nur von diesen durch die größere Wellenlänge oder niedrigere Frequenz unterscheiden. Die Energieemission durch Strahlung, abhängig von der kinetischen Energie der Moleküle, ist ein immerwährender Prozeß.

Umgekehrt wird die Fähigkeit eines Körpers, auftreffende Strahlung zu absorbieren und in Wärme zu verwandeln, als Absorptionsvermögen bezeichnet. Es gibt das Verhältnis von absorbierter zu auftreffender Strahlungsenergie an. Als absorbiert ist nur jene Strahlungsenergie zu betrachten, die auch tatsächlich in Wärme umgewandelt wird, also weder reflektiert noch durchgelassen wird.

Die Temperaturstrahlung sowie das Absorptionsvermögen eines Körpers hängen auch von der Oberflächenbeschaffenheit ab. Diesen Einfluß kann man testen, indem man einen Metallwürfel mit heißem

Wasser füllt und die Seiten matt schwarz, glänzend schwarz, matt weiß und glänzend weiß anstreicht. Das Ergebnis ist: Bei gleicher Temperatur haben dunkle und rauhe Flächen ein größeres Emissionsvermögen als helle und glatte Flächen. Aus diesem Grunde sind die Lamellen in Ihrem Auto-Kühler schwarz. Diesen Sachverhalt kann man auch überprüfen, indem wir ein schwarzes und ein weißes Bettuch bei Sonnenschein auf den Schnee legen und schauen, welches der beiden Tücher schneller einsinkt. Weiterhin hängt das Absorptionsvermögen eines Körpers auch von seiner Dicke ab. So hat zum Beispiel eine dünne Wasserschicht nur geringes Absorptionsvermögen, weil sie die in die Schicht eindringende Strahlung zum Großteil durchläßt. Eine sehr dicke Wasserschicht wie das Meer hingegen besitzt beträchtliches Absorptionsvermögen, weil die eindringende Strahlung auf einem genügend langen Weg im Wasser schließlich fast völlig absorbiert wird.

Es gibt zwei denkbare Extremfälle: Ein Körper, der jegliche Temperaturstrahlung völlig absorbiert, nennt man einen ideal schwarzen Körper, und einer, der sie völlig reflektiert, nennt man einen ideal weißen Körper. Ideal schwarz oder vollkommen schwarz soll also ein Körper dann heißen, wenn er die ihn treffende Temperaturstrahlung, auch die unsichtbare, vollständig absorbiert, also nichts durchläßt und nichts reflektiert.

Ein schwarzes Stück Kohle oder ein schwarz angestrichenes Stück Holz ist aber noch kein ideal schwarzer Körper. Auch eine Rußschicht ist nicht perfekt schwarz, weil sie maximal 97 Prozent der einfallenden Strahlung absorbiert. Ein vollkommen „schwarzes Loch" kann man aber herstellen, indem man einen hohlen Kasten innen mit Ruß so gut es geht schwärzt und in den Kasten dann ein kleines Loch bohrt. Dieses Loch ist praktisch „perfekt schwarz", weil aus ihm praktisch überhaupt kein Licht mehr herauskommt, egal wieviel man in den Kasten hineinstrahlt. Aufgrund der im Kasten vorhandenen Wärme strahlt dieses Loch jetzt Wärmestrahlung aus, und diese Strahlung wird als schwarze Strahlung bezeichnet.

Da das Bild Hohlraum synonym mit dem Bild Treibhaus ist, sei zum weiteren besseren Verständnis aus dem Band „Mechanik und Wärme" der „Einführung in die Physik" (1958) von Walter Weizel, Professor der Physik an der Universität Bonn, der nicht alltägliche Begriff

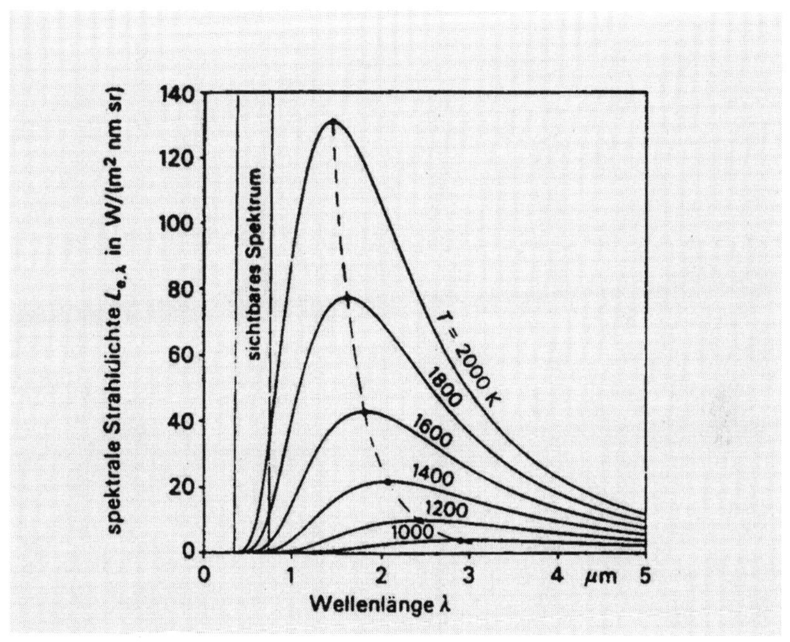

Abb. 25: Spektrale Strahldichte eines schwarzen Strahlers für verschiedene Temperaturen gemäß der Planck'schen Strahlungsformel.

Hohlraumstrahlung in Verbindung mit dem Begriff schwarzer Körper kurz erläutert:

> „*In Wirklichkeit gibt es keinen schwarzen Körper, denn sogar Ruß und schwarzer Samt reflektieren ein wenig. Läßt man aber Licht durch eine sehr kleine Öfffnung in einen sehr großen Hohlraum fallen (seine Innenwände brauchen nicht einmal schwarz ausgebildet zu sein, obwohl das natürlich besser ist), so kommt nichts mehr davon zurück, da es mehrfach reflektiert und dabei allmählich völlig absorbiert wird. Die Öffnung eines Hohlraumes wirkt also genau wie die Oberfläche eines schwarzen Körpers und strahlt deshalb die schwarze Strahlung aus, die der Temperatur der Wände zukommt. Auf diese Weise kann man praktisch einen schwarzen Körper herstellen. Im Innern des Hohlraumes besteht die Strahlung, welche mit der aus der Öffnung im Gleichgewicht steht und die man als schwarze oder Hohlraumstrahlung bezeichnet.*“

Die Sonne ist auch ein idealtypischer „schwarzer Körper", obwohl sie gar nicht schwarz ausschaut. Es kommt eben nicht auf die augenscheinliche Farbe eines Körpers an, sondern auf sein Strahlungsverhalten. Wir sehen von der Sonne praktisch nur die Strahlung, die sie selbst erzeugt. Sonstige Strahlung, die die Sonne von anderen Himmelskörpern empfängt und reflektiert, ist unterhalb der Meßbarkeitsgrenze, deshalb ist die Sonne physikalisch betrachtet ein nahezu perfekt idealer schwarzer Körper.

Die Erde ist aber kein schwarzer Körper. Die Erde ist ein blauer Planet. Sie strahlt zwar auch etwas Wärmestrahlung aus, aber was man von ihr zu sehen bekommt, ist fast ausschließlich Teil reflektiertes Sonnenlicht. Die Erde kann also auf gar keinen Fall als idealtypischer schwarzer Körper im „Strahlungsgleichgewicht" dargestellt werden. Die Anwendung des Stefan-Boltzmann-Gesetzes ist deshalb in bezug auf die Erde nicht zulässig. Das hält aber die „Klimaexperten" nicht davon ab, die Erde wie einen idealtypischen schwarzen Körper zu behandeln und die Temperatur auszurechnen, die sie demzufolge als solcher haben müßte.

Jetzt folgen einige mathematische Ausführungen über den Zusammenhang zwischen Strahlungsenergie, Wellenlänge und Temperatur, die nur dann stimmen, wenn die oben beschriebene Versuchsanordnung mit dem schwarzen Kasten vorliegt.

Ausgehend von diesen Überlegungen hat Gustav Robert Kirchhoff (1824-1887) folgende Gesetzmäßigkeit formuliert:

> *„Ein Körper bestimmter Temperatur vermag nur Strahlung solcher Frequenzbereiche zu absorbieren, die er bei eben derselben Temperatur auch auszustrahlen imstande ist. Für gegebene Temperatur und Wellenlänge stehen Emissions- und Absorptionsvermögen bei allen Körpern in einem konstanten Verhältnis."*

Zum besseren Verständnis kann man den zweiten Satz auch wie folgt fassen:

> *„Für gegebene Wellenlänge und gegebene Temperatur ist der Quotient „Emissionsvermögen ./. Absorptionsvermögen" für alle Körper gleich und zwar gleich dem Emissionsvermögen des vollkommen schwarzen Körpers für die betreffende Wellenlänge und Temperatur."*

Zeichnet man die spektrale Verteilung der vom schwarzen Körper emittierten Strahlungsenergie für eine Folge von Temperaturen in ein Diagramm, so erkennt man, daß die Wellenlänge maximaler Emission (λ_{max}) sich mit zunehmender Temperatur zu den kürzeren Wellenlängen hin verschiebt. Je kälter also ein Körper ist, in umso größeren Wellenlängenbereich ist das Wellenlängenmaximum zu suchen. Bei einer Temperatur von 6000 °K liegt das Maximum im sichtbaren Bereich 0,5 Mikrometern Wellenlänge. Diese Verschiebung der maximalen Wellenlänge hat 1893 Wilhelm Wien (1864-1928) in folgender Gleichung, dem Wienschen Verschiebungsgesetz, zum Ausdruck gebracht:

$$\lambda_{max}\, T = \text{const.}$$

Das heißt: Das Produkt aus der absoluten Temperatur des schwarzen Körpers und der Wellenlänge seiner maximalen Strahlung ist konstant (= 2,898 x 10-3 m K). Oder im Klartext: Je heißer der Körper, desto höher die Frequenz der ausgesandten Strahlung.

Wir wissen, daß das Emissionsvermögen des schwarzen Körpers bei Temperaturerhöhung in jedem Wellenlängenbereich zunimmt. Unbekannt dagegen ist noch das Gesamtemissionsvermögen. Dieses kann man direkt ermitteln, indem man die gesamte unterhalb der Kurve liegende Fläche ermittelt. Über diese Flächen macht das von Josef Stefan (1835-1893) experimentell und von Ludwig Boltzmann (1844-1906) theoretisch begründete Stefan-Boltzmann-Gesetz die Aussage:

Die Leistung der von einem schwarzen Körper ausgesandten Gesamtstrahlung im Vakuum ist der Flächengröße und der vierten Potenz der absoluten Temperatur proportional.

Die populärere Version lautet:

Das Gesamtemissionsvermögen des schwarzen Körpers steigt mit der vierten Potenz seiner absoluten Temperatur:

$$S = \sigma\, T4 \text{ (bei } \sigma = 5{,}67 \times 10^{-8}\ W/m^2K^4)$$

Die ganzen bisher angestellten Betrachtungen beziehen sich auf den speziellen Fall des „thermodynamischen Gleichgewichts“. Es handelt sich dabei um eine idealisierte Situation, die in der Natur praktisch nie gegeben ist, so daß die Anwendung insbesondere des Stefan-Boltzmann-Gesetzes bei realen Verhältnissen stets kritisch zu hinterfragen ist. Unser Sonnensystem ist ein zum Weltraum total offenes System, das man nicht in einen wie auch immer gearteten „Hohlraum“ hineindenken kann. Dies gilt nicht nur für das Gesamtsystem, sondern auch für die beiden Teilsysteme Sonne und Erde, die man keineswegs „isoliert“ betrachten und in einen „Hohlraum“ stecken kann, um fiktive „Strahlungsgleichgewichte“ zu behaupten.

Tut man es dennoch, so kann man mit dieser Methode im Prinzip jede gewünschte Schwarzkörper- oder Effektivtemperatur zwischen „unlösbar“ bei S = O W/m² und +120 °C ausrechnen. Die „Klimaforscher“ haben die Daten so angepaßt, daß eine „Temperatur“ von -18 °C herauskommt, und die Differenz zur angeblichen Globaltemperatur von +15 °C einfach zum „natürlichen Treibhauseffekt“ deklariert und zu einer „Glaubensdoktrin“ erhoben. Aus diesem Grunde bezeichnet auch der Frankfurter Professor Dr. Christian-D. Schönwiese den IPCC-Report von 1990 in Anlehnung an die Heilige Schrift als „Klimabibel“.

Mit der „Schwarzen Strahlung“ hat sich insbesondere Max Planck befaßt. Planck stellte im Jahre 1900 die Hypothese auf, daß Körper ihre Energie nicht kontinuierlich abstrahlen, sondern in Quanten. Die Energie bestehe, ebenso wie die Stoffe und die Elektrizität, aus „Atomen“ verschiedener Größe, sogenannten Energiequanten. Die Quantenhypothese besagt, daß die Energie nicht kontinuierlich ausgesandt und aufgenommen wird, sondern daß sowohl die Emission als auch die Absorption der Energie nur nach ganzzahligen Vielfachen von kleinsten Energiemengen erfolgt, die somit als Photonen die „Atome“ der Energie darstellen.

Max Planck beschreibt den hypothetischen Idealzustand des „thermodynamischen Gleichgewichts“ in bezug auf den 2. Hauptsatz der Thermodynamik in seinem 1923 in fünfter Folge erschienen Lehrbuch „Wärmestrahlung“ wie folgt:

> *„Ein System ruhender Körper von beliebiger Natur, Form und Lage, das von einer festen, für Wärme undurchlässigen Hülle umschlossen ist, geht, bei beliebig gewähltem Anfangszustand, im Laufe der Zeit in einen Dauerzustand über, bei welchem die Temperatur in allen Körpern des Systems die nämliche ist. Dies ist der thermodynamische Gleichgewichtszustand, in dem die Entropie des Systems unter allen Werten, die sie vermöge der durch die Anfangsbedingungen gegebenen Gesamtenergie anzunehmen vermag,*

einen Maximalwert besitzt, von welchem aus daher keine weitere Vermehrung der Entropie möglich ist.“

Weiter Max Planck:

„Nun erfordert die Bedingung des thermodynamischen Gleichgewichts, daß die Temperatur überall gleich und unveränderlich ist, daß also in jedem Volumelement des Mediums während einer beliebigen Zeit ebensoviel strahlende Wärme absorbiert wie emittiert wird. Denn da wegen der Gleichmäßigkeit der Temperatur keinerlei Wärmeleitung stattfindet, wird die Körperwärme lediglich durch die Wärmestrahlung beeinflußt.“

Max Planck ist nicht nur deswegen als „Kronzeuge“ hier herangezogen worden, weil er klar, präzise und verständlich zu formulieren weiß, sondern weil anhand seiner Beschreibung der Voraussetzungen für das „thermodynamische Gleichgewicht“ sofort „einleuchtet“, daß weder die Erde allein noch die Erde in unserem Sonnensystem und auch nicht unser Sonnensystem die Randbedingungen erfüllen, um in ein „Gleichgewicht“ zu kommen. Letzteres wäre auch unbedingt „tödlich“, entspräche es doch dem „Wärmetod“ oder „Kältetod“ des Universums.

E. Physik zwischen Theorie und Praxis – Eine Nachhilfestunde

Sehen wir uns einmal das Kochrezept der wetterunabhängigen Klimaforschung an, mit dem der globale Treibhauseffekt „exakt berechnet“ werden kann: Die gängige „Rezeptur“ ist einem einschlägigen Werk, dem 1994 von der „Schweizerischen Gesellschaft für Umweltschutz“ herausgegebenen Buch „Was ist los mit dem Treibhaus Erde“ von Dr. Fritz Gassmann, entnommen:

Unter der Überschrift „Wie die Sonne einen Himmelskörper wärmt“ lesen wir:

„Beginnen wir mit einem einfachen Gedankenexperiment. Wir denken uns eine schwarze Platte von 1 m^2 Grösse, die sich im mittleren Erdabstand von der Sonne befindet und voll gegen die Sonne exponiert ist. Auf der von der Sonne abgewandten Seite denken wir uns vorerst eine ideal wärmeisolierende Schicht, so dass die Plattenrückseite keine Wärme abstrahlen kann. Auf ihrer Vorderseite wird gemäß der Solarkonstanten ein einfallender Energiestrom von 1367 W vollständig absorbiert, weil wir die Plattenvorderseite als schwarz angenommen haben. Durch diese dauernd in sich aufgenommene Energie würde die Platte immer wärmer, wenn sie nicht gleichzeitig Energie abstrahlen würde.

Gemäß einem der fundamentalsten Gesetze der Physik, das von den österreichischen Physikern Joseph Stefan (1835-93) und Ludwig Boltzmann (1844-1906) entdeckt wurde, strahlt ein idealer schwarzer Körper Wärmestrahlung ab, deren Intensität einzig und allein von seiner Temperatur T abhängt und proportional zu deren vierter Potenz ist. T ist hier allerdings nicht in den üblichen °C zu messen, sondern in den physikalisch wesentlich fundamentaleren Kelvin, deren Skala beim absoluten Nullpunkt, also bei der tiefstmöglichen Temperatur, beginnt. 0 K entspricht -273,16 °C und 0 °C entspricht 273,16 K, so daß die Umrechnung sehr einfach ist.

Der Weltraum hat sich mit seiner heutigen kosmischen Hintergrundstrahlung von 3 K, die vom Urknall übrig blieb, während der 10-20 Milliarden Jahre seiner Existenz bis sehr nahe an den absoluten Nullpunkt abgekühlt. Um nun eine Beziehung zwischen der abgestrahlten Intensität (die in W/m2 gemessen wird) und T^4 (mit der Maßeinheit K^4) zu erhalten, ist eine Naturkonstante mit der Masseinheit $W/(m^2K^4)$ erforderlich, die zu Ehren der Entdecker Stefan-Boltzmannsche Konstante genannt wird und meist mit dem griechischen σ bezeichnet wird. Sie hat den Zahlenwert $5{,}67\ 10^{-8}$ in den oben angegebenen Einheiten und ist als ebenso fundamental wie etwa die Lichtgeschwindigkeit zu betrachten. Es ist nun höchstens noch ein Taschenrechner notwendig, um die Wärmestrahlung von verschieden temperierten schwarzen Oberflächen zu berechnen und zu den in der Tabelle 1 wiedergegebenen Resultaten zu gelangen.

Aus dieser Tabelle 1 ist zu entnehmen, dass sich unsere gedachte Platte bis etwa über 120 °C erwärmt, bis die von ihr abgegebene Infrarotstrahlung der Solarkonstanten entspricht (Strahlungsgleichgewicht). Entfernen wir unsere auf der Plattenrückseite gedachte Isolation, wird die doppelte Wärmestrahlung emittiert und die Temperatur muß sich

T in °C	T in K	Abstrahlung in W/m²
-273.16	0	0
-50	223.16	141
-20	253.16	233
-10	263.16	272
0	273.16	316
+10	283.16	365
+20	293.16	419
+60	333.16	699
+90	363.16	986
+120	393.16	1355

Tab. 1: Schwarzkörperstrahlung für verschiedene Temperaturen gemäß der Formel σT^4

auf einen neuen, tieferen Gleichgewichtswert einstellen, der der halben Solarkonstanten (=684 W/m²) entspricht. Nach Tabelle 1 ergibt sich cinc Temperatur knapp unterhalb von 60 °C.

Stellen wir uns nun eine schwarze, inwendig isolierte Kugel vor, die der Sonne immer dieselbe Seite zuwendet, wie dies der Erdmond tut. Die einfallende Strahlung Q wirkt in diesem Falle auf die Querschnittsfläche πr^2 (r = Kugelradius), die Abstrahlung erfolgt jedoch über die halbe Kugeloberfläche $2\pi r^2$. Wiederum ist also die Abstrahlungsfläche doppelt so gross wie der Einstrahlungsquerschnitt, und die mittlere Gleichgewichtstemperatur auf der Vorderseite wird wie im vorigen Beispiel etwa 60 °C betragen. Auf der Rückseite ist jedoch die Temperatur O °K, weil keine Energie eingestrahlt wird.

Lassen wir nun aber die Kugel schnell rotieren, so dass ihre Oberfläche rundherum erwärmt wird. Die Abstrahlungsfläche ist nun die gesamte Kugeloberfläche $4\pi r^2$, also viermal größer als der Einstrahlungsquerschnitt. Die mittlere Gleichgewichts-temperatur entspricht deshalb einem Viertel der Solarkonstanten (342 W/m²) und wird nach Tabelle 1 etwa 5 °C warm. Um unsere Überlegungen auf die Erde anwenden zu können, müssen wir zusätzlich noch eine weitere Größe, die Albedo („Weißheit" oder Reflektivität) einführen, die berücksichtigt, dass eine nicht schwarz aussehende

Oberfläche einen Teil des Sonnenlichts reflektiert. Die mit dem griechischen Buchstaben α bezeichnete Albedo ist eine Zahl, die immer zwischen 0 und 1 liegt: 0 bedeutet schwarz, nicht reflektierend und 1 bedeutet weiß (Entspricht einem vollständig reflektierenden Spiegel, der kein Sonnenlicht absorbiert und deshalb die Temperatur des absoluten Nullpunktes annehmen würde). Streng genommen müsste man α als Albedo für sichtbares Licht bezeichnen und zusätzlich eine Albedo (in Form einer Emissivität = 1 - Albedo) für Wärmestrahlung berücksichtigen. Da letztere aber selbst für Schnee sehr nahe bei 0 liegt (Schnee ist in bezug auf Wärmeabstrahlung fast ein idealer schwarzer Körper), kann das Stefan-Boltzmannsche Strahlungsgesetz ohne Emissivitätskorrektur angewendet werden. Nach Satellitenmessungen beträgt die planetare Albedo α im Mittel 0,3. Es werden also 30 Prozent des Sonnenlichtes im wesentlichen durch Wolken, Eis und Meere ins Weltall reflektiert und stehen nicht für die Erwärmung der Erdoberfläche zur Verfügung. Um die mittlere Gleichgewichtstemperatur abzuschätzen, dürfen wir also nur 70 Prozent der Solarkonstanten (957 W/m^2) als einfallende und absorbierte Strahlung betrachten. Weiter können wir aufgrund unserer vorherigen Überlegungen, die schnell rotierende Kugel betreffend, auch im Falle der Erde mit einem Geometriefaktor 1/4 rechnen. Es müsste sich also eine Gleichgewichtstemperatur entsprechend zu 957/4 = 239 W/m^2 einstellen, die sich nach Tabelle 1 zu -18 °C ergibt.

Vergleicht man nun diese ohne Treibhauseffekt berechnete Temperatur von -18 °C mit der mittleren globalen Oberflächentemperatur von +15 °C, so ergibt sich ein Treibhauseffekt von 15 - (-18) = 33 °K. Ohne diesen natürlichen Treibhauseffekt wäre jegliches Leben auf unserem Planeten unmöglich, das auf dem Vorhandensein von flüssigem Wasser basiert. Es ist sogar so, dass die Erde ohne Treibhauseffekt in einen Zustand endgültiger Erstarrung absinken würde. Größte Teile ihrer Oberfläche würden nämlich zu Eis und Schnee mit einer Albedo von etwa 0,6 oder mehr erstarren und die Gleichgewichtstemperatur entsprechend Q (1-0,6)/4 = 137 W/m^2 würde nach Tabelle 1 auf -52 °C oder tiefer sinken.

Etwas Ähnliches hätte der jungen Erde passieren könne, wenn nicht, wie bereits erwähnt, eine wesentlich höhere CO_2-Konzentration in ihrer Atmosphäre und der entsprechend hohe Treibhauseffekt die zu schwache Sonnenintensität kompensiert hätte. Gleichzeitig mit der über die Jahrmilliarden stärker werdenden Sonne haben sodann zuerst Einzeller im Meer und später Vielzeller und Landpflanzen durch Photosynthese atmosphärisches CO_2 abgebaut und die Luft durch das treibhausneutrale Sauerstoffgas O_2 angereichert. Der Treibhauseffekt wurde dadurch so weit verringert, dass für die biologische Evolution günstige Temperaturen um 20 – 26 °C über die vergangenen 500 Millionen Jahre entstehen konnten."

Der Text ist ein Paradebeispiel dafür, wie man durch übertriebene Exaktheit im Nebensächlichen von den Manipulationen im Hauptsächlichen geschickt ablenken und den Eindruck objektiver „Wahrheitsfindung" vortäuschen kann. Aber der geschulten Aufmerksamkeit Ihrerseits wird nicht entgangen sein, daß „er" hier wieder auftaucht und seine fröhliche Wiederkehr feiert, der alte „Mythos" von der Erde als „Scheibe", wenn auch versucht wurde, sie verbal als „Platte" bis zur Unkenntlichkeit zu kaschieren. Doch deren „Kreisfläche" hat diesen Trick verraten. Der Rest ist dann eine simple rechnerische Spielerei, zu der man wirklich nicht mehr als einen billigen Schultaschenrechner benötigt und keinen „Supercomputer" für 100 Millionen Deutsche Mark.

Bei der gedanklichen Mutation der Erde von der „Scheibe" zur „Halbkugel" und dann weiter mittels unendlich schneller Rotation zur „Vollkugel" wird jedoch die „Scheibenfixierung" keineswegs hinfällig. Die Vorstellung von der „Scheibe" führt unter dem Codenamen „Einstrahlungsquerschnitt" ein derart übermächtiges Eigenleben, daß die gesamte global vernetzte „Klimaclique" darüber vergißt oder bewußt dem „tumben Volk" unterschlägt, daß die Erde bei ihrer 24-Stunden-Rotation um die eigene Achse immer als „Halbkugel" bestrahlt wird und nicht als stets senkrecht zur Sonne stehende „Scheibe". Dies geschieht in der bewußt kalkulierten Hoffnung, daß die Ehrfurcht davor, daß man mit „einem der fundamentalsten Gesetze" operiert und auch nicht mit den „üblichen", hundsgemeinen Celsiusgraden, sondern mit „den physikalisch wesentlich fundamentaleren Kelvin" rechnet, vor Kritik schützt. Dabei kann jeder „Zehntklässler" der diffizilen Rechenoperation folgen, wenn man ihm aufgibt, folgende Aufgabe zu lösen. Man nehme das Stefan-Boltzmann-Gesetz, setze S = 1368 und errechne T. Das Ergebnis ist 120 °C. Dann ziehe man von S einfach 30 Prozent ab und teile diese Zahl durch 4. Als Ergebnis erhält man S = 240. Damit gehe man in die Formel $S = \sigma T^4$. Erhält der Schüler als Lösung 253 K oder -18°C, dann macht der Mathelehrer ein Häkchen als Zeichen für „richtig".

Doch dem in die „Wetterkunde" einführenden Geographie- oder Physiklehrer würden sich ob dieses primitiven Lösungsansatzes zur Berechnung der breitenkreisabhängigen Sonneneinstrahlung auf einer rotierenden Kugel alle „Nackenhaare" sträuben. Der Schüler müßte sich zunächst anhören, daß die Erde sich nicht „unendlich" schnell dreht, denn dann gäbe es nur „Tag" und nicht wie am Äquator 12 Stunden Tag und 12 Stunden Nacht. Am Süd- und Nordpol dagegen herrscht wegen der Kugelgestalt und der Neigung der Erdachse von 23,5 Grad zur Umlaufbahn um die Sonne abwechselnd bis zu 24 h Tag und 24 h Nacht. Jedesmal wäre auf der Erde bei Nacht und S = 0 der Schüler vor die Unmöglichkeit gestellt, ein „T" zu berechnen. Der Schüler bekäme auch den Hinweis erteilt auf das 2. Keplersche Gesetz mit der Folge, daß S mit der Entfernung der Erde von der Sonne variiert und bei Sonnenähe um fast 100 W/m^2 größer ist als bei Sonnenferne. Dies bedeutete, daß es Anfang Januar im tiefsten Winter rechnerisch „wärmer" auf der Nordhalbkugel ist als Anfang Juli wenige Tage nach dem Sonnenhöchststand. Es gäbe noch eine Menge Kuriositäten und Paradoxa!

All die Physikprofessoren, die sich der „Klimaforschung" gewidmet haben und die „Existenz" eines „natürlichen Treibhauseffektes" propagieren, müßten als Voraussetzung für die Erteilung der venia legendi das von Max Planck in seinem Lehrbuch „Wärmestrahlung" in exzellenter und durchaus verständlicher Form zusammengefaßte „Strahlungswissen" als „Grundwissen" beherrschen, wenn sie Physik und nicht Metaphysik ihren Studenten lehren wollen. Auf die kuriose und völlig unwissenschaftliche Art, wie die beiden Randwerte „-18 °C" und „+15 °C" zwecks Begründung des „natürlichen Treibhauseffektes" von „+33 °C" berechnet wurden, ist bereits mehrfach hingewiesen worden. Dennoch sei ein nicht unwichtiges Detail nochmals hervorgehoben. Dies betrifft die Höhe der angenommenen „Reflexionsschicht", an der ja 30 Prozent der Sonnenenergie völlig ungenutzt wieder zur Sonne von der „Scheibe" geradlinig und mit Lichtgeschwindigkeit – dies ist ja die

Funktion eines Spiegels – zurückgestrahlt werden sollen. Professor Dr. V. Ramanathan von der University of Chicago hat wie IPCC diese „Reflexionsschicht" eindeutig und unwidersprochen an den „Oberrand" beziehungsweise die „Oberkante" der Atmosphäre gelegt. Er hat sich aber nicht über die Höhe dieser „Oberkante" – soll man sich an dieser wie an einer „Tischkante" stoßen können? – ausgelassen.

Wo liegt also die „Obergrenze" der Atmosphäre? In 800 Kilometer, wo rechnerisch noch 1 Molekül pro cm^3 vermutet wird? In etwa 400 Kilometer Höhe, wo die Luftmoleküle schon so dicht gepackt sind, so daß die von ihnen erzeugte Reibung ausreicht, um einen Satelliten beim Wiedereintauchen in die Atmosphäre verglühen zu lassen? Soll man gar auf 200, auf 100 oder 50 Kilometer Höhe runtergehen? Nein, man äußert sich nicht vorher! Man orientiert sich an den hypothetisch berechneten „-18°C". Man nimmt diese „Effektivtemperatur" und schaut sich die Radiosondenaufstiege danach an, wo diese „Effektivtemperatur" herrschen könnte. Aber auch diese sind wie das „Orakel von Delphi" nicht ein- sondern mehrdeutig. Da findet man -18 °C oberhalb der „Ozonschicht" in 50 km Höhe, unterhalb der „Ozonschicht" in 25 km Höhe und mitten in der Troposphäre in etwa 6 km Höhe. Und diese greifbare Höhe hat man ausgewählt, um hier das symbolische „Glasdach" anzubringen. Achten Sie einmal bei Ihrer nächsten Flugreise darauf.

Völlig unabhängig von der den „Treibhauseffekt" visualisieren sollenden „Glasschicht" mögen die klimaforschenden Physiker einmal rein physikalisch erklären, was elektromagnetische Strahlung, die ein 15 °C warmer „schwarzer Körper" mit Lichtgeschwindigkeit von 300 000 Kilometern pro Sekunde radial aussendet, plötzlich veranlassen könnte, nach einer Laufzeit von nur 0,000 02 Sekunden abrupt abzubremsen, um ebenso schnell zur Erde zurückzukehren. Dabei soll die Strahlung nicht nur alle Strahlungsenergie 100prozentig wieder zurückbringen, sondern noch zusätzliche Energie aus der -18° C kalten Kohlensäureschicht aufnehmen, um den erwärmenden „Treibhauseffekt" hervorzurufen. Muß man sich so den „wärmenden Strahlungsmantel" Atmosphäre vorstellen? Die „Gegenstrahlung" soll ja nach Professor Dr. Paul Heinloth, der 7 Jahre den Enquete-Kommissionen „Schutz der Erdatmosphäre" des Deutschen Bundestages als Sachverständiger angehörte, 70 Prozent der Sonneneinstrahlung betragen, und das sind „unglobalisiert“ 960 W/m^2 der „Solarkonstante“ von 1368 W/m^2.

Glücklicherweise stimmte diese „Höhenwahl“ auch ganz ordentlich mit der von Svante Arrhenius im Jahre 1896 gewählten Höhe der „Kohlensäureschicht“ von 380 mm Quecksilbersäule oder etwa 5,5 Kilometern überein. Arrhenius hatte ja nie den Beweis für seine „Eiszeithypothese“ antreten müssen. Nachdem er am 10. Dezember 1903 mit dem Nobelpreis für Chemie dekoriert worden war, wurde er „kritikfrei“ gestellt. Man demontierte den „Kollegen“ nicht öffentlich, man ignorierte den physikalischen Sündenfall und schwieg in der „scientific Community“. Diese Tatsache hat die Professorin für Wissenschaftsgeschichte an der Louis Pasteur Universität in Straßburg, Elisabeth Crawford, in einer 1996 erschienenen Biographie über „ARRHENIUS – From lonic Theory to the Greenhouse Effect“ aufgezeigt. Sie schreibt, daß sein Modell des Einflusses des Kohlendioxidgehaltes der Atmosphäre auf das „Klima“ keinen Eingang in die Geschichte der Physik und Geophysik gefunden hat. Unter den etwa 1700 Artikeln und Büchern, die in „The History of Geophysics and Meteorology: An Annotated Bibliography (1985)“ aufgeführt sind, erwähnt kein einziger die „Eis- oder Warmzeithypothese“ von Arrhenius: „not a single one treats this inquiry“! Arrhenius war Opfer seines Modellreduktionismus, und von diesem „Glauben“ ließ er zeitlebens nicht ab. Jedenfalls ignoriert auch das Wetter seit 1896 hartnäckig das physikalische „Wunder“ namens „Treibhauseffekt“, weil es unmöglich ist und dem 2. Hauptsatz der Wärmelehre widerspricht!

Aber die „Treibhausclique“, nun einmal dank geschicktester Propaganda politisch in der Mehrheit, verteidigt ihr ideologisches „Wolkenkuckucksheim“ mit fast unnachahmlicher gedanklicher Raffinesse. Ihr Ideenreichtum ist noch nicht zu Ende. Die zuerst an der Obergrenze der Atmosphäre angenommene Reflexionsschicht, für welche nach Abzug von 30 Prozent Albedo eine „Effektivtemperatur“ von -18 °C ausgerechnet wurde, wird erst auf eine Höhe von 6 Kilometern reduziert, um dann plötzlich in einem weiteren Argumentationsschritt mit der Lufttemperatur in der „Englischen Hütte“ zusammenzufallen. Die ursprüngliche „Atmosphärenobergrenze“ bricht samt „Glasdach“ ein und stürzt lautlos fast auf die Erdoberfläche! Dieser Trick ist nötig, braucht man doch für die Definition „natürlicher Treibhauseffekt" eine horizontale und keine vertikale Temperaturdifferenz. Dieser Akt geschieht völlig unabhängig davon, ob die beiden „Temperaturen" überhaupt vergleichbar sind oder ob diese völlig verschiedene „Qualitäten" haben, wie Erdnüsse und Pampelmusen!

So kommt es zu der weltberühmten und nur mit den teuersten und schnellsten Supercomputern der Welt zu bewältigenden Rechenoperation, der Differenzbildung zwischen -18 °C und +15 °C. Das Ergebnis lautet 33 Grad Celsius! Dies ist der berühmte „natürliche Treibhauseffekt" als Differenz zweier ebenso inkomparabler wie inkommensurabler Größen. Keine läßt sich je physikalisch nachvollziehen, mithin weder verifizieren noch falsifizieren. Sie sind der naturwissenschaftlichen Kritik entzogen und entfalten umso größere Wirksamkeit in der „Klimapolitik".

Man hat also seitens der „Klimaforschung" die große Peinlichkeit umschifft, die Offensichtlichkeit der vertikalen Temperaturabnahme „sichtbar" werden zu lassen. Eine physikalische Selbstverständlichkeit, die Abnahme der Temperatur von einer Strahlungsquelle weg, sei sie ein Ofen oder ein Lagerfeuer, als erwärmenden „Treibhauseffekt" zu deklarieren, diese Unmöglichkeit wäre jedem Hauptschulabgänger sofort ins Auge gesprungen. Aber auf „Nullniveau" blieb dieser Trick verborgen, zumindest erregte er keinen politisch wahrnehmbaren Widerspruch. Im Gegenteil, der „ 33-Grad-Wert" wurde zu einem „Kultwert", zu einer Meßlatte für den mit den Worten vom ehemaligen US-Vizepräsident Al Gore von den Industrienationen heraufbeschworenen klimatischen „Holocaust". Benutzt die weltweite „grüne Bewegung" die „Treibhauslüge", um mit der Verteufelung der fossilen Energieträger Kohle, Erdöl und Erdgas, den reichen Wohlstandsnationen, die 20 Prozent der Weltbevölkerung ausmachen, aber 80 Prozent der Ressourcen „verschleudern", die „energetische Arbeitskraft" zu entziehen, um sie in die immobile „Suffizienzrevolution" zu zwingen, so glauben die Kernphysiker immer noch naiv, mit dem Argument der CO_2-freien Stromerzeugung durch Kernkraftwerke den Widerstand eben der „grünen Bewegung" gegen die ihr verhaßten „Atommeiler" überwinden zu können. Soviel Illusion entzieht sich einer rationalen Erklärung. Faktum ist, daß gerade durch die Erfindung des globalen „Klima-GAU" im Jahre 1986 die

Abb. 26: Historisches Experiment Otto von Guerickes zur Demonstration des Luftdrucks, in neuerer Zeit mehrfach wiederholt an der Technischen Universität „Otto von Guericke" zu Magdeburg.

„Suffizienzrevolutionäre" eine permanente Stärkung erfahren haben, wie ihr Agieren auch auf der 3. Weltklimakonferenz im japanischen Kioto demonstriert hat.

Für all diese konträren politischen wie wirtschaftlichen Interessen mußten und müssen die armen „Treibhausgase" herhalten, die gar nicht in der Lage sind, das stets „offene atmosphärische Strahlungsfenster" zu schließen! Wenn „sie" nicht vorhanden wären, allen voran der Wasserdampf und natürlich das Kohlendioxid, dann, so wird scheinheilig dankbar festgestellt, würden die errechneten „-18 °C" auf der Erdoberfläche herrschen und alles Leben unmöglich, „zu Eis erstarren" lassen. Der segensreichen Wirkung wird aber sogleich die anthropogen zerstörerische Gefahr gegenübergestellt als „Zusatztreibhauseffekt". Er wird herbeigezaubert und die Atmosphäre dabei weggezaubert! Die „Obergrenze" der Atmosphäre findet sich plötzlich auf der Erdoberfläche wieder, und damit ist die ursprünglich vorhandene und noch immer, Gott sei Dank, – existierende Atmosphäre weg – im Gedankenexperiment! In der Tat, theoretisch sind dem Menschen als „Ideenproduzent" keine Schranken gesetzt.

Nachdem man die „segensreiche" Wirkung dieser beiden anorganischen pflanzlichen Grundbaustoffe H_2O und CO_2 meint „ablenkend" genügend gewürdigt zu haben, allerdings nicht in ihrer Hauptfunktion bei der Photosynthese, denn die Erde ist ja ein toter „schwarzer" und kein „blauer Planet" voll üppig sprießendem Leben, hat man das tiefenpsychologische Umfeld geschaffen, um zum eigentlichen „Thema“, dem „anthropogenen Zusatztreibhauseffekt“ zu kommen. Dieser sei klar ein Werk des „Teufels“, unserer egoistischen Konsum- und Mobilitätssucht, der unverantwortlichen Ressourcenverschwendung, Ausdruck unserer Mißachtung der Schöpfung und dergleichen mehr. Wir Wohlstandsbürger bekommen anständig die grünen Leviten gelesen.

Doch in manchem Mann steckt noch ein Kind – voll kindlicher Neugier. Stellvertretend sei die dreiste Frage nach dem „Sinn“ und der „Aufgabe“ der restlichen 99 Prozent der Atmosphäre, den 78 Prozent Stickstoff und den 21 Prozent Sauerstoff gestellt, die im „Treibhaus“ nicht vorkommen. Doch warum ist der Himmel blau? Schüler müssen das uneingeschränkte Recht haben zu fragen, was es mit der kinetischen Gastheorie auf sich hat und warum die 99 Prozent N_2- und O_2-Moleküle bei der Betrachtung der Lufttemperatur völlig außeracht gelassen werden? Haben diese beiden Gase in der Atmosphäre keine Funktion? Sie werden zwar als weitgehend „diatherman“ und damit „durchstrahlend“ hingestellt, was ja auch noch kein Mensch angesichts von Sonne, Mond und Sternen in Frage gestellt hat, doch ansonsten sollen sie mit der Atmosphäre, der Lufttemperatur, dem Wetter und damit dem „Klima“ nicht zu tun haben – das zumindest meinen unausgesprochen die „Klimaforscher“.

Genau das Gegenteil ist der Fall, denn gerade diese wissentlich unterschlagenen und vernachlässigten 99 Prozent der Luft sind die eigentlichen „Wärmeträger“, sie bilden den „Löwenanteil“ an der Gesamtmasse der Luft von etwa 5600 Billiarden Tonnen. Wir haben gelernt, Wärme ist eine „Quantitätsgröße“ und damit stets und immer an Materie gebunden. Wärme ist Ausdruck der kinetischen Energie oder Bewegungsenergie der Moleküle, aller Moleküle.

Die kinetische Energie ist Ursache des Gasdruckes, wie Clausius im Jahre 1857 erklärte. Bei einem Barometerstand von 1013 Hektopascal und 15 °C ergibt sich ein Gasdruck von über 1 Million Dyn bei einer mittleren Geschwindigkeit der Luftmoleküle von 485 m/s. Nach einer Berechnung von Loschmidt im Jahre 1865 enthält 1 cm^3 Gas 2710^{18} Moleküle. Daher ist es kein Wunder, daß diese Luftmassen, deren Bewegungsenergie letztendlich von der elektromagnetischen Energie der Sonne herrührt, einmal von einem Tiefdruckwirbel „koordiniert“ und in orkanartige Bewegung gesetzt, Sturmfluten auslösen und wie der Sturmwirbel „Wiebke“ ganze Wälder umknicken können.

Eine der vereinfachenden Randbedingungen beim Arrheniusschen Gedankenexperiment von 1896 zwecks Erklärung der Klimaschwankungen war ja nicht nur die Wasserdampffreiheit seiner Atmosphäre, es war insbesondere die „Unbeweglichkeit“ der Luft. Doch wenn sich Luft nicht mehr bewegen darf und in den Zustand totaler Starre versetzt wird, dann macht man jegliches Wetter unmöglich und entzieht dem „Klima“ als mittlerem Wettergeschehen seine Existenzbasis. Das Arrheniussche Modell ist an Wirklichkeitsferne nicht mehr zu überbieten und kann daher nicht zur Erklärung von wirklichen Vorgängen herangezogen werden. Es ist nicht nur ob seines außerordentlichen Abstraktionsgrades absolut untauglich, um als „Diskussions-Modell“ zur Erklärung realer Geschehnisse ein gewisses Maß an Akzeptanz beanspruchen zu können, schlimmer noch, es negiert gedanklich bereits fest etablierte, wissenschaftlich gänzlich unstrittige physikalische Tatbestände wie den zweiten Hauptsatz der Thermodynamik mit der Unmöglichkeit eines Perpetuum mobiles 2. Art sowie die spektralanalytischen Grundtheoreme.

Es entbehrt natürlich nicht einer gewissen Faszination, wenn man meint, ein möglichst einfaches „Modell“ zur Erklärung einer komplexen Wirklichkeit gefunden zu haben, doch man darf nicht die Gefahr übersehen, daß man sich leicht in Gedankenräume begibt, die dem eines abstrakt idealisierten, abgeschlossenen und lebensfeindlichen schwarzen Hohlraumes entsprechen.

Zur Zeit, als Arrhenius seine „Eiszeithypothese“ entwarf und der Physikalischen Gesellschaft in Stockholm präsentierte, war es bereits physikalisches Allgemeinwissen, daß es drei verschiedene Arten der Wärmeübertragung gibt. Ausgangspunkt aller Überlegungen ist: Bringen wir Körper verschiedener Temperatur in einen und denselben Raum, so sinkt die Temperatur der heißen oder warmen, es steigt die der kalten oder kühlen Körper, bis sie sich im vollkommenen Gleichgewichte nebeneinander befinden, ihre Temperatur die gleiche geworden ist. Wenn verschieden warme Körper sich unmittelbar berühren, so erfolgt die Mitteilung der Wärme durch Leitung.

Wenn wir einen heißen Körper ins Wasser werfen, so wird dieser den ihn unmittelbar berührenden Wassermolekülen Wärme mitteilen, diese werden infolge ihrer geringeren Dichte aufsteigen, und es entsteht so in dem Wasser eine Strömung, die dem heißen Körper fortwährend kältere Teile des Wassers zu – und die erwärmten von ihm wegführt. Die hierdurch bedingte Verbreitung der Quantität Wärme nennt man „Konvektion". Konvektion von Wärme findet in allen Flüssigkeiten und insbesondere in Gasen statt. Das Aufsteigen der Wasserblasen im Kochtopf wie das Aufsteigen der Luftblasen in der Atmosphäre erfolgen nach dem gleichen physikalischen Prinzip. Beim Kochtopf ist die Energiequelle in der Herdplatte integriert, in der Atmosphäre ist die Energiequelle zwar 150 Millionen Kilometer entfernt, die Heizfläche ist aber dennoch die Erdoberfläche als Energierezeptorfläche.

Man darf das Verhalten des Erdbodens nicht mit dem eines inaktiven „Transformators" vergleichen, wie es in der Annahme „Strahlungsgleichgewicht" zum Ausdruck gebracht wird. Auch hier weiß jeder, daß die Temperatur der Erdoberfläche einem jährlichen periodischen Wechsel unterworfen ist. In den mittleren Breiten der „Westwindzone" würde unter normalen Verhältnissen anzunehmen sein, daß die Oberflächenschicht des Bodens ihre tiefste Temperatur im Januar, ihre höchste im Juli erreicht, und daß die Temperaturen im April und Oktober so etwa dem Jahresmittel entsprechen, obgleich bei dieser Annahme schon von der Theorie abgewichen ist, daß dem nordhemisphärischen Sonnenhöchststand am 21. Juni auch die höchsten und dem Sonnentiefststand am 21. Dezember auch die niedrigsten Temperaturen zu entsprechen haben. Infolge der Wärmeleitung des Bodens dringen diese Temperaturen in Form einer Welle mit rasch abnehmender Amplitude in die Erde ein. Wenn man für jede Tiefe unter der Erdoberfläche für eine bestimmte Epoche des Jahres die Abweichung der Temperatur vom „Jahresmittel" bestimmt, und diese Abweichung als Ordinate senkrecht zu dem Erdhalbmesser aufträgt, so bilden die Endpunkte dieser Senkrechten eine Wellenlinie. Die Länge der halben Welle beträgt in felsigem Gestein etwa 8 Meter.

Unser Sonnensystem ist kein von total reflektierenden Wänden umschlossenes Vakuum, kein Hohlraum, und von daher ist es von vornherein unmöglich, daß je ein stationärer Strahlungszustand eintreten könnte. Das Modell „Schwarzer Hohlraum" ist nicht auf die Erde übertragbar! Alle Berechnungen dieser Art mögen zwar mathematisch-theoretisch „richtig" sein, doch haben sie keinerlei anwendungsbezogenen Nutzen, weil die physikalischen Realitäten auf der Erde den Modellvorstellungen total widersprechen.

Was mit der Erde gedanklich passiert, wenn man das Kirchhoffsche Gesetz und das Stefan-Boltzmannsche Gesetz auf sie anwendet, auch das hat Max Planck ausgesprochen plastisch an einem Beispiel geschildert:

> *„Man kann also eine ganz beliebige Strahlung, die anfangs in dem betrachteten evakuierten Hohlraume mit total reflektierenden Wänden herrscht, durch Einbringung eines winzigen Kohlestäubchens in schwarze Strahlung verwandeln. Charakteristisch für diesen Vorgang ist der Umstand, daß die Körperwärme des Kohlestäubchens beliebig klein sein kann gegen die Strahlungsenergie, die in dem beliebig groß zu nehmenden Hohlraume vorhanden ist, und daß daher in diesem Falle nach dem Prinzip der Erhaltung der Energie die gesamte Strahlungsenergie auch bei der eintretenden Umwandlung wesentlich konstant bleibt, da die Änderungen der Körperwärme des Stäubchens selbst bei endlichen Temperaturänderungen desselben gar nicht in Betracht kommen."*

Noch ein anderer ganz wichtiger Aspekt ist hier zu erwähnen, um zu zeigen, daß eine nach dem Stefan-Boltzmannschen Gesetz berechnete „Effektivtemperatur" nicht mit einer nach dem Wienschen Verschiebungsgesetz berechneten „Temperatur" vergleichbar ist, geschweige denn gleichgesetzt werden darf. Die „Effektivtemperatur" gibt die Summe der gesamten über alle Wellenlängen emittierten Temperaturstrahlung an, während das Wiensche Gesetz erlaubt, der maximalen Wellenlänge eine Temperatur zuzuordnen. Beide theoretisch und idealtypisch berechneten „Temperaturen" sind nicht direkt mit der gemessenen „Temperatur" der Luft komparabel. Diese wiederum ist keineswegs identisch mit der für Klimazwecke gemittelten „Temperatur". Dies ist jederzeit leicht nachvollziehbar beim Vergleich von „Tagesmitteltemperatur" mit dem täglichen Temperaturverlauf. Die Bildung von „Temperaturdifferenzen" setzt voraus, daß man zwischen den zahlrei-

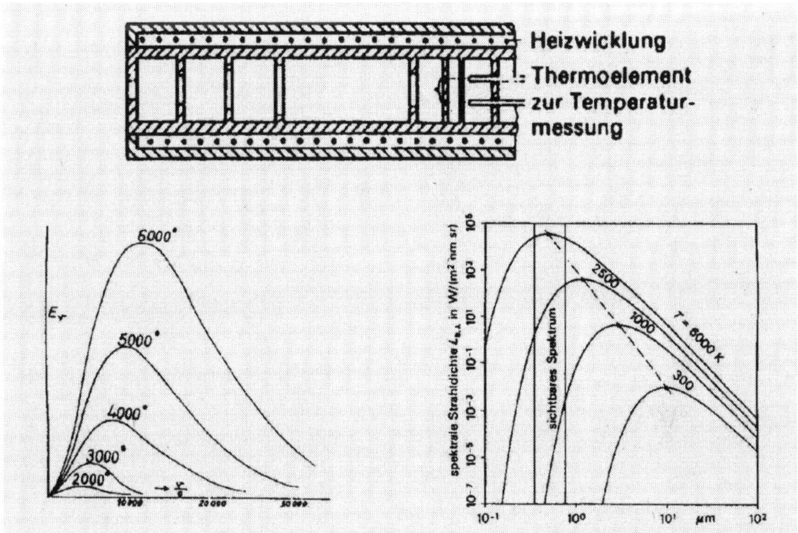

Abb. 27: Modell eines Hohlraumstrahlers sowie die spektrale Strahldichte eines idealen schwarzen Strahlers. Ein 6000 K und ein 300 K warmer Körper können nie im Strahlungsgleichgewicht stehen.

chen Temperaturbegriffen sorgfältigst differenziert. Einfach die Differenz zwischen der wie auch immer ermittelten „ Globaltemperatur“ von +15 °C und der mit Hilfe des Stefan-Boltzmannschen Gesetzes für den Oberrand der Atmosphäre berechneten und dann klammheimlich auf Meeresniveau reduzierten „Effektivtemperatur“ von -18 °C zu nehmen und daraus willkürlich die Definition „natürlicher Treibhauseffekt“ von +33 °C abzuleiten, das ist physikalisch völlig unzulässig und mit dem wissenschaftlichen Ethos objektiver Wahrheitsfindung nicht vereinbar.

Auch diesen Sachverhalt hat Max Planck in nicht zu überbietender Deutlichkeit zu Papier gebracht, so daß es völlig unverständlich erscheint, daß gerade diese elementaren Grundprinzipien vergessen und ausgerechnet vom „Max-Planck-Institut für Meteorologie“ völlig negiert werden. Die Institutsdirektoren Prof. Dr. Klaus Hasselmann und Prof. Dr. Hartmut Graßl waren Sachverständige der Enquete-Kommission „Schutz der Erdatmosphäre“, Graßl sogar zweitweise direktes Mitglied derselben. Doch lassen wir Max Planck zu Worte kommen:

„Die hier vorgenommene Erweiterung des Begriffs der Temperatur auf einen einzelnen monochromatischen Strahl bringt es mit sich, daß in einem von beliebigen Strahlen durchsetzten Medium an einer und derselben Stelle des Mediums im allgemeinen unendlich viele verschiedene Temperaturen bestehen, indem jeder einzelne Strahl, der diese Stelle trifft, seine besondere Temperatur besitzt, ja daß sogar die in der nämlichen Richtung fortschreitenden verschieden gefärbten Strahlen je nach der spektralen Energieverteilung verschiedene Temperaturen aufweisen. Zu allen diesen Temperaturen kommt schließlich noch die Temperatur des Mediums selber, die auch ihrerseits von vornherein ganz unabhängig von der Strahlung ist. Diese Kompliziertheit der Betrachtungsweise liegt aber ganz in der Natur der Sache und entspricht der Kompliziertheit der physikalischen Vorgänge in einem solchermaßen durchstrahlten Medium."

Und solch ein Medium mit einer gemessenen auf der kinetischen Energie aller Luftmoleküle beruhenden Lufttemperatur, aber unendlich vielen „Strahlungstemperaturen", ist unsere Atmosphäre! Doch weiter mit Max Planck:

„Nur im Falle des stabilen thermodynamischen Gleichgewichts gibt es nur eine einzige Temperatur, die dann dem Medium selber und allen dasselbe durchkreuzenden Strahlen verschiedener Richtung und verschiedener Farbe gemeinsam ist. Auch in der praktischen Physik hat sich die Notwendigkeit, den Begriff der Strahlungstemperatur von dem der Körpertemperatur zu trennen, in allmählich steigendem Maße geltend gemacht. So hatte man es schon vor längerer Zeit für vorteilhaft gefunden, neben der wirklichen Temperatur der Sonne von einer „scheinbaren" oder „Effektiv"temperatur der Sonne zu sprechen, d. h. von derjenigen Temperatur, die die Sonne haben müßte, um der Erde die tatsächlich beobachtete Wärmestrahlung zuzusenden, wenn sie wie ein schwarzer Körper strahlen würde."

War Max Planck ein grenzenlos blinder Optimist, daß er meinte, dieses Wissen sei zu seiner Zeit schon bis in die „praktische Physik" vorgedrungen? Oder, was wahrscheinlicher ist, war dieses Wissen tatsächlich vorhanden und ist es auch heute noch, wird aber politisch „geheimgehalten“, weil es die ideologisch herbeigewünschte und entsprechend herbeigerechnete „Klimakatastrophe“ a priori zum Unsinn erklärt hätte? Jedenfalls wäre den letztendlich büßen müssenden Steuerzahler der Nachdruck von 100 000 Exemplaren, des 1926 schon in 3. Auflage von Max Planck erschienenen Buches „Die Wärmestrahlung“ um den Faktor 10^{-6} bis 10^{-9} DM billiger gekommen als der gewählte „Katastrophenweg“.

Es scheint sich der Eindruck nicht widerlegen zu lassen, daß man vorsätzlich bewußt sowohl auf die „Kompliziertheit der physikalischen Vorgänge“ als auch die „Kompliziertheit der Betrachtungsweise“ verzichtet und ein Maximum an Reduktionismus angestrebt hat, um gezielt von der Tatsache abzulenken, daß man die Erde zu einem „winzigen Kohlestäubchen“ reduzieren mußte, damit sie in das selektive Gedankengebäude „schwarzer Hohlraum“ paßt. Wenn unser Sonnensystem mit seinen Planeten wie Venus, Merkur, Mars etc. tatsächlich von einer „vollständig reflektierenden Wand“ umschlossen wäre und die von der Sonne seit mehr als 5 Milliarden Jahren per Kernfusion erzeugte und ausgestrahlte Strahlungsenergie in diesem hermetisch abgeschlossenen Hohlraum wirklich „gefangen“ wäre, wir hätten längst die Apokalypse in diesem Hohlzylinder gehabt, bevor Leben hätte entstehen können, um später das „Geschöpf“ in die Welt zu setzen, dessen Phantasie wahrlich maßlos ist. Leben wäre ebenso unmöglich, wenn die zweite Annahme zuträfe, daß es sich um einen „vollständig evakuierten Hohlzylinder“ handele, denn die sauerstoffhaltige Luft ist unverzichtbar zum Atmen und zur nicht CO_2-freien Verbrennung der kohlenhydrathaltigen Pflanzennahrung im menschlichen Körper. Dies macht der Mensch nicht aus purer Lust, sondern aus nacktem Überlebensinteresse. Ohne Energie geht es halt nicht!

F. Temperaturvielfaltigkeit auf der kugelrunden Erde

Schauen wir uns jetzt noch einmal an, was das Stefan-Boltzmannsche Gesetz an „Effektivtemperaturen“ liefert. Das Gesetz lautet $S = \sigma T^4$. Gibt man die Strahlungsleistung S vor, dann ist es leicht, die dazugehörige Temperatur zu berechnen. Nehmen wir die „Solarkonstante“ mit

1368 W/m^2 an, dies ist der inzwischen gebräuchlichere, weil leichter durch 4 zu teilende und auch vom IPCC benutzte Wert, dann erhalten wir eine Temperatur von 394 Kelvin oder +121 °C. Das wäre die Temperatur der Erde, wenn sie ein „idealer schwarzer Körper" wäre und wie eine „Scheibe" stets senkrecht zu den einfallenden Sonnenstrahlen stehen würde.

Da die Erde aber annähernd eine Kugel ist mit einem Radius von etwa 6370 Kilometer, die sich in 24 Stunden um die eigene Achse dreht, wird die Sache etwas komplizierter. Wenn wir berücksichtigen, daß die Erde am Äquator eine Umfang von 40 000 Kilometer hat, dann bedeutet dies, daß ein Punkt am Äquator eine Geschwindigkeit von 1666,67 km/h haben muß, um an einem Tag eine Umdrehung zu vollziehen. In 45° Breite beträgt die Rotationsgeschwindigkeit noch 1180 km/h, in 60° Breite 835 km/h, um direkt am Pol auf 0 km/h zurückzugehen. Dies ist die Ursache der ablenkenden Kraft der Erdrotation, der Corioliskraft, die dazu führt, daß alle Bewegungen in der Atmosphäre eine Rechtsablenkung erfahren. Während sich also die Erde mit fast eineinhalbfacher Schallgeschwindigkeit nach Osten dreht und somit die Sonne scheinbar auf- und untergehen läßt, zieht mit ebenso großer Geschwindigkeit der „Lichtkegel" der Sonne über die Erde, so daß nur für den kurzen Moment, wo die Sonne über einem Punkt auf der Erde im Zenit steht, die volle Einstrahlung von 1368 W/m^2 überhaupt möglich wäre. Außerdem dürfte die Erde von keiner Lufthülle oder Atmosphäre umgeben sein.

Nimmt man an, daß an der Obergrenze der Atmosphäre so etwas wie eine Reflexionsschicht wäre, die 30 Prozent der Solarstrahlung nutzlos reflektiert, aber zugleich auch ein „schwarzer Körper" ist, der allerdings nur 70 Prozent absorbiert, dann erhielte sie eine Strahlungsleistung von 960 W/m^2, was einer Temperatur von 360 Kelvin oder +87 °C entspräche. Lassen wir die Reflexionsschicht einmal weg, weil sie ohnehin nur ein Gedankenkonstrukt „ohne Wert" ist, und nehmen einmal primitiv an, daß 50 Prozent der Sonnenstrahlungsenergie die Atmosphäre „ungehindert" passieren und schließlich von dem „schwarzen Erdkörper" auch absorbiert werden, dann würden diese 684 W/m^2 immerhin noch eine Temperatur von 331 Kelvin oder +58 °C hervorrufen. Diese Zahlen belegen qualitativ erst einmal, daß die Atmosphäre eine Art

„Schutzschild“ ist, die Strahlungsenergie absorbiert, reflektiert und zerstreut und damit die Erde vor „Überhitzung“ und lebensfeindlichen Temperaturen schützt.

Beispiel für dieses lebensfreundliche Verhalten ist die Ozonschicht, die verhindert, daß die sehr kurzwellige und damit lebensfeindliche UV-Strahlung bis zum Erdboden vordringt. Primär hat die Atmosphäre also eine Schutz- beziehungsweise eine Kühlfunktion, indem sie gar nicht erst die volle Sonnenstrahlung bis zum Erdboden durchläßt. Wenn durch die Albedo von 30 Prozent nicht mehr 121 °C sondern nur maximal 87 °C erreichbar sind, dann kann man unmöglich sagen, die Atmosphäre wäre ein aktiv „wärmender Strahlungsmantel“. Im Gegenteil, sie ist eine Strahlung filternde Gashülle, die eine zu starke Erhitzung des Erdbodens a priori verhindert. Wenn es aber doch am Erdboden zu heiß wird, dann setzt automatisch die „Konvektion“ ein. In Thermikblasen wird erhitzte Luft schleunigst in die Höhe abtransportiert und durch kältere Luft aus der Höhe ersetzt. Schön kann man dies auch bei der Entstehung der Land-und Seewind-Zirkulation oder Berg- und Talwindzirkulation beobachten. Im großräumigen Maßstab entsteht so der sommerliche wie winterliche asiatisch-indische Monsun.

Der Berechnungsmodus der Enquete-Kommission und des „Intergovernmental Panel on Climate Change“ (IPCC), die Erde erst einmal als eine „Scheibe“ mit der Oberfläche πr^2 anzusehen, diese dann zu einer Halbkugel mit der Oberfläche $2\pi r^2$ aufzuwölben und dann per gedanklich unendlich schneller Rotation in eine Kugel zu verwandeln mit der Oberfläche $4\pi r^2$, ist mathematisch möglich und „korrekt“, aber physikalisch „inkorrekt“, weil die Modellvorstellung selbst nicht annähernd mit den wirklichen Verhältnissen übereinstimmt. Wenn man von der „Solarkonstanten“ 30 Prozent abzieht und diesen Wert durch 4 teilt, dann erhält man 240 W/m^2 und reduziert somit die strahlende Sonne zu einem strahlenden „Eisblock“. Warum? Ist doch logisch, wenn man zwischen „Kohlestäubchen“ und der heizenden „Hohlraumwand“ „Strahlungsgleichgewicht“ postuliert, oder? Ein Eisblock mit einer Temperatur von -18 °C oder 255 °K emittiert nach Stefan-Boltzmann nämlich exakt die von IPCC errechneten 240 W/m^2. Die „Meerleiche“ mit einer dem Wasser adaptierten Temperatur von +15 °C entspräche der Erde, die bei einer „Globaltemperatur“ von +15 °C die „stolze“

Strahlungsleistung von 390 W/m^2 produziert. Man kommt zu völlig skurrilen Verhältnissen, wenn man nicht nur im theoretisch-ideologischen Wolkenkuckucksheim „schwebt", sondern auch einmal realitätsbezogen die Konsequenzen durchdenkt. Diese ergeben sich aus der Anwendung der an sich grandiosen Gesetze von Kirchhoff, Wien und Stefan-Boltzmann.

Hätte die physikalische „Klimaclique" die mehr als deutlichen Warnungen von Max Planck beherzigt, die ganze „Warnung vor der drohenden Klimakatastrophe" wäre überflüssig gewesen. Es hätte aber auch keine elektrisierende „Angstspannung" erzeugt werden können, um das „Klimaforschungsförderungskarussell" in Rotation zu versetzen und den Geldsegen gezielt in Richtung des größten „Katastrophengradienten" fließen zu lassen.

Doch wenden wir unseren Blick weg von der finsteren „Hohlwandsonne" und schauen durch die unsere Augen schützende Sonnenbrille wieder auf unser wärmespendendes und lebensnotwendiges Zentralgestirn als Sonne am „Himmel", um die sich in der Tat alles dreht, auch die Erde als stets „offenes" elektromagnetische Strahlung empfangendes und abgebendes „Ökosystem".

G. Quantensprünge zwischen Modellen und Wirklichkeit

So verführerisch anschaulich und damit einfach das Bild auch sein mag, die „leichte" Lufthülle, die nur dank der Schwerkraft an einer Flucht in den Weltraum gehindert wird, mit einem „Glasdach" zu vergleichen, so grundfalsch sind doch die daraus gezogenen Schlüsse. Natürlich kann die elektromagnetische Strahlung der Sonne durch das „sichtbare Fenster" zu einem hohen Maße bis zur Erdoberfläche durchdringen und diese je nach Beschaffenheit mehr oder weniger stark erwärmen. Doch ebenso natürlich kann die von der erwärmten Oberfläche abgegebene elektromagnetische Strahlung der Erde durch das stets offene „unsichtbare Fenster" wieder in den Weltraum als „Wärmesenke" entschwinden. Die immer wieder geäußerte „These", daß die Infrarotstrahlung ausschließlich von den atmosphärischen „Treibhausgasen" absorbiert, in Wärme umgewandelt und dann wieder mehr als 100prozentig mit

Wärmeffekt zur Erdoberfläche „re-emittiert" oder „gegengestrahlt" wird, entspricht nicht der Realität. Diese Feststellung ist physikalisch allein auch dadurch eindeutig zu beweisen, wenn man sich einmal mit der Infrarotspektroskopie befaßt und sich die exakten Lage der „Absorptionslinien" der besagten „Treibhausgase", insbesondere des „Kohlendioxids", anschaut.

Es gibt zwei Erscheinungen in der Natur, die den gerichteten Energiefluß einer elektromagnetischen Welle längs ihres Weges schwächen, die Streuung und die Absorption. Wir berühren hier einen der fundamentalsten Prozesse der Natur überhaupt, die Wechselwirkung zwischen Strahlung und Materie, wobei zu berücksichtigen ist, daß das Licht einen „Doppelcharakter" besitzt, daß also ein Lichtquant oder Photon sowohl als „Welle" als auch „Korpuskel" anzusehen ist. Dabei benuzt man zur Erklärung der Ausbreitungseigenschaften der elektromagnetischen Strahlung die „Wellentheorie" und bei der Interaktion mit der Materie wie den Atomen und Molekülen die „Korpuskulartheorie". So kann man erklären, daß sich eine elektromagnetische Lichtwelle ungehindert im Vakuum oder luftleeren Raum ausbreiten kann, aber energetisch erst dann Wirkung entfalten kann, wenn sie auf Materie trifft. Da das Photon nicht nur Energie, sondern mit ihr auch Impuls transportiert, bedarf es bei Energieübertragung stets eines „Stoßpartners" in Form von Atomen oder Molekülen, um den Impuls weiterzugeben. Ist dieser „Stoßpartner" nicht vorhanden, wie im Weltraum, dann wandert die Energie als „Photonenwelle" bis ans „Ende der Welt" und das „Ende der Zeit", wie es das Licht längst erloschener Sterne demonstriert. Es wird aber nicht nur ein mechanischer Impuls übertragen, der ein Molekül in einen höheren Schwingungszustand versetzt, es wird auch Energie absorbiert, indem Photonen von einer niedrigeren auf eine höhere Energiestufe angehoben werden. Und nur dieser absorbierte Anteil der Energie kann auch wieder, bei idealen schwarzen Körper zu 100 Prozent, emittiert werden. Mehr nicht, in der Natur aber immer weniger, wie die Wellenlängenverschiebung zwischen absorbierter und emittierter Strahlung deutlich macht. Allein schon die strenge und konsequente Auslegung des Verhältnisses von Absorptions- zu Emissionskoeffizienten eines Kirchhoffschen „idealen schwarzen Körpers" hätte vor dem Trugschluß gefeit, anzunehmen, eine zurückkehrende „Gegenstrahlung“ würde den emittierenden Körper erwärmen. Im konstruierten Optimalfall „Strahlungsgleichgewicht im Hohlraum“ ergibt sich bestenfalls eine Temperaturgleichheit.

Wenn eine elektromagnetische Welle emittiert, absorbiert oder gestreut wird, werden sowohl Energie als auch Impuls mit den Teilchen ausgetauscht. Wenn man also einen Prozeß analysiert, bei dem elektromagnetische Strahlung mit geladenen Teilchen der Luft als elektromagnetischem Feld in Wechselwirkung tritt, muß deshalb stets der Energiesatz und der Impulssatz angewandt werden und zusätzlich darauf geachtet werden, daß auch die elektromagnetische Welle entsprechend der Gleichung „Energie = Geschwindigkeit x Impuls“ berücksichtigt wird. Wenn also ein Elektron aus einer elektromagnetischen Welle Energie absorbiert, muß es auch einen Impuls absorbieren. War das ursprüngliche freie Elektron in Ruhe, dann entspricht nun die absorbierte Energie der kinetischen Energie des Elektrons. Das so getroffene freie Elektron wird nun selbst ein „Sender“ von Strahlung. Die Frequenz der von ihm emittierten Strahlung ist jedoch kleiner als die Frequenz der einfallenden Strahlung. Entsprechend ist auch die Wellenlänge der gestreuten Strahlung größer als die der einfallenden Strahlung. Dieses interessante Phänomen wird nach dem Amerikaner A. H. Compton (1892-1962) „Comptoneffekt“ genannt. Da die Streuung einer elektromagnetischen Welle an einem Elektron einen Austausch von Energie und Impuls einschließt, kann man sie sich als einen „Stoßprozeß“ zwischen der Welle und dem Elektron vorstellen. Allerdings besitzt das gestreute Photon eine geringere Energie und eine entsprechend geringere Frequenz.

Ohne näher auf quantenphysikalische Feinheiten einzugehen, läßt sich feststellen: Wenn eine elektromagnetische Welle mit einem System von Ladungen, wie einem Atomkern, einem Atom oder einem Molekül in Wechselwirkung tritt, stören die elektrischen und magnetischen Felder der Welle die Bewegung der Ladungen. In der Sprache der klassischen Physik heißt das, daß durch die Welle der natürlichen Bewegung der Ladungen eine erzwungene Schwingung überlagert wird. Dies führt zu einer Energieabsorption. Man hat festgestellt, daß Kerne, Atome und Moleküle eine Reihe von Resonanzfrequenzen besitzen, bei denen elektromagnetische Strahlung absorbiert wird. Die Resonanzfrequenzen bilden das Absorptionsspektrum der Substanz oder des Stoffes. Bei allen anderen Frequenzen ist die Absorption zu vernachlässigen. Sodann wurde beobachtet, daß die im Absorptionsspektrum beobachteten Frequenzen einer Substanz jeweils auch im Emissionsspektrum beobachtet werden. Zur Lösung dieses Problems bediente sich der Däne Niels Bohr (1885-1962) einer damals neuen, revolutionären Idee. Er bediente sich des Photonenbegriffs, erweiterte die Plancksche Quantenhypothese, führte „Energieniveaus“ ein und quantisierte insgesamt die Energie.

Seit Niels Bohr ist in der Quantenphysik unstrittig, daß die Absorption elektromagnetischer Strahlung, oder jeder anderen Energie, zu einem Übergang des Atoms oder Moleküls von einem stationären Zustand in einen anderen Zustand höherer Energie führt. Die Emission elektromagnetischer Strahlung bewirkt den umgekehrten Prozeß. Beachtet man die Energie- und Impulserhaltung bei derartigen Strahlungsübergängen, so ist bei dem Emissionsprozeß die Energie des emittierten Photons etwas geringer als die Differenz der Energieniveaus des emittierenden Moleküls. Der Unterschied entspricht der Rückstoßenergie des emittierenden Moleküls. Wenn also Absorption stattfinden soll, dann muß die Energie des absorbierten Photons stets etwas größer sein als die Energiedifferenz zwischen den beiden Niveaus des Absorbers, damit dessen Rückstoßenergie aufgebracht werden kann.

Das Emissionsspektrum kann also nicht identisch mit dem Absorptionsspektrum sein. Dies erklärt, warum sich elektromagnetische Wellen immer geradlinig im Raum ausbreiten, sei er luftleer oder mit Luftmolekülen angefüllt. Das Licht eines Scheinwerfers verliert sich in der Nacht. Es kehrt dann und nur dann zurück, wenn es auf einen Gegenstand trifft, der es reflektiert. Solche festen Gegenstände können Wolken sein, weswegen man speziell „Wolkenscheinwerfer“ konstruiert hat, um nachts nicht nur Wolken identifizieren, sondern auch deren Höhe bestimmen zu können. Fliegt in solch einen den Himmel absuchenden Lichtkegel ein unbeleuchtetes Flugzeug, so wird auch dieses enttarnt.

Das Licht unterliegt wie alle elektromagnetische Strahlung auf seinem Weg durch ein Medium wie die Atmosphäre einer Schwächung. Man sagt auch, daß jedes Medium einen speziellen Durchlaß- oder Transmissionsgrad für Strahlung hat. Der komplemantäre Teil des

Transmissionsgrades ist der Absorptionsgrad. 100 Prozent Transmission entsprechen 0 Prozent Absorption und 100 Prozent Absorption bedeuten 0 Prozent Transmission. Dies kann man sich am besten anhand der Absorption von Schallwellen veranschaulichen. Diese wird vorwiegend durch die innere Reibung und die Wärmeleitfähigkeit des Mediums verursacht. Die erste Ursache bewirkt eine Umwandlung mechanischer Energie in Wärme und die zweite einen Wärmeaustausch zwischen den durch Kompression erwärmten und durch Expansion abgekühlten benachbarten Bereichen des Schallfeldes. Die Absorptionsverluste nehmen mit steigender Frequenz zu und werden für Ultraschall besonders groß. Es ist bekannt, daß Gewitter und Kanonendonner mit zunehmender Entfernung dumpfer klingen und das bedeutet, daß die höheren Frequenzen stärker geschwächt werden.

Die Absorption von elektromagnetischen Wellen wird durch die elektrische Leitfähigkeit des Ausbreitungsmediums verursacht. Gute Leiter absorbieren so stark, daß sie als undurchlässig gelten. Die elektromagnetische Schwingungsenergie wird dabei in Joulesche Wärme umgesetzt. Die Luftelektrizität ist zu schwach, ihre elektrische Leitfähigkeit zu gering, so daß sie nur zu einem geringen Teil von den energiereichen Sonnenstrahlen direkt erwärmt wird. Die bodennahe Lufttemperatur ist ein „Reaktionsprodukt" der Erdoberflächentemperatur und wird nahezu ausschließlich von dieser gesteuert. Erwärmung und Abkühlung des Untergrundes bestimmen den Gang der bodennahen Lufttemperatur, wenn nicht advektive Luftmassentransporte dominant sind und milde Atlantikluft sibirische Polarluft verdrängt.

Die Idee „Treibhaus" mit dem angeblichen „Glasdach" in 6 Kilometern Höhe, das das sichtbare „Sonnenlicht" durchläßt und das unsichtbare „Erdlicht" an dieser „Glasscheibe" reflektiert und als Wärmestrahlung zur Erde zurückwirft, ist eine Fiktion, die physikalisch unhaltbar ist. In jedem Lehrbuch findet man den Satz:

Durch Absorption wandelt sich Schwingungsenergie irreversibel, das heißt unumkehrbar, in Wärmeenergie um.

H. Nobelpreis für Geisterfahrer – Die Treibhaushypothese von Svante Arrhenius

Der publizierte Eindruck, daß einzig und allein Svante Arrhenius die herausragende Genialität besessen habe, den wahren Mechanismus entdeckt zu haben, der ursächlich hinter dem klimatischen Phänomen des Wechsels von Eis- und Warmzeiten stecke, verfliegt nicht erst mit der Arrhenius-Biographie von Elisabeth Crawford. Plötzlich löst sich das „hot house" in Nichts auf und verliert jeglichen Glanz.

Dieser ist auch ganz schnell weg, wenn man sich nur einmal die in der „Klimaforschung" offensichtlich verpönte Mühe macht, in die Originalarbeiten zu schauen und nicht nur voneinander abzuschreiben und vermeintliche Zitate oder vorgestanzte Meinungen zu zitieren.

Eine wissenschaftsgeschichtlich höchst aufschlußreiche Lobeshymne stammt von Professor Dr. Klaus Hasselmann und ist enthalten in einer Broschüre „Klima und Mensch", die eigens zu der 2. Vertragsstaaten-

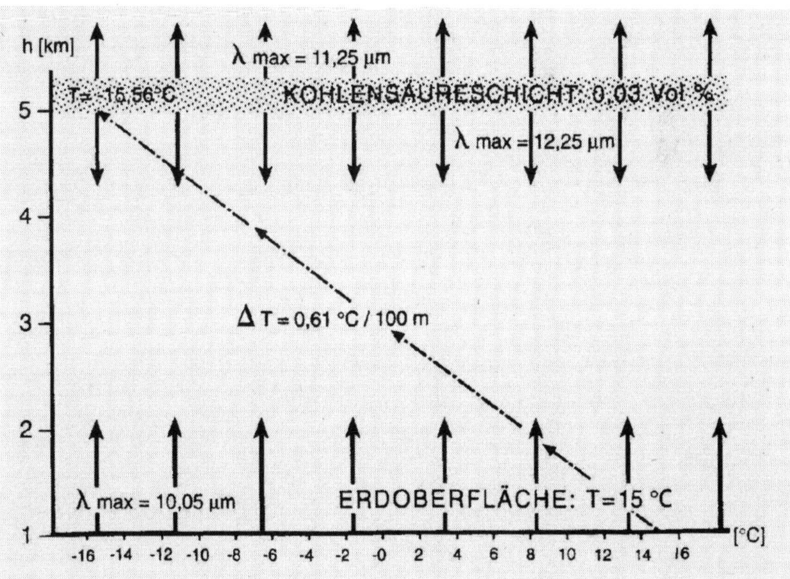

Abb. 28: Graphische Darstellung der „Eiszeithypothese" von Svante Arrhenius mit der Erdoberfläche als „radiating layer" und der Kohlensäureschicht als „absorbing layer" [Thüne, 1997].

konferenz zur Klimarahmenkonvention im März 1995 vom Bundesministerium für Bildung, Wissenschaft, Forschung und Technologie herausgegeben wurde, speziell vom Referat Öffentlichkeitsarbeit!

In der Broschüre lesen wir zum „magischen Molekül CO_2":

„In der Atmosphäre ist CO_2 mit rund 0,036 Volumprozent ein rarer Stoff. Was selten vorkommt, kann jedoch höchst wirksam sein. So entfaltet das CO_2-Molekül hier seine faszinierendste Eigenschaft: Es „fängt" die Wärmestrahlung der Erdoberfläche und „wirft" sie wieder zurück. Ein lebensfreundlicher Effekt."

Das ist Cowboy- oder Wildwest-Wissenschaft mit dem unsichtbaren Lasso! Das „Bild" ist zwar anschaulich und leicht verständlich, weil aus unzähligen Filmen bekannt, aber bewußt falsch und irreführend. Das ist „Klimapolitik" in schlechtester Machart!

Wenn die Kohlendioxidmoleküle „die Wärmestrahlung der Erde" auffangen und wieder zurückwerfen würden, dann dürfte keine Wärmestrahlung in den Weltraum entweichen. Sie wäre im „Treibhaus" gefangen, der „Hitzetod" wäre unausweichlich. Die Autoren haben überlesen oder bewußt verschwiegen, was sogar die Enquete-Kommission in ihrem Bericht vom 2. November 1988 unter Zustimmung aller im Deutschen Bundestag vertretenen Parteien beschlossen und damit außer Streit gestellt hatte. In dem Bericht heißt es:

„Die Gase in der Atmosphäre absorbieren die IR-Strahlung der Erdoberfläche in den meisten Spektralbereichen stark, in einigen dagegen geringfügig, wie etwa im Spektralbereich 7 bis 13 Mikrometern. In diesem Bereich stammt der größte Anteil der IR-Strahlung von der Erdoberfläche. Er wird als „offenes atmosphärisches Strahlungsfenster" bezeichnet, da hier am wenigsten Wasserdampf- und Kohlendioxidabsorption stattfindet. 70 bis 90 Prozent der Abstrahlung von der Erdoberfläche und von den Wolken gelangen hier direkt in den Weltraum."

Erläuternd heißt es weiter:

„Die energetisch wichtigsten Fensterbereiche sind das offene atmosphärische Wasserdampffenster (7 bis 13 Mikrometern), in dem die IR-Ausstrahlung der Erdoberfläche zumindest für Temperaturen zwischen -20 °C und +50 °C am größten ist, und der Spektral-

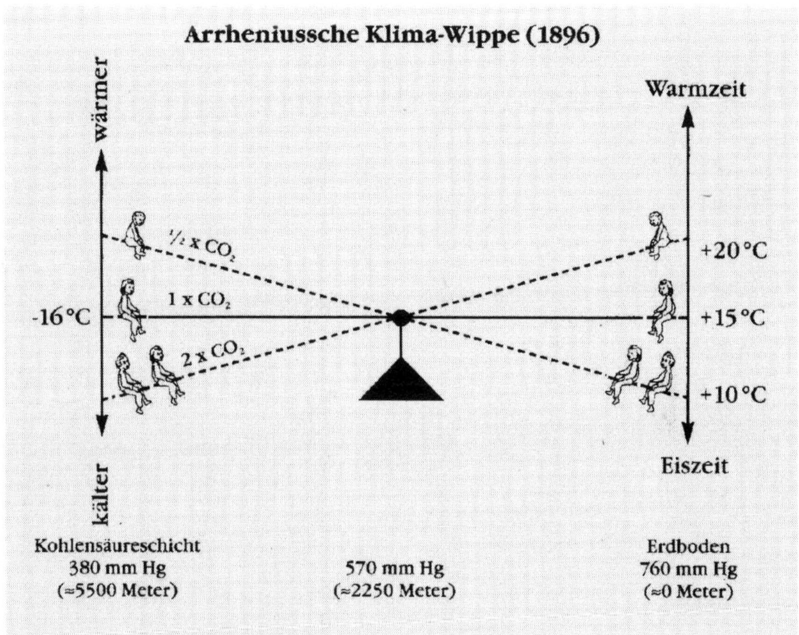

Abb. 29: Zeichnerische Darstellung der Eis- und Warmzeithypothese von Svante Arrhenius anhand seiner Arbeiten 1896, 1901 und 1906.

bereich 13 bis 18 Mikrometern, in dem Wasserdampf IR-Strahlung noch nicht vollständig absorbiert."

Zu dem Kohlendioxid-Treibhauseffekt wird festgestellt, daß die Absorptionsbande bei 15 Mikrometern liegt, diese aber „bereits weitgehend gesättigt" ist und der zusätzliche „Treibhauseffekt" nur noch mit dem „Logarithmus" der Konzentration zunimmt.

Diese Aussagen hätte man noch präziser formulieren können, aber sie reichen eindeutig, um die kohlendioxidbedingte „Treibhaushypothese" ad absurdum zu führen. Den augenfälligsten Beweis dafür, daß das „atmosphärische Strahlungsfenster" nicht nur „offen", sondern auch sehr breit ist und unter die -20 °C hinausreicht, hätte nicht nur ein Blick in das Wiensche Verschiebungsgesetz mit der dem Kohlendioxid mit seiner Absorptionslinie bei 15 Mikrometern zuzuordnenden Temperatur gezeigt. Noch augenfälliger bestätigen die Wettersatelliten in

36 000 Kilometern Höhe mit ihren hochauflösenden Infrarotaufnahmen die Tatsache, daß keine „Lasso“ werfenden Kohlendioxidmoleküle existieren, um die Wärmestrahlung der Erde „einzufangen“ und zurückzuwerfen. Noch besser als die Wettersatelliten sind die miltärischen Aufklärungssatelliten ausgerüstet. Ihr Wahrnehmungsvermögen für die Wärmestrahlung der Erdoberfläche ist so hochauflösend, daß sie auch geringe Temperaturdifferenzen wahrnehmen und beispielsweise unterirdische Raketensilos enttarnen können. Dies alles wäre unmöglich, wenn es kein „offenes atmosphärisches Strahlungsfenster“ gäbe. Auch U2-Fluzeuge, die in 20 bis 25 Kilometern Höhe operieren, schaffen es, durch die für Wärmestrahlung undurchdringliche „Glasscheibe“ zu schauen und optisch bestens getarnte Panzer zu „enttarnen“. Ein photosynthetisch aktives Blatt hat eine andere thermische Infrarotausstrahlung als ein abgestorbenes und vertrocknetes Blatt; die Infrarotkamera entdeckt auch dies. Keine Kohlendioxid-Absorptionslinie bei 15 Mikrometern schützt den Panzer!

Doch werfen wir einen Blick zurück auf „Svante Arrhenius bis zur Mauna-Loa-Kurve“. Diese Story liest sich in der BMFT-Broschüre wie folgt:

> *„Daß die Erde, im tiefgekühlten All rotierend, eigentlich kälter sein müßte, als sie es trotz Sonnenstrahlung ist, erkannte 1827 der französiche Mathematiker Jean B. Fourier. Ein Flaum von Gasen, so Fourier, wärme den Planeten, die Atmosphäre wirke wie die gläsernen Wände in einem Gewächshaus. Jahrzehnte später analysierte John Tyndall, ein englischer Physiker, die Lufthülle: 99 Prozent, so sein überraschendes Ergebnis, entfalten keine Treibhauswirkung, sondern nur Wasserdampf und Kohlendioxid. Man interessierte sich damals für den Treibhauseffekt primär aus dem Blickwinkel, daß er ein Schutzwall gegen die Kälte aus dem All ist. Daß es auch eine Kehrseite der Medaille gab, erkannte erstmals Svante Arrhenius (1896). Der schwedische Chemie-Nobelpreisträger hatte beobachtet: Jedes Jahr verbrannten die Menschen mehr Kohle, Holz und Öl. Arrhenius: „Wir blasen die Kohlenminen in die Luft.“ Wenn man der Luft soviel Kohlendioxid zufüge, so folgerte er, müsse das „die Transparenz der Atmosphäre“ verändern und letztlich die Erde aufheizen – eine*

damals unbeachtete Warnung. Ein Problem: Man konnte das CO_2 nicht zuverlässig messen. Das gelang 1955 dem Amerikaner Charles D. Keeling. Er fand zunächst heraus, daß die Lufthülle tagsüber weniger CO_2 enthielt als nachts – ein Effekt, der den von der Sonnenstrahlung angetriebenen Photosynthese-Takt der Pflanzen spiegelt. Dieser „Puls des Planeten" zeigte sich später auch in Form der Jahreszeiten auf der Zick-Zack-Kurve von Hawaii: Seit 1957 messen dort Forscher, angeregt von dem Schweden Bert Bolin, den CO_2-Gehalt der Atmosphäre – ein sogenanntes Reinluftgebiet fernab von Industrieschloten und Autobahnen."

Soweit dieses wissenschaftsgeschichtlich höchst interessante und analysierenswerte „Treibhaus-Märchen", welches damit beginnt, daß die schon von Arrhenius 1896 falsch angegebene Jahreszahl „1827" statt 1824 (!) weiter kolportiert, zeigend, daß man bis heute nicht in die Originalliteratur von Fourier geschaut hat. Hätte man dies, dann hätte man Fourier, den „Vater der Wärmeleitungsgleichung", nicht so falsch und primitiv interpretiert. John Tyndall hat sich in seiner 1867 von H. Helmholtz und G. Wiedemann herausgegebenen autorisierten „Deutschen Ausgabe" unter dem Titel „Die Wärme betrachtet als eine Art der Bewegung" mit der Wärmestrahlung und der „Diathermanie der Luft" befaßt und erklärt, daß „die Strahlen, die ohne Absorption durchgehen, die Luft nicht erwärmen". Er hat sich mit der „Fortführung von erwärmter Luft" durch die Winde befaßt. Sodann wird völlig wahrheitswidrig unterstellt, daß es bis 1955 nicht möglich war, Kohlendioxid zuverlässig zu messen. Die Fehlergeschichte ließe sich beliebig fortschreiben. Wenn diese ein Sensationsjournalist „verbrochen" hätte, es wäre schlimm genug. Daß so ein Machwerk von einem Wissenschaftsministerium unter fachkundiger „wissenschaftklicher Beratung" des Leiters des Max-Planck-Instituites für Meteorologie, Professor Dr. Klaus Hasselmann, herausgegeben werden kann, wirft ein miserables Licht auf den „Wissenschaftsstandort Deutschland". Daß dieser Unsinn „globalisiert" wurde, ist kein Trost!

Nun aber zurück zu Svante Arrhenius und seiner 1896 publizierten „Eiszeithypothese". Er verteidigte sie im Jahre 1901, wobei er expressis verbis sein umwerfendes „neues Princip" präsentierte und dann nochmals im Jahre 1906 als „Erstpublikation" seines „Nobel-Institutes" in

Stockholm. Heutiger „Erbverwalter“ ist der schon angesprochene Professor Dr. Bert Bolin, der auch eine führende Rolle in dem intergovernamentalen Schiedsgericht IPCC ausübt. Svante Arrhenius hatte sich folgendes Modell ausgedacht: Er deklarierte die Erde als „schwarzer Körper“ und gab diesem eine „Weltmitteltemperatur“ von +15 °Celsius. Sodann nahm er die gesamte Kohlensäure der Luft von 0,03 Volumenprozent, komprimierte diese zu einer die Erde umhüllenden Schicht und hängte diese in einer Höhe von 380 mm Quecksilbersäule auf, was durchaus gut einer Höhe von etwa 6 Kilometern entspricht. Nun erklärt er den Luftraum dazwischen – vereinfachend – als homogen, isotrop, wasserdampffrei, diat-herman und unbeweglich. Er machte die Moleküle zu total elastischen Kugeln, erklärte die Strahlung für gradlinig, und wie es zu Wetter und Leben in einer wasserdampffreien und unbeweglichen Atmosphäre kommen soll, darüber schwieg er sich aus. Zu der Bedingung „diatherman“ sagt Max Planck klipp und klar. „Es gibt nur ein völlig diathermanes, für Wärmestrahlen aller Art vollkommen durchlässiges Medium, und das ist das Vakuum.“

Svante Arrhenius gab seiner „Kohlensäureschicht“ eine Temperatur von knapp -16 °Celsius. Diesen Zustand, unten +15° und oben -16°, erklärte er als „Klimanormalzustand“. Und nun dachte er in seiner Modell- und Theorie-Besessenheit offensichtlich sehnsüchtig nach einer Lösung grübelnd an seine Kindheit zurück und an die Schaukel im Garten. Die Lösung ist von bestechender Simplizität. Halbiert man den Kohlensäuregehalt der Schicht, dann strahlt sie weniger Wärme an den Weltraum ab, wird wärmer und als Kompensation wird die Erde kälter. So entsteht eine „Eiszeit“! Verdoppelt man den Kohlensäuregehalt der Schicht, dann strahlt sie mehr Wärme in den Weltraum ab, wird kälter mit der ausgleichenden Folge, daß die Erde wärmer wird. So entstehen die Warmzeiten! Damit ist also „perfekt“ bewiesen, daß der Kohlensäuregehalt der Luft die „Weltmitteltemperatur“ und damit das „Klima“ steuert. Damals glaubte Arrhenius das niemand, heute erstarrt die Welt in Ehrfurcht vor so viel „Weisheit“ und gibt Milliarden aus, um diese Utopie politisch zur Realität werden zu lassen.

Isaac Newton wird nachgesagt, daß ihn ein vom Baum herabfallender Apfel inspiriert habe bei der Entdeckung des Gravitationsgesetzes. Doch die Klimaveränderungen mittels einer „Kinderschaukel“ zu erklären, das ist schon „genial“. Seine Epigonen wollen offensichtlich unbemerkt dieses Spielchen auf der globalen gesellschaftspolitischen Bühne weiterspielen und uns völlig „verschaukeln“. Sie sind dabei schon sehr weit gekommen!

I. Der Bericht der Enquete-Kommission des Deutschen Bundestages

Ein Musterbeispiel für komplexreduzierende Simplizität ist die Berechnung des Pendants zur „Globaltemperatur“ von + 15 Grad Celsius, um zu der Definition des „natürlichen Treibhauseffektes“ zu kommen, der ja angeblich „+ 33 Grad Celsius“ betragen soll und eine prästabilisierte, ideale „Wetter- wie Klimagleichgewichte“ signalisierende „Naturkon-stante“ sein soll. In dem Enquete-Bericht vom 2. November 1988 heißt es einleitend:

> *„Die Erdoberfläche und die Atmosphäre werden durch die elektromagnetische Strahlung der Sonne erwärmt. Gleichzeitig senden sie langwellige Wärmestrahlung in den Weltraum aus. Die Energie, die vom System Erde-Atmosphäre in Form von langwelliger Wärmestrahlung in den Weltraum ausgestrahlt wird, entspricht im globalen Jahresmittel der Energie der kurzwelligen Sonnenstrahlung, die von Erde und Atmosphäre absorbiert wird. Jede Abweichung von diesem Gleichgewicht, führt zu einer Erwärmung oder zu einer Abkühlung der Erde.“*

Diese völlig wirklichkeitswidrige Prämisse muß gemacht werden, weil man eine Legitimation braucht, um das Stefan-Boltzmannsche Gesetz anwenden zu können. Daß man damit das stets offene „Ökosystem Erde“ stillschweigend in einen perfekt isolierten und abgeschlossenen Hohlraum hineinzwingt, wird mit keinem Wort erwähnt.

Doch nun ist alles ganz einfach und für Jedermann verständlich. Das Stefan-Boltzmannsche Gesetz

$$Sk = \sigma T^4$$

besagt, daß die Strahlung proportional zur der vierten Potenz der absoluten Temperatur ist (Sk steht für die Solarkonstante).

Sodann heißt es sibyllinisch im Enquete-Bericht:

„Die Erde (in einem Abstand von etwa 150 Millionen km zur Sonne) beziehungsweise der Außenrand ihrer Atmosphäre empfängt auf einem Flächenquerschnitt senkrecht zur Strahlrichtung der Sonne eine Strahlung der Flußdichte (Energie pro Zeit- und Flächeneinheit) von 1373 Watt (W) pro m^2. [...] Berücksichtigt man zusätzlich, daß die fiktive Erdoberfläche, die von der Sonne senkrecht bestrahlt wird, dem Querschnitt der Erde entspricht und damit einem Viertel der Erdoberfläche, und daß die Erde im globalen Mittel etwa 30 Prozent der Sonnenstrahlung reflektiert, so erhält man eine global gemittelte solare Strahlungsflußdichte von (1-A)Sk/4, die der Erde zur Erwärmung dient. Diese solare Strahlungsflußdichte muß mit der IR-Strahlung der Erde im Gleichgewicht stehen. Die IR-Strahlung der Erde ist nach dem Stefan-Boltzmann-Gesetz proportional zur 4. Potenz ihrer Temperatur, beträgt also σT_e^4 (T_e ist die Temperatur der Erdoberfläche in K, $\sigma = 5{,}6696 \times 10^{-8} Wm^{-2}K^{-4}$). Dabei wird in relativ guter Näherung angenommen, daß auch die Erde einen schwarzen Strahler darstellt. Daraus resultiert das Strahlungsgleichgewicht:

$$(1 - A)\ Sk/4 = \sigma T_e^4)$$

Hieraus berechnet man eine globale Durchschnittstemperatur von 254 K = - 19 °C. Diese Temperatur entspricht der globalen Durchschnittstemperatur in ungefähr 6 km Höhe. Die Hälfte der Atmosphäre befindet sich unterhalb dieser Höhe."

Dieser Bericht ist als politisches Machwerk ein Bravourstück, hat er doch die in ihn gesetzten katastrophalen Erwartungen voll und ganz erfüllt. Alle damals im Bundestag vertretenen Parteien haben daran mitgewirkt und können ein „Konsensprodukt" zelebrieren. Obgleich alle ein- und dasselbe Umweltbekenntnis abgelegt haben, können sie je nach demagogischer Geschicklichkeit unterschiedliches parteipolitisches Kapital daraus schlagen.

Was allerdings seine wissenschaftliche Qualität angeht, so ist der Bericht trotz gegenteiliger Versicherungen der daran Beteiligten „Experten" ganz und gar kein Gesellenstück. Es ist ein geschickt konzipiertes und raffiniertes Machwerk, das Ungereimtheiten, Halbwahrheiten, glatte Lügen und völligen Blödsinn so gekonnt mit alltäglichen Banalitäten vermischt, daß bei oberflächlicher Lektüre kein Argwohn an der Seriosität und Redlichkeit der Sachverständigen aufkommt. Doch läßt man sich nicht durch die eigenartigen Satzkonstruktionen mit ihren Verwirrung stiftenden und einen breiten Interpretationsspielraum ermöglichenden Bifurkationen „bluffen", dann kommt die ganze Dürftigkeit des Elaborats zum Durchbruch.

Schaut man sich die beiden Zitate genauer an, so taucht die Erde wieder als Scheibe auf, obwohl das Wort vermieden wird. Doch eine „fiktive Erde", deren „Flächenquerschnitt senkrecht zur Strahlrichtung" steht und deren „Querschnitt" einem „Viertel der Erdoberfläche" entspricht, kann nichts anderes eine „Scheibe" oder Kreisfläche mit der Fläche πr^2 sein. Wie aus der „Scheibe" eine Kugel wird, das erfährt der Leser nicht direkt, sondern nur verschlüsselt in dem Terminus „Sk/4", das heißt über die Division der Solarkonstanten durch Vier. Der Leser muß also kombinieren, daß die Kugeloberfläche das Vierfache der Kreisfläche, also $4\pi r^2$ ist. Wenn man also die Solarkonstante durch 4 teilt, dann verteilt man die auf die „Scheibe" eingestrahlte Sonnenenergie völlig gleichmäßig über die „Kugel" Erde. Dann baut man noch ein „A" für Albedo ein, welches besagt, daß „die Erde im globalen Mittel etwa 30 Prozent der Sonnenstrahlung reflektiert", das heißt von der „Scheibe" senkrecht wieder ungenutzt zur Sonne zurücksendet und zwar mit Lichtgeschwindigkeit. Was macht übrigens die Sonne mit diesem Gewinn? Es wird auch im Unklaren gelassen, wo diese ominöse „Reflexionsschicht" liegen soll, ob auf der „Erde" oder am „Außenrand der Atmosphäre". Über die Höhe des „Außenrandes" wird auch kein Wort verloren. Liegt er da, wo die Satelliten beim Wiedereintauchen in die Atmosphäre zu „glühen" beginnen oder die Meteoriten verglühen?

Über die Höhe des „Außenrandes" werden wir am Schluß des Rechenkunststücks informiert, nachdem uns die „globale Durchschnittstemperatur" von 254 °K = -19 °C präsentiert wurde. Da heißt es unvermittelt: „Diese Temperatur entspricht der globalen Durchschnittstemperatur in ungefähr 6 km Höhe." Damit hat sich die Enquete-Kommission selbst zur Gefangenen in der eigenen „Globalisierungsfalle" gemacht. Erschrocken darüber, daß an der „Reflexionsschicht" am

„Außenrand der Atmosphäre“ nur eine Temperatur von -19 °C herrschen soll, griff man in die Trickkiste, schaute sich die vertikalen Temperaturmessungen der Radiosonden an und fand den erleuchtenden Ausweg aus der Falle, die Höhe von „6 km“!

Bis hierher haben wir uns hauptsächlich nur mit den extrem primitiven Simplifikationen auf der linken Seite der Gleichung befaßt und noch gar nicht mit dem der Gleichung zugrunde liegenden Stefan-Boltzmann-Gesetz. Dieses ist jedoch ausschließlich experimentell und theoretisch für einen gedachten „Idealzustand“ konzipiert, für den „Idealfall“ eines abgeschlossenen perfekt isolierten Systems im thermodynamischen Gleichgewicht, eben den „Hohlraum“.

Es gilt nur für den schwarzen Hohlraum und wie dieser aussieht, hat Max Planck in seinem Werk „Wärmestrahlung“ von 1923 wie folgt beschrieben:

„Wir denken uns im folgenden einen vollständig evakuierten Hohlzylinder mit einem absolut dicht schließenden, in vertikaler Richtung ohne Reibung frei beweglichen Kolben. Ein Teil der Wandung des Zylinders, etwa der feste Boden, bestehe aus einem schwarzen Körper, dessen Temperatur T willkürlich von außen reguliert werden kann. Die übrige Wand, auch die innere Kolbenfläche, sei vollständig reflektierend. Dann wird, bei ruhendem Kolben und bei konstant gehaltener Temperatur T, die Strahlung im Vakuum nach einiger Zeit den Charakter der schwarzen, nach allen Richtungen gleichmäßigen Strahlung annehmen, deren spezifische Intensität K und räumlichen Dichte u nur von der Temperatur T abhängt, insbesondere auch unabhängig ist von dem Volumen V des Vakuums, also von der Stellung des Kolbens.“

So sieht also die Versuchsanordnung aus, die zu dem Stefan-Boltzmannschen Gesetz geführt hat. Daß diese nichts, aber auch rein gar nichts mit der realen Erde zu tun hat, die sich im freien Raum rotierend der elektromagnetischen Strahlung der Sonne ausgesetzt sieht, braucht wohl nicht weiter begründet zu werden. Dies wußten bereits die Autoren der Schöpfungsgeschichte. Ihre perfekte physikalische Schlußfolgerung? Der Herr sprach: „Es werde Licht!“

Die Erde ist ein stets offenes Ökosystem, das nicht in einen geschlossenen Hohlraum verbannt werden kann, der zudem „evakuiert“, das heißt luftleer gemacht worden ist. Die berechneten -19 °C sind ebenso fiktiv wie die von der Enquete-Kommission zugrundegelegte „fiktive Erde". Diese Werte sind rein politische „Spielwerte" und keine Eckwerte für die Definition des „natürlichen Treibhauseffektes". Dieser wird ja gebildet aus der Differenz zwischen diesen -19 °C und der ebenso abenteuerlich berechneten „Globaltemperatur" von +15 °C. Dabei wird bewußt unerwähnt gelassen, daß die Differenz beider Werte von +34 °C gar keine horizontale Differenz ist, sondern eine vertikale Differenz zwischen Erdoberfläche und 6 km Höhe. Es handelt sich um einen vertikalen Temperaturgradienten und dieser beträgt 0,57 °C pro 100 Meter. Doch eine vertikale Temperaturabnahme ist ein Indiz dafür, daß Wärme von der Erde wegfließt, die Erde also kälter werden muß und nicht wärmer. Es stünde den sogenannten Klima-Experten gut an, ihr Abiturwissen in elementarer Physik gründlich aufzufrischen.

So nahm das Schicksal seinen Lauf. Auch Warnungen hinderten die Enquete-Kommission nicht daran, trotz nachgewiesener fachlicher Inkompetenz unumstößliche wissenschaftliche „Wahrheiten" zu dekretieren und politisch unstrittig zu stellen. Sie mißachtete dabei sogar die Geschäftsordnung des Deutschen Bundestages, die besagt, daß Enquete-Kommissionen zwar vorhandenes Wissen für den Bundestag zu nutzen haben, aber keine „Forschungseinrichtungen" sind.

Solche „Beweisverfahren" gab es aber in der Tat zuhauf. Man nannte sie Expertenanhörungen. In der Regel lud man hierzu – weltoffene Globalität signalisierend – Befürworter der „Treibhaushypothese" zur objektiven Untermauerung der eigenen Hypothesen ein. War einmal ein kompetenter Kritiker unter den Anzuhörenden wie der renommierte Wissenschaftler Richard F. Lindsen aus Boulder/USA, dann vergaß man alle Etikette, wie folgender öffentlicher Protokollauszug vom 29. April 1994 von der 100. Sitzung der Enquete-Kommission demonstriert. In Abwesenheit von Professor Dr. Lindsen fragte der Abgeordnete Martin Grüner (F.D.P.), ob dessen Aussage, daß nicht gesagt werden könne, daß in den letzten 40 000 Jahren ein Anstieg des Kohlendioxids zu entsprechenden Temperaturänderungen geführt habe, stimme. Hierauf antwortete Prof. Dr. Klaus Hasselmann vom Max-Planck-Institut für Meteorologie in Hamburg:

„...Lindsen tönt schon seit einigen Jahrzehnten mit dieser Skepsis herum. Ich möchte einfach sagen: Der ist auf diesem Gebiet nicht angesehen, weil die Aussage, daß es keine Korrelation zwischen der CO_2-Änderung und der Klimaänderung in den letzten 150 000 Jahren gibt, einfach unsinnig ist. Die Korrelation ist außerordentlich hoch. Man weiß nicht genau, ob die Klimaänderung auf eine CO_2-Änderung zurückzuführen ist, oder umgekehrt, oder ob beide aneinander gekoppelt sind..."

Dies ist nicht gerade ein Musterbeispiel logisch schlußfolgernden Denkens, oder sind Sie jetzt schlauer als zuvor?

Auf die Frage des Abgeordneten Dr. Klaus Lippold (CDU), ob die anthropogene Klimaänderung nun nachgewiesen oder immer noch eine Vermutung sei, antwortete Professor Dr. Hasselmann:

„Es ist nachgewiesen. Es ist wissenschaftlich nachgewiesen, daß das kommt. Und kein Mensch zweifelt daran. Sie müssen einmal verstehen, was wir sagen. Ich bin bereit, mein ganzes Vermögen zu verwetten, daß in 20 Jahren eine Klimaänderung von einem Grad nachzuweisen ist. Ich bin bereit, wenn ich das Geld hätte, es auf die Bank zu tun, oder Sie geben mir soundsoviel Mark in 20 Jahren, wenn es nicht hereinkommt. Das ist für mich Wissen, die Wissenschaftler sagen Ihnen das, und das müssen Sie akzeptieren. Das ist ganz unabhängig davon, ob wir das zufällig heute schon sehen können. Diese beiden Aussagen müssen wir einmal trennen. Die Wissenschaftler sagen, es ist 100prozentig sicher, bis auf ein paar Idioten wie Lindsen, daß mit Sicherheit eine Klimaänderung kommt, und das müssen Sie zur Kenntnis nehmen."

Die hektische Widersprüchlichkeit und beleidigende Gereiztheit sind nichts anderes als ein Ausdruck totaler Hilflosigkeit und Unsicherheit aufgrund der Notwendigkeit, auf gezielte Einwände antworten zu müssen, ohne konkret antworten zu können.

J. Der „Klimagipfel“ in Kioto – ein Politbasar!

Es regnete keine Glassplitter, als die Düsenjets in Kioto am 11. Dezember 1997 abhoben und mit Vollgas in 6 Kilometer Höhe das virtuelle „Glasdach“ des „Treibhauses“ Erde durchstießen, um die etwa 10 000 Teilnehmer aus 155 Staaten an ihre klimatischen Ursprungsorte zurückzubringen und sie dort in das Belieben der jeweiligen „Wettergötter“ zu überstellen.

Zehn Tage hatten auf der 3. Vertragsstaatenkonferenz der Vereinten Nationen zur „Klimarahmenkonvention“ um eine gemeinsame Marschroute gerungen, um in einer heroischen Rettungsaktion den Planet Erde sozusagen in letzter Minute noch vor dem finster prophezeiten „Klima-Kollaps“ zu retten. Die Europäische Union war als Staatengruppe mit dem ehrgeizigen Ziel in den Verhandlungspoker gezogen, den Ausstoß der wichtigsten „Treibhausgase“ – Kohlendioxid, Methan, Lachgas – bis zum Jahr 2010 um 15 Prozent zu senken, bezogen auf das Niveau von 1990. Die Vereinigten Staaten von Amerika und Japan wollten soweit nicht gehen, nannten die Position gar argwöhnisch eine „Seifenblase“.

Zum Schluß gebar der „Klimagipfel“ doch noch einen Kompromiß, allerdings mußte hierzu der Sitzungspräsident, der Argentinier Raoul Estrada-Oyuelas, für 7 Stunden die Uhr symbolisch anhalten lassen. Währenddessen drehte sich die Erde unter der milde lächelnd „aufgehenden“ Sonne weiter, um etwa 11670 Kilometer am Äquator, als wollte sie damit signalisieren, wie wenig sie der „Klimagipfel“ beeindruckt hat und künftig beeindrucken wird. Nach dem Protokoll von Kioto sollten die „Industriestaaten“ insgesamt den Ausstoß der „klimaschädlichen Treibhausgase“ um 5,2 Prozent verringern. Von minus 8 für die Europäische Union bis zu plus 10 Prozent wie für Australien, Island und Norwegen reichen die Vorgaben. Die einzelnen Ziele wurden im wesentlichen auf Grund der Vorschläge der betreffenden Staaten festgelegt und sollten auch erst zwischen 2008 und 2012 realisiert werden.

Der griechische Begriff „Klima“ heißt in wörtlicher Übersetzung „Neigung“ und exakt diese ganz persönliche, egozentrische Neigung prägte das Urteil der Klimagipfel-Kommentatoren. Das Meinungsspektrum glich einer Wetterkarte und reichte von „antizyklonaler“ Begeisterung bis zu tiefster „zyklonaler“ Enttäuschung. Von einem „Klimagleichgewicht“ der Gefühle konnte keine Rede sein, denn zu krass zeigte sich im notdürftig gefundenen Konsens der ideologische Dissens. Das wichtigste Ziel schien, daß sich jeder „Klimamitstreiter“ als Mitsieger und Held fühlen konnte, daß die Vision „Klimakatastrophe“ unangetastet blieb, um beim nächsten „Klima-Gipfel“ in Buenos Aires fröhliches Wiedersehen feiern zu können.

Das in Kioto verabschiedete „Protokoll“ bezeichnete der damalige US-Präsident Clinton als „wahrhaft historisch“, die damalige deutsche Umweltministerin und spätere Bundeskanlerin Merkel trotz Niederlage als „Meilenstein in der Geschichte des Umweltschutzes“. Die EU-Umweltkommissarin Bjerregaard äußerte sich dagegen kritisch und der russische Präsident Jelzin schwieg zufrieden. Er war der eigentliche Sieger, wurde doch nachträglich die sozialistisch-ökologische Mißwirtschaft belohnt, indem Rußland wie die Ukraine die Wahl haben, entweder die Emissionen wieder um 30 Prozent auf den Stand von 1990 anzuheben oder in bare Münze zu verwandeln und ihre „CO_2-Emissionsrechte“ meistbietend marktwirtschaftlich zu verschachern. Es wurde hart gefeilscht in Kioto, wie auf einem Basar. Es ging um eine Veränderung und Verschiebung globaler politischer Macht- oder Neigungsverhältnisse; wer clever pokerte, profitierte. Realitätsferner Idealismus war nicht gefragt und von der angeblichen „Klimakata-strophe“ hinter den Kulissen keine Rede.

Betroffenheit und Enttäuschung mußten die Nichtregierungsorganisationen oder NGO's zeigen, die mit über 3500 Lobbyisten angereist waren und propagandistisch von etwa 4000 Journalisten unterstützt wurden, um dem „Klima“ die rechte „Neigung“ zu verpassen. Der World Wildlife Fund (WWF) verglich das „Protokoll“ mit einem „Schweizer Käse“, GREENPEACE sprach gar von einer „vorsätzlichen Täuschung“. Die späteren Bonner Regierungspartner „Bündnis 90/Die Grünen“ und die Sozialdemokraten (SPD) werteten Kioto als „faulen Kompromiß“ oder sprachen von „kläglichem Versagen“. Natürlich, die „grün-roten“ Maximalforderungen blieben unerfüllt, doch die „Klimaschützer“ haben einen sehr bedeutsamen Triumpf vorzuweisen: ein „völkerrechtlich verbindliches Klimaprotokoll“!

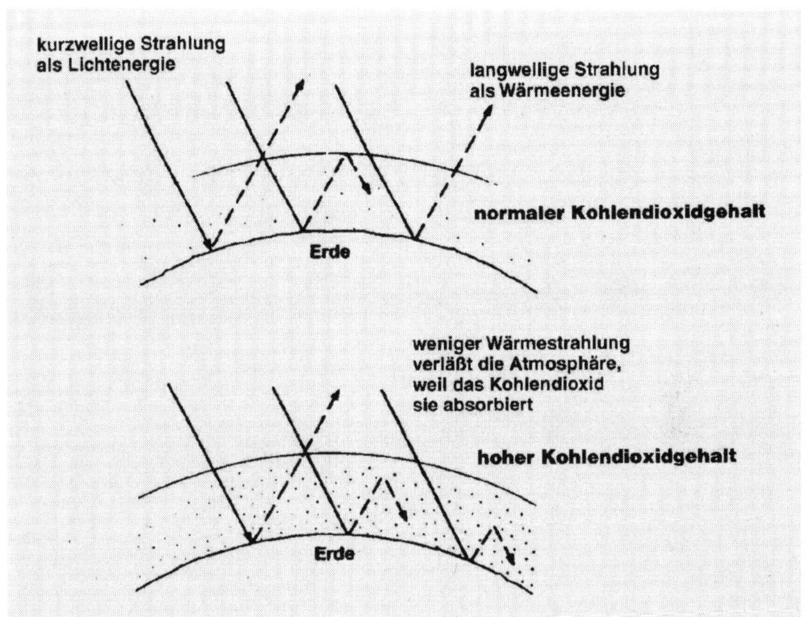

Abb. 30: Allgemein gebräuchliche Darstellung des „Treibhauseffektes“: Kurzwellige Sonnenstrahlung wird von der Erdoberfläche absorbiert, die ihrerseits Wärmestrahlung abgibt, die dann (oben) an einer „Glasscheibe“ reflektiert oder (unten) von CO_2-Molekülen „re-emittiert“ wird!

Insbesondere die Vereinigten Staaten und Japan mußten nachgeben. Beide Staaten hatten ganz im Gegensatz zur Europäischen Union noch vor Kioto rechtzeitig erkannt, daß sie Gefahr liefen, freie nationale Souveränitätsrechte aufzugeben, um sich als „Demokratien“ der „Gewalt“ nicht gewählter und damit demokratisch nicht legitimierter „Umweltverbände“ auszuliefern. Sie verstanden die Warnung des damaligen UN-Klimakoordinators Prof. Dr. Hartmut Graßl, daß „man“ ein rechtsverbindliches „Protokoll“ brauche, um dann die „Daumenschrauben“ anzuziehen. Graßl spielte mit den hinlänglich bekannten „Horrorvisionen“, um die „Klimawaagschale“ in Richtung „Suffizienzrevolution“ zu neigen. Dieses Vorhaben ist im Ansatz theoretisch durchaus gelungen, mußten doch die USA und Japan „Reduktionsquoten“ von 7 bzw. 6 Prozent zugestehen! Ein „suffizientes“ Leben ist ein ausreichendes, genügendes, hinlängliches, genügsames Leben am Rande der Insuffizienz.

Um den wissenschaftlichen Wahrheitsgehalt wurde in Kioto überhaupt nicht gestritten, der „Stand der Wissenschaft" wurde nicht abgefragt. Dagegen mußte jeder Industriestaat vor der UN-„Klima-Inquisition" seine „Umwelt-Gesinnung" offenbaren, ja in geradezu selbstanklägerischer, schuldbewußter Betroffenheit dem politischen Moralismus huldigen. Für das entsprechend hitzige „Treibhausklima" sorgten animierend die NGO-Akteure. Sie jonglierten gekonnt mit der „Neigung" geschätzter Wetterkatastrophen-Wahrscheinlichkeiten, spekulierten mit virtuellen „Klimakatastrophen", spielten mit apokalyptischen „Klimaängsten", drohten mit dem inselversenkenden Meeresspiegelanstieg.

In Kioto wurde ganz im Gegensatz zu Rio de Janeiro 1992 kein innovatives „Klima-Theater" präsentiert. Der Inszenierung fehlte jeglicher Esprit, stattdessen wurden altbekannte Totengesänge angestimmt. Die zum Zweck der kulturrevolutionären „Transformation der Industriegesellschaften" inszenierte „Klimapolitik" hat ihr Ziel weit verfehlt. Im Gegenteil, sie hat erstmals vor der ganzen Weltöffentlichkeit ihre Glaubwürdigkeit nachhaltigst unterminiert. Damit ist auch ernsthaft das Intergovernmental Panel on Climate Change (IPCC) als Konsens anstrebendes, aber dabei Objektivität und Seriosität wahren sollendes „Schiedsgericht" zwischen Wissenschaft und Politik völlig ins Zwielicht geraten.

K. Die Erde ist kein Treibhaus – Fakten gegen die Magie von Bildern

Zur anschaulich-populären Erklärung der „Physik des Treibhauseffektes" bedient man sich seitens der „Klimaforscher" des griffigen Bildes vom gärtnerischen Gewächshaus, das man unisono aus dramaturgischen Gründen als „Treibhaus" bezeichnet. Um die Funktionsweise der „klimawirksamen Spurengase" zu verstehen, verwendet man das „Bild einer Glasscheibe", die man sich zwischen Sonne und Erdoberfläche denken muß. Was dann passiert, erklärt Professor Dr. Christian-Dietrich Schönwiese wie folgt:

> *„Diese Glasscheibe läßt die Sonneneinstrahlung weitgehend ungehindert zur Erdoberfläche hindurch, absorbiert aber einen Teil der Wärmeausstrahlung der Erde. Das Glas emittiert entsprechend seiner Temperatur Wärme in beide Richtungen: zur Erdoberfläche und zum interplanetarischen Raum. Dadurch wird die Strahlungsbilanz an der Erdoberfläche erhöht, die von der Glasscheibe hinzukommende Energie wird an der Erdoberfläche fast vollständig absorbiert, und es kommt folglich zu einer Erwärmung der Erdoberfläche. Diese Erwärmung hält solange an, bis sich auf einem höheren Temperaturniveau der Erdoberfläche ein neues Strahlungsgleichgewicht eingestellt hat. Dabei dürfen wir nicht übersehen, daß sich die Glasscheibe durch die Wärmeabstrahlung in den interplanetarischen Raum in ihrem oberen Bereich abkühlt. Soweit das Grundprinzip des Treibhauseffektes, wie ihn der Gärtner ausnutzt."*

Übergehend auf die besondere Rolle der „klimawirksamen Spurengase" fahren Schönwiese und Diekmann mit ihrer „physikalischen" Erklärung wie folgt fort:

> *„Das wichtigste Treibhausgas, der Wasserdampf (H_2O), absorbiert nun durchaus auch im Bereich der Sonnenstrahlung, und wir sehen, die Dinge liegen nicht gerade einfach. Doch ist der Effekt im Bereich der Wärmeausstrahlung der Erde wesentlich größer, so daß der Treibhauseffekt überwiegt. Insbesondere bewirkt H_2O, daß nur zwischen 3,5 und 5 μm sowie zwischen 7 bis 20 μm die terrestrische Ausstrahlung wirksam werden kann. Man kann das mit einem Haus vergleichen, das gut wärmeisoliert ist, bei dem aber zwei Fenster offenstehen, und die eben genannten Wellenlängenbereiche heißen daher das kleine und große Wasserdampffenster, klein und groß in Anbetracht des in diesen Bereichen ausgestrahlten Energiebetrags. Nur in diesen Bereichen läßt der Wasserdampf also die Wärmeausstrahlung der Erdoberfläche zu. Dies zeigt uns auch, daß weitere klimawirksame Spurengase, die wir jetzt als Treibhausgase bezeichnen, nur dann von wesentlicher Bedeutung sein können, wenn sie genau im Bereich dieser Wasserdampffenster*

sozusagen kleinere Teilfenster schließen. Dort, wo der Wasserdampf nur teilweise absorbiert, insbesondere im Bereich zwischen 12 und 20 µm, kommt es darauf an, ob andere Spurengase intensivere Absorptionsbanden besitzen. Das ist beispielsweise beim Kohlendioxid (CO_2) der Fall, das bei 15 µm stark absorbiert, daneben auch im Bereich des kleinen Wasserdampffensters bei 4,5 µm.*"*

Eine etwas andere Erklärungsvariante benutzt der Mitautor Prof. Dr. Bert Bolin von der Universität Stockhom:

„Die Temperatur um die Erdoberfläche wird durch ein Gleichgewicht zwischen der einfachen Strahlung einerseits und der Ausstrahlung an Infrarot, der Wärmestrahlung zurück in den Weltraum, andererseits aufrechterhalten. Auf ihrem Weg durch die Atmosphäre wird jedoch ein Teil der zurückgestrahlten Infrarotstrahlung durch natürliche Atmosphärenbestandteile wie Wasserdampf, Kohlendioxid, Methan, Distickstoffoxyd und Ozon absorbiert und sowohl nach oben wie nach unten ausgestrahlt. Dadurch wird ein Teil der Energie in der Atmosphäre zurückgehalten und eine höhere Temperatur erzeugt, ohne daß die Erde mehr Energie verliert, als sie durch die Sonnenstrahlung erhält. Die Atmosphäre wirkt in ähnlicher Weise wie das Glas in einem Gewächshaus und dementsprechend wird dieser Effekt häufig auch als „Treibhauseffekt" der Atmosphäre bezeichnet. Ohne die natürlich vorkommenden Treibhausgase wäre das Klima auf der Erde ungefähr 35 Grad Celsius kälter, als es jetzt der Fall ist."

Die Erklärungsvariante des Chemie-Nobelpreisträgers Prof. Dr. Paul Crutzen zur Wirkweise der „Treibhausgasemissionen" lautet:

„Diese Gase sind durchlässig für Sonnenstrahlung, so daß sie unsichtbar sind. Sie absorbieren aber einen beträchtlichen Anteil der Wärmestrahlung, die von der Erdoberfläche ausgestrahlt wird, und senden einen erheblichen Teil dieser Leistung wieder zur Erdoberfläche zurück. Dadurch erhöhen sich die Temperaturen der Erdoberfläche, verglichen mit denen, die der Fall wären, wenn die Atmosphäre keine Treibhausgase besäße. Schätzt man mit Hilfe von Klimamodellen die gesamte globale gemittelte zeitliche Zunahme der Aufheizwirkung der oben aufgeführten Gase, so erhält man eine Erhöhung der globalen mittleren Temperatur seit der

vorindustriellen Zeit um etwa +0,7°C. Dieser Wert ist verträglich mit den Temperaturzunahmen, die sich aus klimatischen Beobachtungen erschließen lassen, wobei auch natürliche Klimaschwankungen von Bedeutung sind und schwer von den anthropogen verursachten zu trennen sind.“

Prof. Dr. Hartmut Graßl vom Max-Planck-Institut für Meteorologie in Hamburg beschränkt sich auf folgende Andeutung:

„Da die Strahlungsenergieflüsse in der Atmosphäre von den Spurenstoffen wesentlich bestimmt werden, hat der Mensch; z. B. bei Emission von langlebigen Spurengasen, unbewußt einen großen Hebel in die Hand bekommen. So wird die den Erdboden erreichende Sonnenstrahlung ganz wesentlich von Wasserdampf, flüssigem Wasser, Eis, Ozon und Aerosolteilchen bestimmt, die alle zusammen global gemittelt weniger als drei Promille der Masse der Atmosphäre ausmachen. Da die Position von Absorptionsbanden im elektromagnetischen Spektrum und ihre Stärke recht gut bekannt sind, kann bei Messung einer Konzentrationsänderung die Störung des Strahlungshaushaltes recht zuverlässig berechnet werden.“

Eine weitere Version des „Treibhauseffektes“ liefert Prof. Dr. Veerabhadran Ramanathan von der Universität Chicago:

„Spektroskopische Beobachtungen im Labor ergeben, daß die genannten Spurengase effizient Infrarotstrahlung sowohl absorbieren wie emittieren. In der Atmosphäre absorbieren diese Gase die Wärmestrahlung, die von der Erdoberfläche (und auch von der unteren Atmosphäre) abgestrahlt wird; und sie emittieren nach oben (auch nach unten) bei den sehr viel kälteren atmosphärischen Temperaturen. Nach dem Planckschen Gesetz ist die Energie, die im Bereich der Infrarotwellenlängen ausgestrahlt wird, eine exponentiell ansteigende Funktion der Temperatur. Diese Temperaturabhängigkeit führt dazu, daß die Gase mehr Infrarotenergie von der Erdoberfläche auffangen, als sie nach oben in den Raum abgeben. Dieses „Einfangen“ von Infrarotenergie bezeichnet man als Treibhauseffekt.“

Ramanathan sagt auch etwas zum weltweiten Energiegleichgewicht:

„Das beobachtete Weltklima wird von einem Gleichgewicht zwischen einfallender Sonnenstrahlung, reflektierter Sonnenstrahlung und emittierter Infrarotstrahlung aufrechterhalten. Alle Größenangaben beziehen sich auf den Oberrand der Atmosphäre [...] Mathematisch gesagt ist S - R - E = 0. Dieses Gleichgewicht existiert nicht jeden Tag, Wenn man aber die Bilanz über einen längeren Zeitraum zieht (ein Jahr oder mehr), dann ist anzunehmen, daß dieses Gleichgewicht existiert."

Die Werte für das „Strahlungsverhältnis an der Oberkante der Atmosphäre", die das grundlegende die Klimaentwicklung bestimmende Kriterium ist, werden wie folgt angegeben:

Einfallende Sonnenstrahlung	(S): 343 Watt/m^2
Reflektierte Sonnenstrahlung	(R): 106 Watt/m^2
Emittierte Infrarotstrahlung	(E): 237 Watt/m^2

Wer inniglich gehofft hatte, von diesen international so renommierten IPCC-Klimaexperten eine wirklich überzeugende, physikalisch fundierte und logisch konsistente Erklärung des Begriffes „Treibhauseffekt" und seiner Funktionsweise zu erhalten, sieht sich unsicherer und verwirrter denn zuvor. Es ist einfach das Gefühl nicht von der Hand zu weisen, daß alle Künste der Desinformation aufgewandt wurden, um den Anschein einer objektiven Information zu erzeugen. Um die Konfusion nicht noch zu steigern, möchte ich das von Professor Dr. Schönwiese benutzte „Bild einer Glasscheibe" aufgreifen und erläutern, was es für einen ein „Gewächshaus" betreibenden Gärtner für Konsequenzen hätte, wenn stets zwei „Fenster" in seinem Gewächshaus offenstünden. Der Betrug mit dem „Treibhauseffekt" beginnt damit, daß man die gasförmige Lufthülle der Erde nie und nimmer, auch nicht bildhaft, mit einer „Glasscheibe" vergleichen kann, wenn man nicht naturwidrige Analogieschlüsse bewußt provozieren will.

Jeder Architekt und Bauherr weiß, daß die Fenster die Schwachstellen in der Wärmedämmung eines Hauses sind. Bis zu einem Drittel des Gesamtenergiebedarfs eines Haushaltes kann durch die Fenster verloren gehen, selbst und gerade auch dann, wenn sie geschlossen sind. Wer große Fenster und lichtdurchflutete Räume liebt, tut gut daran, insbesondere die Wärmeverluste durch die Fenster herabzusetzen. Doch auch die beste Wärmedämmung nutzt nichts und verhindert nicht ein Auskühlen eines „Niedrigenergiehauses", wenn nicht im Innern stets eine den Wärmeverlust ausgleichende Wärmequelle vorhanden ist. Es muß geheizt werden, insbesondere in den kalten Wintern der mittleren und nördlichen Breiten! Die Hypothese, daß eine Glasscheibe zwar Sonnenstrahlung einläßt die langwellige Infrarotstrahlung aber reflektiert und nicht mehr hinausläßt, ist selbst „theoretisch" aufgrund der für alle Wellenlängen gleichermaßen geltenden Natur der elektromagnetischen Strahlung nicht korrekt. So wie es keinen ideal „schwarzen" alle Strahlung absorbierenden Körper gibt, so gibt es auch keinen ideal „weißen" alle Strahlung reflektierenden Körper. Das Beste, was die Technik bisher zur „Wärmekonservierung" konstruieren konnte, ist die „Kochkiste" oder die daraus entwickelte „Thermosflasche".

Bei aller nebulösen Wortakrobatik der „Klimaexperten", die einzig dazu dient, das von Arrhenius konstruierte „Perpetuum mobile zweiter Art" zu kaschieren, kommen wir wieder auf die eigentliche und prinzipiell nicht zu behebende Schwachstelle zurück. Das „Treibhaus" steht im luftleeren Raum und selbst da existiert nach Max Planck zwischen Sonne und Erde nie ein „Strahlungsgleichgewicht". Nach dem zweiten Hauptsatz der Thermodynamik besteht zwischen zwei verschieden temperierten Raumpunkten oder Körpern das Bestreben eines Wärmeausgleichs, und zwar kann diese Nivellierung erreicht werden sowohl durch Wärmeleitung als auch Konvektion und Strahlung. Alle drei Prozesse kann man zwar „theoretisch" isoliert betrachten und analysieren, aber in der Wirklichkeit, in der uns umgebenden Atmosphäre, wirken alle drei Wärmeübertragungsprozesse stets und immer gleichzeitig. Ein „thermisches Gleichgewicht" zwischen zwei Körpern ist vollends unmöglich und utopisch, wenn einer davon, die Sonne, ein in Unmengen Energie produzierender, abstrahlender und „außen" etwa 6000° Kelvin heißer „Kernfusionsreaktor" darstellt. Dieses Problem kann man nicht mehrheitlich demokratisch lösen, obgleich man sich im Konsensverfahren auf eine mittlere Temperatur „Sonne-Erde" einigen könnte. Aber ob das nicht doch etwas „zu heiß" für uns Erdenbewohner werden könnte?

L. Klimaschutzpolitik – ein ökologistisches Selbstmordprogramm

Wer bisher unter Wahrung all seiner kritischen Fähigkeiten das Buch gelesen hat, der weiß, daß es „Klima“ ohne Wetter nicht gibt und daß das Wetter nirgends auf der Welt und zu keiner Zeit der „Klimageschichte“ sich in sein abwechslungsreich chaotisches Verhalten von einem „Klimagott“ auf Hawaii hat hineinreden lassen. Der „Klimagott“ auf Mauna Loa ist einzig „Herr“ über das anthropogene Kunstprodukt „Globalklima“ und die eigens dazu erschaffene subjektive Kunstgröße „Globaltemperatur“.

Wer das Buch gelesen hat, weiß auch, daß der wichtigste Prozeß, von dem alle weiteren Lebensprozesse ursächlich abhängen, die Photosynthese oder die CO_2-Assimilation ist. Zur katalytischen Auslösung dieses Prozesses ist Lichtenergie notwendig, aber Licht allein ist nicht genug. Stellen Sie sich ein Mais- oder Weizenfeld in der Mittagssonne vor. Jeder Halm ist ein kleiner Sonnenkollektor. Wie alle Pflanzen können Mais und Weizen das elektromagnetische Sonnenlicht in chemische Energie umwandeln und so Nahrung für Mensch und Tier schaffen. Doch Pflanzen leben nicht vom Licht allein, ebenso wenig wie der Mensch vom Brot. Für gesundes Wachstum brauchen sie außerdem Wärme, Wasser, Kohlendioxid, Sauerstoff und auch Nährstoffe. Die wichtigsten sind Stickstoff, Phosphat, Kalium, Kalk, Magnesium und Schwefel, die durch Spurenstoffe wie Eisen, Zink, Bor und Mangan ergänzt werden. Über die Wurzeln nimmt die Pflanze die im Wasser gelösten Nährstoffe auf.

Der Mensch ist auf den „Primärproduzenten“ Pflanze existentiell angewiesen. Der Mensch ist eine „Verbrennungskraftmaschine“, deren chemische Reaktionen am besten bei einer Körpertemperatur von 37°C ablaufen. Unser Organismus ist nun dauernd beschäftigt, dieses Wärmeniveau gegen höhere oder geringere Außentemperatur einigermaßen „konstant“ zu halten. Die Wärmeproduktion erfolgt durch die chemischen Umsetzungen der Organe, besonders der Leber und der Muskulatur. Die gleichmäßige Verteilung der Wärme erfolgt im Blutkreislauf. Da die Körperoberfläche der wechselnden Außentemperatur am nächsten ausgesetzt ist, befindet sich dort das wärmeisolierende Unterhautfettgewebe und besitzt die Haut einen Regulationsmechanismus zur Verminderung oder Verstärkung der Wärmeabgabe. Die meisten Warmblüter haben ein Pelz- oder Federkleid als Wärmeschutz. Der Mensch hat dagegen mit den anderen haar- oder federlosen Warmblütern das variable Unterhautfettgewebe gemeinsam. Dazu hat er sich in der Bekleidung einen fast allen Kältegraden anpassungsfähigen Wärmeschutz geschaffen.

Doch kein Motor kann ohne Treibstoff arbeiten und der wichtigste menschliche Treibstoff sind die Kohlenhydrate, welche die Pflanzen produzieren. Dazu wiederum ist das Kohlendioxid der Luft unverzichtbar. Gewissen Menschen mag das Kohlendioxid der Luft verzichtbar erscheinen, doch für die Pflanzen ist es ein elementares Grundnahrungsmittel. Wenn ein Kausalschluß zulässig ist, dann der, daß das Kohlendioxid auch für den Menschen lebensnotwendig ist, als „indirektes", weil schon von den Pflanzen zu Kohlenhydraten, Eiweißen und Fetten verarbeitetes und damit veredeltes sonnenenergiegeladenes „Grundnahrungsmittel".

Das Leben des Menschen hängt von der Existenz von genügend jederzeit verfügbarem und von den Pflanzen verarbeitbarem gasförmigen Kohlendioxid in der Atmosphäre ab. Diese Abhängigkeit vom „Kohlendioxid" mögen sich all diejenigen Intellektuellen vor Augen führen, welche die radikale „Kohlendioxidreduktion" zur „Doktrin" erhoben haben, sich mit rein moralisierenden Argumenten zu den Aposteln des Naturschutzs, Umweltschutzes, Klimaschutzes, ja Schöpfungsschutzes aufgeschwungen haben und keine Kritik dulden. Sie berufen sich dabei auf den Begriff der „instrumentellen Vernunft", den Max Horkheimer (1895-1973) in seinem 1947 erschienenen Buch „The eclipse of reason" prägte. Nach seiner Emigration lebte Max Horkheimer von 1934 bis 1949 in New York. Im Jahre 1950 wiederbegründete er mit Theodor W. Adorno in Frankfurt am Main das „Institut für Sozialforschung". Horkheimer war einer der Hauptvertreter der Kritischen Theorie der „Frankfurter Schule". Doch was ist das für eine Vernunft, die „instrumentelle Vernunft"? Das läßt sich mit Horkheimers Worten sehr leicht sagen: Die instrumentelle Vernunft beschränke ihre Zuständigkeit darauf, die „Angemessenheit von Verfahrensweisen an Zielen" zu kontrollieren. Hingegen lege sie „der Frage wenig Bedeutung bei", ob auch die „Ziele als solche vernünftig" sind.

Hierauf hat der Sozialphilosoph Herrmann Lübbe 1987 in seinem Buch „Politischer Moralismus – Der Triumph der Gesinnung über die Urteilskraft" hingewiesen. Dieses abstrakte Gesellschaftsmodell von Horkheimer findet sich exakt in der Klimaschutz-Bewegung wieder. Der verfahrensbesessene politische Aktivismus hat sich zum „Ziel" gesetzt, aus Gründen des „Klimaschutzes" die Kohlendioxidemissionen bis auf „Null" zu reduzieren. Die Klima-Akteure haben aber nie gefragt, ob das „Ziel" als solches „vernünftig" ist. Das visionäre „Ziel" einer kohlendioxidfreien Atmosphäre ist jedoch alles andere als „vernünftig", nicht nur weil der Zweck „Klimaschutz" illusionär ist.

Dieses „Ziel" ist aus sich heraus absolut unvernünftig, weil lebensfeindlich. Der „Kohlendioxid-Reduktionismus" mündet in ein Selbstmordprogramm, nicht allein für den Menschen, sondern auch für die Biosphäre und damit das gesamte „Ökosystem" Erde. Das wäre die Quintessens der politischen „Erfolgsmeldung", die dereinst medienwirksam lauten könnte: „Kohlendioxid aus der Atmosphäre verbannt!" Dann wäre die zielorientierte „instrumentelle Vernunft" an dem „Ziel" angelangt, wo schon Max Horkheimer zu Lebzeiten endete, einem fundamentalistischen Pessimismus als Krönung eines weltfremden Idealismus. Dieses ist aber nicht eine vergangene sondern ebenso latente wie virulente Gefahr einer „instrumentell vernünftigen" Wissenschaft. Auf die von Robert Buchacher in einem Interview vom 24. November 1997 gestellten Frage:

> *„Wenn nun tatsächlich der Mensch das Erdklima versaut, wäre es vorstellbar, daß er einen solchen Prozeß mit uns noch unbekannten Technologien auch wieder umkehrt?",*

antwortete der Chemie-Nobelpreisträger und Leiter des Max-Planck-Institutes für Chemie in Mainz, Professor Dr. PaulJ. Crutzen:

> *„Den ganzen Prozeß umzudrehen, CO_2 aus der Atmosphäre zu entfernen, wird sehr schwierig sein. Es gab Vorschläge, in der Stratosphäre kleine Partikel auszustreuen, die das Sonnenlicht reflektieren. Man könnte den Schwefelgehalt der Stratosphäre so steuern, daß es eine abkühlende Wirkung hätte. All das ist möglich,*

aber man muß immer noch ein bißchen weiter denken: Hätte das nicht neue, negative Auswirkungen wie einen noch stärkeren Ozon-Abbau? Aber man muß darüber nachdenken. Wenn zum Beispiel das eintritt, was einige wenige Kollegen sagen, nämlich eine neue Eiszeit in etwa 100 bis 1000 Jahren, dann hätten wir es mit speziellen synthetischen Treibhausgasen in der Hand, dem entgegenzusteuern."

Dieses Interview ist komplett in der österreichischen Zeitschrift „profil" Nr. 48 abgedruckt.

Die Antwort ist ein Musterbeispiel praktischer „instrumenteller Vernunft", der die Frage, ob das Ziel überhaupt vernünftig ist, erst gar nicht in den Sinn kommt. Auf die unbestimmte Frage der Möglichkeit eines Umkehrprozesses antwortet Professor Dr. Paul Crutzen, ganz fixiert auf den einzig möglichen „klimakillenden" Übeltäter „Kohlendioxid", daß es „sehr schwierig" sei, CO_2 aus der Atmosphäre zu entfernen. Er erklärt nicht, daß das „Ziel" tödlich, unvernünftig, unsinnig, ja geradezu „hirnrissig" sei, weil es den globalen ökologischen „Holocaust" bedeuten würde. Nein, er erklärt, es sei „sehr schwierig"! Es wird noch weitaus schwieriger sein, die auf allen gesellschaftlichen, politischen, fachwissenschaftlichen und industriellen Ebenen „herrenlos" umherschwirrende wie umherirrende, aber machtpolitisch fest verankerte „instrumentelle Vernunft" wieder dazu zu bewegen, ihre „Ziele" an den „Grundgesetzen des Lebens" im Allgemeinen wie den „Naturgesetzen" der Physik im Besonderen zu orientieren. Das wichtigste Grundgesetz des Lebens finden Sie an der Eingangspforte des Botanischen Gartens in Berlin: „Hab' Ehrfurcht vor der Pflanze, alles lebt durch sie!"

Zum „Fortschritt" der Wissenschaft machte sich schon Johann Wolfgang von Goethe (1749-1832) seine Gedanken, wie folgender Dialog mit Eckermann zeigt: Eckermann brachte das Gespräch auf Professoren, die immer noch „Lehren" vortrügen, die wissenschaftlich längst widerlegt waren. „Das ist nicht zu verwundern", sagte Goethe, „solche Leute gehen im Irrtum fort, weil sie ihm ihre Existenz verdanken; sie müßten umlernen, und das wäre eine sehr unangenehme Sache". „Aber", sagte Eckermann, „wie können ihre Erkenntnisse die Wahrheit beweisen, da der Grund ihrer Lehre falsch ist"? „Sie beweisen die Wahrheit auch nicht“, sagte Goethe, „und das ist auch keineswegs ihre Absicht, sondern es liegt ihnen bloß daran, ihre Meinung zu beweisen. Deshalb verbergen sie solche Experimente, wodurch die Wahrheit an den Tag kommen und die Unhaltbarkeit ihrer Lehre sich darlegen könnte“. Goethe fuhr fort:

> *„Man muß das Wahre immer wiederholen, weil auch der Irrtum um uns immer wieder gepredigt wird, und zwar nicht nur von einzelnen, sonderns von der Masse, in Zeitungen und Enzyklopädien, auf Schulen und Universitäten“.*

Daß dies eine extrem mühselige und undankbare Aufgabe ist, wußte schon vor Goethe Erasmus von Rotterdam (1469-1536). Er schrieb in seiner Schrift „Lob der Torheit“ im Jahre 1508:

> *„Der Geist des Menschen ist nun einmal so angelegt, daß der Schein ihn mehr fesselt als die Wahrheit.“*

> *„Im Wettbewerb um geistliche Ämter und Pfründen wird sich ein Büffel eher durchsetzen als ein Weiser.“*

M. Des Kaisers neue Kleider

Der in Kioto und den Nachfolgekonferenzen ausgehandelte Zeitraum muß nun nachhaltig genutzt werden, um die „Ideologisierung wie Moralisierung“ der Naturwissenschaften zurückzudrängen und deren Subordination unter einen politisch-diktatorischen Zeitgeist-Ökologismus zu beenden. Die „scientific community“ muß wieder soviel Ethos und Standesgefühl aufbringen, daß sie den Physikprofessoren, die die Lufthülle der Erde als „wärmenden Strahlungsmantel“ bezeichnen, die notwendige „rote Karte“ durch Entzug der Lehrbefugnis zeigt. Die Physikergemeinschaft muß endlich die „Schweigespirale“ durchbrechen und den „Mut“ aufbringen, die Hypothese radikal zu verwerfen, daß die elektromagnetisch energieabstrahlende „+15 ° warme“ Erde je von einer elektromagnetisch Energie „rück“strahlenden „-18 ° kalten“ Kohlensäureschicht, symbolisiert durch eine reflektierende „Glasscheibe“, erwärmt werden könnte. Selbst im theoretisch gedachten unendlich unwahrscheinlichen Idealfall 100-prozentiger „Gegenstrahlung“ könnte nur der Energieverlust der Erde wieder ausgeglichen werden.

Eine Erwärmung der Erde aus dem eiskalten Weltall durch „Schwarze Wärmestrahlung" (Max Planck, 1895) ist absolut unmöglich!

Diese Unmöglichkeit hatte schon 1850 Rudolf Clausius bewiesen und als 2. Hauptsatz der Wärmelehre formuliert. Er besagt, daß Wärme freiwillig nur von warm nach kalt fließen kann, aber nie umgekehrt. Danach ist ein Perpetuum mobile der zweiten Art unmöglich! Doch gerade damit wird der „Treibhauseffekt" begründet. Die physikalische Haltlosigkeit dieser Hypothese offenzulegen, ist mein Anliegen. Das physikalische Rüstzeug hierzu hat praktisch jeder Oberschüler. Man muß sich nur von allem ideologischem Bilderballast befreien und sein analytisch logisches Denken reaktivieren.

Nur wer komplexe Sachverhalte analytisch korrekt zu entschlüsseln und zu erfassen vermag, ist zu wirklicher interdisziplinärer Zusammenarbeit zwecks Erarbeitung einer synoptischen oder systemaren Zusammenschau fähig. Komplexität finden wir auf allen Ebenen unseres Daseins, auch auf derjenigen der Politik, die mehr sein muß als bloße „Parteipolitik", wenn sie dem „Ganzen" oder Gemeinwohl dienen will. Aber nicht nur die Politiker sind gefordert, sich „klimasachkundig" zu machen, um ihre kritische Urteilskraft zu stärken. Die näherliegende konkrete Verantwortung liegt zuallererst bei den vielen passiven Natur-, Ingenieur- und Geowissenschaftlern selbst. Sie ganz speziell seien an die Geschichte „Des Kaisers neue Kleider" von Hans Christian Andersen erinnert. Dort heißt es:

> *„Niemand wollte zugeben, daß er nichts sehen konnte. Dies würde ihm ja die Qualifikation für seinen Posten absprechen, oder ihn dumm erscheinen lassen."*

Die stumme 98Prozent-Mehrheit der Naturwissenschaftler ist gefordert, endlich die „Schweigespirale" zu durchbrechen und den Mut aufzubringen, klar und unmißverständlich zu sagen, die Erde ist kein „Treibhaus" und der ganze „Treibhauseffekt" purer Schwindel, der von einer ideologisierten „Kollegen-Minderheit" publizistisch effizient propagiert wurde, um einzig partikulare egoistische wie interessenspezifische – ökonomische, ökologische, gesellschaftspolitische – Ambitionen durchzusetzen.

Es gibt Zeiten der Visionen und Zeiten der Revisionen. Extrem revisionsbedürftig ist das Bild von der Erde als „Treibhaus“, bevor es einen global nachhaltigen politischen Schaden anrichtet.

Der „Klimaschutz“ war und ist angesichts des stets ungehorsamen Wetters reine Utopie. Die stets extrem unregelmäßigen Fluktuationen und Variationen des Wetterablaufs und damit auch des Mittelwertkonstruktes „Klima“ können nicht auf einen neigungsfreien waagerechten „Strich“ hin justiert werden. Mag sich die menschliche Seele auch nach einem prästabilisierten, harmonischen, vorsintflutlichen oder vorindustriellen „Klimagleichgewicht“ noch so sehr sehnen, dieser Wunsch bleibt ewig Utopie! Die Bürger sollten sich endlich wehren, die horrenden Kosten einer substanzlosen „Klimaforschung“ weiter zu tragen. „Das „Klima“ als statistischer Folgewert ist numerisch noch weniger berechenbar als das Ausgangsprodukt Wetter. Auch immer größere, schnellere und teurere Computer ändern daran prinzipiell nichts!

Die Bürger sollten in allen Ländern massiv fordern, daß aus Gründen der Ressourcenschonung wie der Luftreinhaltung der globalen Jetset „Klimakarawane“ Einhalt geboten und das Klimastück „Buenos Aires“ vom UN-Spielplan abgesetzt wird. Insbesondere sollten sie verhindern helfen, daß das „Protokoll“ von Kioto je nationales Recht wie international verbindliches und damit einklagbares Völkerrecht wird. Die von ihnen demokratisch gewählten Regierungen dürfen ihre staatliche Souveränität nicht aus der Hand geben, um sich von der „NGO-Übermacht“ erst moralisch diskreditieren und dann reglementieren zu lassen. Der UN-Klimakommissar Professor Dr. Hartmut Graßl verglich die „Treibhausgas-Reduktionsquoten“ nicht ohne Grund mit rechtlichen „Daumenschrauben“, die man später andrehen könne.

Noch dominiert global das übermächtige Bild des „Treibhauses“ als Szenerie für den Globus das intuitive Unterbewußtsein und übt eine kaum kontrollierbare Macht aus auf das reale Bewußtsein. Der Zukunftsforscher Matthias Horx bezeichnet daher zu Recht die „Simulation“ als die „Machtsphäre des 21. Jahrhunderts“. Der Datenraum stellt die „Königreiche zur Verfügung, in denen wir in Zukunft allesamt Herrscher sein dürfen“, – auch über das „Klima“. Das Stück „Klimakatastrophe“ würde nicht stattfinden ohne die modernen Medien- und Kommunikationstechnologien. Sie haben eine ungeheure Bewußtseinsbildungs-,

Nivellierungs-, Normgenerierungs- und Manipulationspotenz. In der modernen Multimedia-Welt und noch mehr in der Cyberspace-Welt wird der Datenraum zunehmend der Erfahrungsraum, verwischen die Gegensätze zwischen Realität und Virtualität. Der neutral-objektiven fachwissenschaftlichen Information kommt eine immer größere Bedeutung zu, und Verantwortung.

Zur Vorhersagekunst des Menschen schrieb 1983 in seinem Buch „Der Abbau des Menschlichen" der Nobelpreisträger für Medizin und Physiologie Konrad Lorenz (1903-1989):

> *„Es ist grundsätzlich unvoraussagbar, ob Homo sapiens zugrunde gehen oder überleben wird; wir sind aber verpflichtet, für das Überleben zu kämpfen. Unvoraussagbarkeit aber ist eine unabdingbare Eigenschaft alles Lebendigen. Ein geschlossenes, in allen seinen Vorgängen grundsätzlich voraussagbares System, wie es etwa Nietzsche in seiner Lehre von der ewigen Wiederkehr entwirft, ist der schrecklichste aller Schrecken; denn ein geschlossenes System ist per definitionem ein nichtlebendiges System. Ein solches geschlossenes System gibt es aber nicht, und es ist nicht die Biologie, die uns von diesem Schrecken befreit hat, sondern die moderne Physik selbst. Es übersteigt die Fähigkeiten des menschlichen Denkens, zu erfassen, in welcher Beziehung die menschliche Freiheit zu der Unvoraussagbarkeit des Weltgeschehens stehen mag. Wohl aber kann man verstehen, daß in einem prädestinierten, d.h. auf vorherbestimmten Bahnen verlaufenden Weltgeschehen für menschliche Freiheit kein Platz wäre."*

Exakt in dem „Treibhaus" wäre kein Platz für menschliche Freiheit, weil es kein offenes sondern ein geschlossenes System ist. Man muß nämlich zuerst in einem abstrakt-idealisierenden Gedankenakt die Erde miniaturisieren, nach Max Planck zu einem „winzigen Kohlestäubchen" in einem abgeschlossenen Hohlraum degradieren, um deren „Temperaturstrahlung" als „idealer schwarzer Körper" berechnen zu können. Die Erde wird wieder zum Mittelpunkt des Sonnensystems und die Sonne selbst zu einer den Hohlraum gleichmäßig von allen Seiten erwärmenden Heizspirale. Heizt man mit 240 Watt/m^2, so hat die „schwarze Erde" darinnen nach dem Gesetz von Stefan-Boltzmann eine Effektivtemperatur von -18° Celsius. Dies ist die logische Quintessenz der ebenso idealistischen wie realitätsfernen Modell-Fiktion „Treibhaus"!

Doch noch dominiert ein völlig anderes „Treibhausverständnis", das bildlich mit einem tagsüber sonnenbeheizten gläsernen gärtnerischen „Gewächshaus" assoziiert ist, unser Unterbewußtsein. Beispielhaft für zahllose Umschreibungen beschreibt im Vorwort einer Brochüre „Klimaschutz – Eine Investition in die Zukunft" der Generalsekretär der Deutschen Stiftung Umwelt, Fritz Brickwedde, den „common sense" wie folgt:

> *„Der Klimaschutz ist eine der größten umweltpolitischen Herausforderungen unserer Zeit. Im zweiten Sachstandsbericht des „Intergovernmental Panel on Climate Change" haben 1996 mehr als 2000 Wissenschaftler bestätigt, daß durch menschliche Aktivitäten verursachte Klimaänderungen bereits heute erkennbar sind. Ursache für die Klimaveränderungen sind die sogenannten Treibhausgase. Sie lassen das Sonnenlicht durch, reflektieren aber die von der Erde abgestrahlte Wärme wie das Glasdach eines Treibhauses."*

Dem Treibhaus-Schwindel ein Ende zu bereiten, dazu soll dieses Buch den Anfang machen. Es ist ein Ausbruch aus dem hermetisch abgeschlossenen schwarzen Hohlraum. Um dem ökologischen Klimagleichgewichts-Paradies zu entfliehen, gibt es nur einen Weg, den der Temperaturstrahlung. Sie ignoriert die Treibhausgas-Absorptionslinien und weist den Weg aus dem potentiellen Suffizienz-Zuchthaus in die Freiheit!

Zur Freiheit gehört unabdingbar der Mut zum „sapere aude". Diesen Imperativ von Immanuel Kant, sich seines eigenen Verstandes zu bedienen, übersetzte Ludwig Marcuse (1894-1971) wie folgt:

„Habe den Mut, dich deiner Augen und Ohren, deines Verstandes, deiner Vernunft, deines Denkens und aller anderen Vermögen und Erfahrungen zu bedienen."

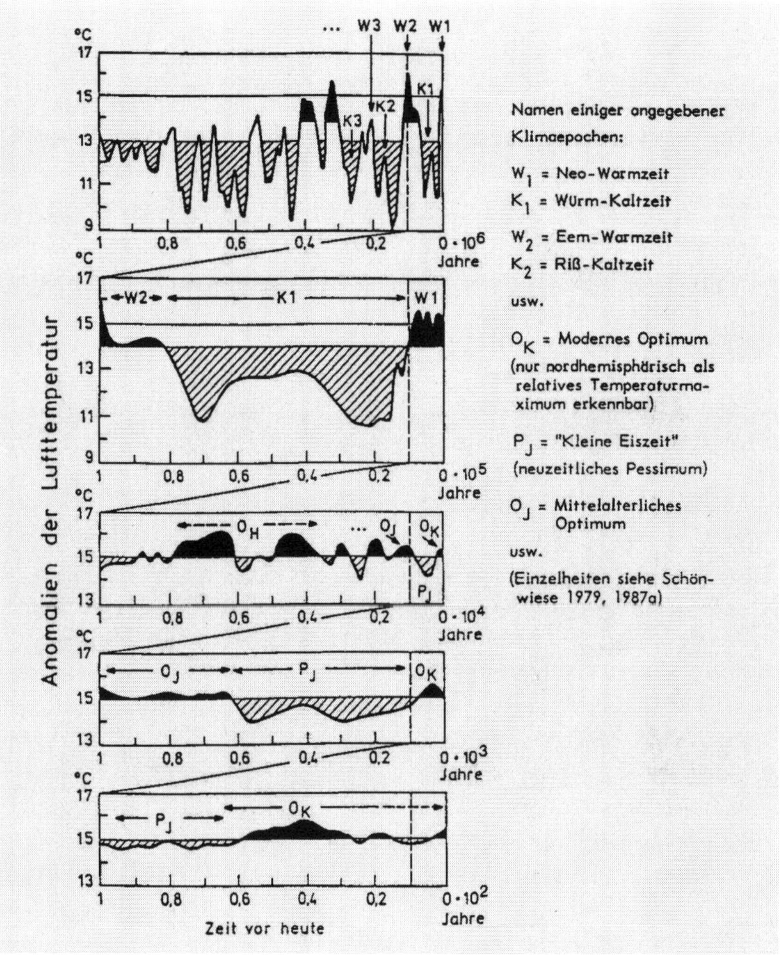

Abb. 31: Übersicht der mindestens mehrjährig gemittelten bodennahen nordhemisphärischen Mitteltemperatur seit einer Jahrmillion (oberste Darstellung) in verschiedener zeitlicher Auflösung bis zum letzten Jahrhundert (unterste Darstellung); ca. 15 °C beträgt die derzeitige Mitteltemperatur (Schönwiese, 1987b; hier vereinfacht nach Schönwiese und Diekmann, 1989). Der Wille zum „Klimaschutz“ setzt den Glauben an die „Klimakonstanz“ und dieser die Hybris voraus, der Mensch könne das „Klima“ auf den „15-Grad-Globaltemperatur-Strich“ schicken.

Zur Person des Autors

Wolfgang Thüne, geboren am 4. März 1943 in Rastenburg/ Ostpreußen, blickt auf eine 35jährige meteorologische Berufserfahrung zurück. Wie kaum ein anderer kennt er die „Heimtücken" des Wetters. Er ist seit 1975 verheiratet und hat drei Kinder.

Wolfgang Thüne studierte von 1962 bis 1967 an der Universität Köln wie der freien Universität Berlin die Fächer Meteorologie, Geophysik, Mathematik, Physik und Geographie und erwarb den akademischen Grad „Diplom-Meteorologe".

Anschließend, von 1967 bis 1974 war er beim Wetteramt Frankfurt, machte er das Staatsexamen zum „Wetterdienstassessor" und arbeitete in der Analysen- und Vorhersagezentrale des Deutschen Wetterdienstes in Offenbach/Main. Von 1971 moderierter er Wetterberichte beim ZDF. 1972 war er beratender Meteorologe bei den Olympischen Spielen in München.

Im Jahre 1974 wechselte er von der synoptischen in die angewandte Meteorologie und widmete sich dem Umweltschutz. Dabei gehörte die Erstellung von Stadt- und Geländeklimagutachten zu seinem Metier. Doch sein Wissensdrang ging weiter, denn Umweltpolitik ist Gesellschaftspolitik. Nebenberuflich absolvierte er ein Zweitstudium von 1981 bis 1986 an der Universität Würzburg mit den Fächern Soziologie, Politische Wissenschaften und Geographie. Er wurde zum Dr. phil. promoviert.

Danach ging er von 1986 bis 1990 nach Rio de Janeiro als Repräsentant der Konrad-Adenauer-Stiftung für Brasilien. Neben seiner entwicklungspolitischen Tätigkeit organisierte er landesweit Symposien zu der Thematik „Umwelt und Entwicklung".

Seit 1990 war er Referent für „naturwissenschaftlich-technische Grundsatzfragen der Umweltpolitik". Zeitweise war er im „Klimabeirat" der Bundesregierung. 1998 veröffentlicht er erstmals sein Buch „Der Treibhaus-Schwindel". Das Buch erregte Aufsehen und wurde anlässlich der 17. Jahrestagung der Deutschen Aktionsgemeinschaft Bildung – Erfindung – Innovation (DABEI) e. V. von der Ellen- und Max-Woitschach-Stiftung für ideologiefreie Wissenschaft mit dem Woitschach-Forschungspreis 1999 ausgezeichnet.

Wolfgang Thüne

Heimat

Identität und Territorialität

ISBN: 978-3-949780-13-4,
556 Seiten, Paperback
29,80 Euro

Heimat verbindet den Menschen und seine Umwelt zu einer sinnhaften Ganzheit. Im neuzeitlichen Weltverständnis dagegen steht die Natur dem Menschen als Objekt gegenüber, das erkannt und beherrscht werden soll. In dieser objektivierenden und trennenden Sichtweise ist kein Platz für Heimat. Heimat ereignet sich im Gefühl, das sich der wissenschaftlichen Erfassung sperrt.
Wolfgang Thüne, der Ende des Zweiten Weltkrieges als Kind seine ostpreußische Heimat verlassen mußte, gelingt es dennoch, einen wissenschaftlichen Zugang zum Phänomen Heimat zu finden. Erst heute, in einer Epoche, in der Heimat zunehmend nur noch negativ, als ein etwas Verlorengehendes erfahren wird, sei es durch Vertreibung, sei es durch die von einer entfesselten rationalistisch-ökonomistischen Funktionalismus vorangetriebenen Vernutzung und Verschandelung unser Umwelt, wird deutlich, wie wichtig das Eingebundensein in eine vertraute und dem Menschen zugewandte Umgebung ist. Thüne will Heimat begreifen, indem er sein Nachdenken über Heimat einbettet in Theorien des Räumlichen – einerseits in den Disziplinen Soziologie, Geographie, Geopolitik, Verhaltensforschung und andererseits in die Tradition einer umfassenden Kulturkritik.

Lindenbaum Verlag GmbH

Bergstr. 11 - 56290 Beltheim-Schnellbach - Tel. 06746 / 730047

Internet: www.lindenbaum-verlag.de – E-Mail: lindenbaum-verlag@web.de